国家职业教育医学检验技术专业

 高等职业教育医学检验技
一体化新形态系列教材

检验仪器
分析技术

主编 代荣琴 柏彬 王婷

中国教育出版传媒集团
高等教育出版社·北京

内容提要

本书是国家职业教育医学检验技术专业教学资源库配套教材,也是高等职业教育医学检验技术专业课–岗–证一体化新形态系列教材之一。

本书根据检验仪器自身特点及检验科岗位设置情况,共分11章,主要内容包括临床常用相关仪器的基本结构、工作原理、使用、维护及常见故障处理、临床应用等。

除绪论外,每章设有"学习目标""思维导图",引导学生学习。正文中以二维码的形式,链接有国家职业教育医学检验技术专业教学资源库中的微课、视频、动画等数字化资源,帮助学生自主学习。每章后附有思考题,链接有在线测试,以检验学习效果。

本书还配套建设有数字课程,学习者可以登录"智慧职教"网站(www.icve.com.cn)浏览课程资源,详见"智慧职教"服务指南,教师可以发送邮件至编辑邮箱 gaojiaoshegaozhi@163.com 获取教学课件。

本书可作为高等职业教育医学检验技术、卫生检验与检疫技术等相关医学专业的教学用书,也可作为成人教育相关专业的参考用书及社会从业人士的自学用书。

图书在版编目（C I P）数据

检验仪器分析技术 / 代荣琴,柏彬,王婷主编 . --
北京:高等教育出版社,2023.8
ISBN 978-7-04-058893-4

Ⅰ.①检… Ⅱ.①代…②柏…③王… Ⅲ.①医用分析仪器 – 仪器分析 – 高等职业教育 – 教材 Ⅳ.①TH776 ②O657

中国版本图书馆 CIP 数据核字(2022)第 116396 号

JIANYAN YIQI FENXI JISHU

策划编辑	陈鹏凯	责任编辑	陈鹏凯	封面设计	张雨微	版式设计	李彩丽
责任绘图	杨伟露	责任校对	商红彦 吕红颖	责任印制	刘思涵		

出版发行	高等教育出版社	网　　址	http://www.hep.edu.cn
社　　址	北京市西城区德外大街 4 号		http://www.hep.com.cn
邮政编码	100120	网上订购	http://www.hepmall.com.cn
印　　刷	佳兴达印刷（天津）有限公司		http://www.hepmall.com
开　　本	787mm×1092mm　1/16		http://www.hepmall.cn
印　　张	15		
字　　数	350千字	版　　次	2023 年 8 月第 1 版
购书热线	010-58581118	印　　次	2023 年 8 月第 1 次印刷
咨询电话	400-810-0598	定　　价	45.00 元

本书如有缺页、倒页、脱页等质量问题,请到所购图书销售部门联系调换
版权所有　侵权必究
物料号　58893-00

"智慧职教"服务指南

"智慧职教"是由高等教育出版社建设和运营的职业教育数字教学资源共建共享平台和在线课程教学服务平台,包括职业教育数字化学习中心平台(www.icve.com.cn)、职教云平台(zjy2.icve.com.cn)和云课堂智慧职教 App。**用户在以下任一平台注册账号,均可登录并使用各个平台。**

● **职业教育数字化学习中心平台(www.icve.com.cn):为学习者提供本教材配套课程及资源的浏览服务。**

登录中心平台,在首页搜索框中搜索"检验仪器分析技术",找到对应作者主持的课程,加入课程参加学习,即可浏览课程资源。

● **职教云(zjy2.icve.com.cn):帮助任课教师对本教材配套课程进行引用、修改,再发布为个性化课程(SPOC)。**

1. 登录职教云,在首页单击"申请教材配套课程服务"按钮,在弹出的申请页面填写相关真实信息,申请开通教材配套课程的调用权限。

2. 开通权限后,单击"新增课程"按钮,根据提示设置要构建的个性化课程的基本信息。

3. 进入个性化课程编辑页面,在"课程设计"中"导入"教材配套课程,并根据教学需要进行修改,再发布为个性化课程。

● **云课堂智慧职教 App:帮助任课教师和学生基于新构建的个性化课程开展线上线下混合式、智能化教与学。**

1. 在安卓或苹果应用市场,搜索"云课堂智慧职教"App,下载安装。

2. 登录 App,任课教师指导学生加入个性化课程,并利用 App 提供的各类功能,开展课前、课中、课后的教学互动,构建智慧课堂。

"智慧职教"使用帮助及常见问题解答请访问 help.icve.com.cn。

《检验仪器分析技术》编写人员名单

主　编　代荣琴　柏　彬　王　婷
副主编　王凤玲　杨惠聪　杨进波
编　者（以姓氏拼音为序）

柏　彬　永州职业技术学院
鲍绿地　红河卫生职业学院
程　苗　南阳医学高等专科学校
代荣琴　沧州医学高等专科学校
胡希俅　湖北中医药高等专科学校
李　南　石家庄医学高等专科学校
李　影　沧州医学高等专科学校
梁　樏　铁岭卫生职业学院
王　婷　南阳医学高等专科学校
王翠翠　沧州医学高等专科学校
王凤玲　沧州医学高等专科学校
杨惠聪　福建医科大学附属漳州市医院
杨进波　湖北医药学院附属襄阳市第一人民医院
曾镇桦　福建医科大学附属漳州市医院

前　言

随着科学技术的不断发展，特别是计算机技术的运用，大量新型检验仪器进入了实验室，使检验分析实现了自动化、微量化、信息化、智能化，改变了临床实验室的工作模式，大大地缩短了检验时间，提高了工作效率，确保了临床检验质量，提升了检验水平，同时也对检验工作者提出了更高的要求。作为未来的实验室工作人员，要熟练掌握和使用各类现代化检验仪器。

本书是国家职业教育医学检验技术专业教学资源库配套教材，也是高等职业教育医学检验技术专业课－岗－证一体化新形态系列教材之一。党的二十大报告指出必须坚持科技是第一生产力、人才是第一资源、创新是第一动力，深入实施科教兴国战略、人才强国战略、创新驱动发展战略，开辟发展新领域新赛道，不断塑造发展新动能新优势。为贯彻党的教育方针，培养造就德才兼备的高素质医学检验技术人才，落实立德树人根本任务，同时针对信息时代教育技术的发展及高职学生的特点，编写过程以"实用、适用"为理念，根据高职学生的实际需求选取内容，强调培养学生的职业能力和职业素养，在保证重要知识点不遗漏的基础上，尽可能做到简明扼要。

根据检验仪器自身特点及检验科岗位设置情况，本书共分11章，分别为绪论、临床检验分离仪器、临床分析化学仪器、电化学分析仪器、临床血液学检验仪器、临床尿液检验仪器、临床生物化学检验仪器、临床免疫学检验仪器、临床微生物检验仪器、临床分子生物学检验仪器、临床实验室自动化系统。各章节的主要内容包括临床常用相关仪器的基本结构、工作原理、使用、维护及常见故障处理、临床应用等。

本书知识结构体系有以下特点：① 除绪论外，每章开始设有"学习目标"，以便于学生有针对性地预习和课后复习；② 每章正文前设有"思维导图"，帮助学生梳理本章节所学内容和知识点；③ 正文中配有二维码链接的微课、动画、虚拟仿真、教学视频等数字化教学资源，学生可通过扫描二维码在线观看；④ 每章末设有"思考题"和"练一练"，通过扫描"练一练"二维码可进行在线测试并自动评分。此外，本书在国家职业教育医学检验技术专业教学资源库配套建设有数字课程，内含丰富的教学资源，以期对线上线下混合式教学改革提供支撑。

本书在编写过程中，得到了各编者所在院校及相关检验仪器公司的大力支持和热心帮助，在此一并表示感谢。

由于编者水平有限，本书难免有不妥之处，恳请同行专家和广大师生批评指正。

编者

2022 年 12 月

目　录

绪　论

　　医学实验室是随着医学及相关学科发展建立起来的一类专业实验室,它与各类临床检验仪器密不可分。临床检验仪器是用于疾病预防、诊断和研究,以及进行治疗监测、药物分析的精密设备。早年的医学实验室只有一些简单的仪器,如显微镜、离心机、目测比色计、恒温箱等。随着现代科技的发展,很多新型检验仪器广泛地应用于医学检验,更加突出了仪器的自动化程度和高科技含量,是基础医学、分子生物学、生物物理学、生物化学的最新成果与现代电子技术、计算机技术、自动控制技术和传感器技术的发展相结合的产物,体现了生物医学工程技术在实验室诊断领域的发展。随着基础医学和临床医学的不断发展,临床检验的作用已经不再局限于简单地对某一项指标进行分析。检验医学已发展为一门独立的学科,通过利用各种检测技术和实验仪器对患者的生理、病理状态进行综合地、全面的分析,提供大量的实验数据指标,直接为临床医生的疾病诊断和治疗提供指导信息。

　　实验室检验仪器和检测手段不断更新发展,推动了检验医学新技术及新项目的临床应用,这些进步已经改变或正在改变检验医学及医学实验室的原有面貌和工作模式,同时也对检验工作者提出了更高的要求。检验仪器从采购到临床应用的过程中有很多影响因素,必须由高素质的检验专业人员操作才能确保检验质量。如果检验仪器在使用过程中管理或操作不当,造成的误差将是成批的,会给患者的健康及生命安全造成不良的后果。因此,学习本课程的目的是使学生掌握医学检验常用仪器的工作原理和基本结构,熟悉检验仪器的操作使用,了解检验仪器的日常维护、常见故障及排除方法。

一、临床检验仪器的发展进程

　　临床检验仪器的发展是医学检验专业发展的一个标志。从 20 世纪 70 年代,医学检验开始向半自动化、自动化操作过渡以来,临床检验实验室已逐步实现仪器设备的高度自动化、小型化、一体化和全实验室自动化。临床检验仪器经历了四个发展阶段:初期手工阶段、系统自动化阶段、模块自动化阶段和全实验室自动化阶段。

(一)初期手工阶段

　　该阶段的医学实验室只有一些简单的仪器,如离心机、恒温箱、普通光学显微镜、比色计等。实验室检验以手工检验为主,如在显微镜下计数血液中红细胞、白细胞和血小板,观察各种血细胞形态,测定血红蛋白含量等;显微镜下观察尿液中的各种有形成分如白细胞、红细胞、上皮细胞和各种管型等,通过肉眼观察尿液颜色、透明度等;显微镜下观察粪便中的有形成分如白细胞、红细胞、虫卵等,肉眼观察粪便颜色、性状等;通过各种化学或生物化学技术检测体液中各种物质如蛋白质、葡萄糖、酶等含量。手工检验存在工作效率低、人为误差大、检验结果的准确度与精密度不能满足临床的要求,且试剂和检测样品用量大,检测成本高等弊端。

(二) 系统自动化阶段

临床检验仪器最早产生于20世纪50年代初期,美国的Technicon公司生产的单通道连续流动式自动分析仪开创了临床检验向自动化发展的新时代。70年代后自动生化分析仪开始在临床实验室被广泛地应用。后来随着计算机及其他相关学科的发展,血液学、免疫学、微生物学检验的自动化仪器也相继问世,医学实验室的检验仪器种类越来越多。自动分析仪器采用样品传送系统和自动化控制技术,检验工作者只需将样品放入传送带,仪器即可依据设计好的程序进行工作,检验工作者不需再接触标本,自动取样、自动报告,实现了分析的自动化、检测样本微量化,缩短了检验时间,提高了工作效率,如医学实验室使用自动血细胞分析仪、尿沉渣分析仪进行血、尿项目检查,缩短了检验时间,增加了检测项目,提高了检验结果的准确性。

(三) 模块自动化阶段

模块式自动化(modular laboratory automation,MLA)又称任务目标自动化(task targeted automation,TTA),通常是将不同检测系统或工作单元根据特定需求进行灵活组合而形成一个高质量、多功能的检验系统,可测定常规生化、特殊生化、药物浓度、特种蛋白、免疫等多种项目,满足了实验室降低成本、提高工作效率、节省实验室空间和缩短检验报告周期等的需求。模块式自动化系统可根据实验室流程的需要,前后处理系统、检测系统可不同组合,设备既可以独立于其他仪器单机运行,也可以相互连接形成工作单元,具有非常大的灵活性。如全自动血液分析系统,可根据实验室标本量和场地选择血细胞分析仪和自动推片机的数量进行组合。

(四) 全实验室自动化阶段

全实验室自动化(total laboratory automation,TLA)是指为实现临床实验室内某一个或几个检测系统的功能整合,将不同的分析仪器与分析前和分析后的相关设备通过硬件和信息网络进行连接的相关设备整合体,实现自动化选择采血管、贴标签、分拣、传送、样品处理、分析和储存,构成流水线作业,实现检验过程的自动化,极大地提高了实验室的检测速度和检验质量。实验室自动化系统结合实验室信息系统(laboratory information system,LIS)和中间连接软件,使临床实验室实现了检验流程的标准化、自动化、智能化管理,极大地提高了检测效率,降低了检验误差和检验成本,缩短了检验结果的报告时间,降低生物危害风险,更好地满足临床对于检验报告准确性和及时性的要求。

二、临床检验仪器的特点

当前临床上使用的检验仪器较早期实验室的检验仪器有本质上的区别。现代临床检验仪器是基础医学、分子生物学、生物物理学、生物化学的最新成果与现代电子技术、计算机技术、自动控制技术和传感器技术发展相结合的产物,其自动化、智能化的程度越来越高,检测项目逐步增多,检测速度及准确性得到极大提高。现代临床检验仪器通常具有以下特点。

1. 结构复杂　当前医学检验仪器种类繁多,通常可以实现光、机、电一体化和智能化,检验技术不断改进,各种自动检测、自动控制功能的增加,使仪器更加紧凑,专业性越来越高,仪器设备的结构也更加复杂。

2. 精度高　临床检验仪器可用来测量和分析某些物质在组织、细胞和血液、体液中存在、组成、结构、数量等特性,并给出定性或定量的分析结果,能够为临床疾病诊断和治疗提供科学依据,因此要求检验结果精度高。

3. 技术领域广　现代临床检验仪器不再局限在医疗知识的范畴中,还包括计算机、生物化学、机械、电子、光学和放射、生物传感、免疫及材料等技术领域的知识,属于多学科技术相互结合和渗透的产物,这对技术操作人员有更高的要求。

4. 技术先进　临床检验仪器与各个学科和领域之间是密切相关的。光纤技术、电子技术和计算机技术的应用,新材料、新器件的使用,荧光偏振、化学发光、分子标记、生物传感、生物芯片等高新技术运用,都可在医学检验仪器的研发中体现出来。

5. 对检验工作者要求更高　检验工作者不仅要掌握检验专业知识和基础技能,还要掌握各种现代化检验仪器的工作原理、基本结构、操作流程、日常维护和常见故障的处理方法,并具有一定水平的电子电工学知识储备和英语阅读能力等。

6. 环境要求严格　医学检验仪器的构件精细,具有高精度、自动化、智能化和高分辨率等特点,因此在使用过程中对环境条件要求非常严格。

三、临床检验仪器的分类

目前,临床检验仪器种类繁杂,用途不一,覆盖的范围非常广泛,分类也比较困难,无论何种分类方法,都有其优点和局限性,本教材根据检验仪器的功能和临床应用,将其分为十大类,以方便教学并兼顾临床应用习惯。

1. 临床检验分离仪器　在分离检测样品中的不同组分时常用的仪器,包括移液器、离心机和电泳仪等。

2. 临床分析化学仪器　主要包括紫外－可见分光光度计、高效液相色谱仪、原子吸收光谱仪、气相色谱仪、荧光色谱仪和质谱仪等。

3. 电化学分析仪器　主要包括电解质分析仪和血气分析仪。

4. 临床血液学检验仪器　是临床实验室最基本的分析仪器,包括显微镜、血细胞分析仪、血液凝固分析仪、红细胞沉降率测定仪、血型分析仪和流式细胞分析仪等。

5. 临床尿液检验仪器　用于尿液化学成分检查和尿液有形成分检查的仪器,包括尿液化学分析仪和尿沉渣分析仪等。

6. 临床生物化学检验仪器　用于检测机体体液中化学物质的仪器,主要包括自动生化分析仪和即时检测仪器等。

7. 临床免疫学检验仪器　主要用于各种体液蛋白质、激素和药物浓度等的检测,包括酶免疫分析仪、化学发光免疫分析仪、电化学发光免疫分析仪和免疫比浊分析仪等。

8. 临床微生物检验仪器 用于微生物的分离和鉴定,主要有生物安全柜、培养箱、自动血培养仪和自动微生物鉴定与药敏分析系统。

9. 临床分子生物学检验仪器 主要用于对生物分子进行分析和检测,包括 PCR 扩增仪、生物芯片、蛋白质测序仪和全自动 DNA 测序仪等。

10. 临床实验室自动化系统 包括模块式自动化和全实验室自动化,它极大地提升了临床实验室的检验质量和管理水平,是临床实验室发展的必然趋势。

四、学习本课程的目的和要求

(一) 学习本课程的目的

1. 掌握各种常用临床检验仪器的工作原理、基本结构和使用方法。

2. 熟悉常用临床检验仪器的分类、性能指标、常见的故障排除方法及相关计算机技术。

3. 了解常用临床检验仪器的组合联用,关注其发展趋势及特点,以使有限的仪器得到综合应用。

4. 培养学习者的检验技术应用能力、综合分析能力和仪器工程技术能力等,为今后从事医学检验工作打下坚实的基础。

(二) 学习本课程的基本要求

现代检验仪器的发展对检验工作者的专业知识和检验技能要求越来越高,主要反映在现代化的检验仪器具有操作自动化、检测快速化、样品和试剂微量化、检测项目多样化和使用安全等优点,具有涉及技术领域广、结构复杂、价格高及对使用环境要求高等特点。目前,大多临床检验仪器已具备超微量分析的能力,检测全过程由计算机控制,其自动化、智能化和一机多能化程度更高,许多仪器都集大型机的处理能力和小型机的应变能力于一身。因此,要求学习者必须掌握主要临床检验仪器的基本概念和工作原理、基本结构及主要工作系统、构成部件的功能、仪器的使用、日常维护及常见故障的排除的方法。未来临床实验室的发展离不开检验仪器的不断更新,这就要求检验工作者不断更新知识,以跟上医学检验发展的步伐。

(王凤玲 代荣琴)

第一章 临床检验分离仪器

学习目标

1. 掌握临床检验常用的移液器、离心机、电泳仪的工作原理及常规使用方法。
2. 熟悉临床检验常用的移液器、离心机、电泳仪的基本结构和分类。
3. 了解临床检验常用的移液器、离心机、电泳仪的维护与常见故障处理、临床应用。

  在临床检验中,常用于分离出样本不同成分的仪器有移液器、离心机和电泳仪。作为检验技术人员,掌握成分分离技术,正确使用临床检验分离仪器,才能提高检验结果的准确性。

第一章
思维导图

第一节 移 液 器

  移液器(locomotive pipette)又名加样枪、移液枪或微量加样器(枪)、微量移液枪,是一种连续可调的计量和转移液体的专用器材,也是目前临床实验室中最常使用的移液器材之一,吸液范围为 0.1 μL~10 mL。

一、移液器的类型

  随着科学技术的更新发展,移液器的种类越来越多。根据移液器通道数目,移液器分单通道移液器和多通道移液器(图 1-1);根据移液器自动化程度,分手动移液器和电动移液器;根据移液器移液量是否可调,分定量移液器和可调式移液器;根据移液器加样的物理学原理,分空气置换移液器和正向置换移液器。

视频:观看
移液器类型

二、移液器的基本结构

  移液器是一种量出式量器,移液量由一个配合良好的活塞在活塞套内移动的距离来确定。移液器的基本结构如图 1-2 所示。

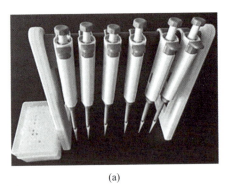 

(a)   (b)

图 1-1 移液器
(a)单通道移液器 (b)多通道移液器

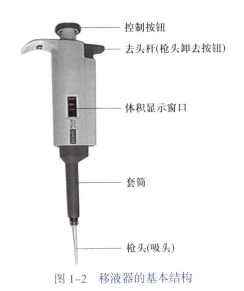

——控制按钮

——去头杆(枪头卸去按钮)

——体积显示窗口

——套筒

——枪头(吸头)

图 1-2 移液器的基本结构

动画:移液
器基本结构

三、移液器的工作原理

移液器依据的基本工作原理是胡克定律,即在一定限度内,弹簧伸展的长度与弹力成正比,也就是移液器的吸液体积与移液器内弹簧伸展的长度成正比。移液器内活塞通过弹簧的伸缩运动来实现吸液和放液。在活塞推动下,排出部分空气,利用大气压吸入液体,再由活塞推动空气排出液体。

移液器加样的物理学原理有两种,分别是空气垫加样和活塞正移动加样。

(一)空气垫加样

基于空气垫加样原理而设计的移液器称为空气垫移液器(也称为空气置换移液器),空气垫加样的原理常用于定量及可调式移液器。空气垫的作用是将吸至塑料吸头内的液体样品与移液器内的活塞分隔开,空气垫通过移液器内连接活塞的弹簧伸缩运动而移动,进而带动吸头中的液体吸入或放出,加样体积为 1 μL~10 mL。活塞移动的体积必须大于预吸取的液体体积(一般为 2%~4%)。空气垫移液器容易受温度、气压、空气湿度等物理因素的影响,使加样的准确度降低。跟移液器配套使用的吸头也是重要的影响因素,如吸头的形状、材料特性及与移液器的吻合程度等都会影响加样的准确性。

(二)活塞正移动加样

应用活塞正移动加样原理而设计的移液器称为活塞正移动移液器(也称为正向置换移液器)。活塞正移动移液器的吸头与空气垫移液器的吸头不同,吸头内含一个可与移液器的活塞耦合的活塞,这种吸头须由生产活塞正移动移液器的厂家配套生产,不能使用普通的吸头或不同厂家生产的吸头。

四、移液器的使用

(一)使用方法

临床检验工作中常用可调式移液器,下面以可调式移液器为例介绍移液器的使用方法及注意事项。

1. 选择合适的移液器 首先,根据待量取液体的性质选择不同类型的移液器,如量取高挥发性、高黏稠度以及密度大于 2.0 g/cm³ 的液体时,选用活塞正移动移液器;而移取血清、常用试剂等标准溶液时,多使用空气置换移液器。其次,应根据需移取的液体体积选择合适的移液器,待量取的液体体积应小于并接近移液器的最大量程以保证量取液体的准确性。如移取 15 μL 的液体,最好选择最大量程为 20 μL 的移液器,选择 50 μL 及其以上量程的移液器都不够准确。

2. 设定移液体积 调节移液器的体积控制旋钮,进行移液量的设定。调节移液体积时,若从大体积调为小体积,直接转动体积旋钮至设定的体积即可;如果要从小体积调为大体积,可先旋转体积控制旋钮至超过设定体积的刻度(最大刻度除外),再回调至设定体积,这样可以保证量取的最佳精确度。

3. 装配吸头 应选择与移液器相匹配的吸头,不同类型的移液器装配吸头的方法可不同。使用单通道移液器时,将移液端垂直插入吸头,稍用力下压左右微微转动,上紧即可。使用多通道移液器时,将移液器的第一通道对准第一个吸头,倾斜插入,前后稍微摇动上紧,吸头插入后略超过 O 形环,并可以看到连接部分形成清晰的密封圈即可。然后吸排空气几次,以保证活塞腔内外气压一致。

4. 吸液 吸液前,要保证移液器、吸头和待移取液体处于同一温度。在吸液之前,可以先吸放几次液体以润湿吸液嘴,尤其是吸取黏稠或密度与水不同的液体。移液器保持垂直状态,先用拇指将移液操作杆按至第一停点,然后将吸头尖端垂直浸入液面以下 2~3 mm 深度,缓慢均匀地松开操作杆,待吸头吸入溶液后静置 2~3 s。注意松开移液操作杆时必须缓慢均匀,不能让操作杆急速弹回。

5. 放液 将移液器垂直悬空于待装容器,或使移液器呈 15°~20° 倾斜,吸头尖贴容器壁进行放液。先用拇指按压移液操作杆到第一停点排出液体,稍停留 1~2 s 继续将移液操作杆按至第二停点排出吸头中残余液体。排完液体移出移液器,缓慢松开操作杆使之复位。目前移取液体有如下两种方法。

（1）前进移液法：吸液时用拇指按压移液操作杆至第一停点，吸头浸入液体中，缓慢松开移液操作杆回原点；放液时将移液操作杆按至第一停点排出液体，稍停片刻继续将移液操作杆按至第二停点排出残余液体，最后缓慢松开移液操作杆。

（2）反向移液法：吸液时按压移液操作杆至第二停点，然后慢慢松开移液操作杆回原点，排出液体时将移液操作杆按至第一停点排出设置好体积的液体，继续保持按住移液操作杆于第一停点位置弃去有残留液体的吸头。反向移液法一般用于移取黏稠液体、生物活性液体、易起泡液体或极微量液体。

动画：移液器装配吸头移液

6. 移液器的放置　移液器使用完毕后，用拇指按下去头杆，安全退去用过的吸头。然后，调节容量标识至最大值，将移液器悬挂在专用的移液器架上。移液器长期不用时，应置于专用盒内。

（二）注意事项

1. 应选用与移液器匹配的、有质量保证的吸头。使用不匹配的吸头气密性不好，会直接影响移液器的精确性，通常会使移液量小于设定量。

2. 设定移液体积时，转动旋钮不可太快，不能将旋钮旋出量程，否则会卡住内部机械装置而损坏移液器。

3. 不能用反复强烈撞击的方法装配吸头，这样会使吸头与移液器的密合不好而影响气密性。长期如此操作，可导致移液器中的零部件松散，严重时会导致调节刻度的旋钮卡住，对移液器的精确性造成影响。

4. 应垂直吸液，倾斜的状态会造成气压面改变，影响移液精度。

5. 吸液和放液速度不能过快。过快吸液对于 1 mL 及以上量程的移液器，容易造成上冲而污染移液器，过快放液则会增加液体的残留量。

微课：移液器使用时常见的错误操作

6. 吸液时不能将吸头全部浸入溶液中，以免造成吸头外壁残留过多液体，使移液量不准。放液时吸头不能全部插入移进容器，以免交叉污染。

7. 当移液器吸头里有液体时，切勿将移液器水平放置或倒置，以免液体倒流而腐蚀活塞弹簧，损坏移液器并造成交叉污染。

8. 对移液器进行高温消毒时，应首先查阅所使用的移液器是否适合高温消毒后再进行处理。

五、移液器的维护与常见故障处理

移液器要保持最佳性能状态，必须根据使用情况进行定期维护，如在移取腐蚀性溶液后，应进行清洁处理。掌握移液器的维护及常见故障的处理方法，不但能提高工作效率，也可有效地延长移液器的使用寿命。

（一）移液器的维护

移液器应根据使用频率进行定期维护，但每隔 3 个月至少维护一次。应检查移液器有无灰尘和污物，尤其注意其嘴锥部位。长期维护时需要清洁移液器内部，必须由经培训合格的人员拆卸。

1. 移液器的清洁

（1）内部的清洁：先拆卸移液器下半部分，拆卸下来的部件用肥皂水、洗洁精或60%异丙醇擦洗，再用双蒸水冲洗，晾干，最后在活塞表面用棉签涂上一层薄薄的硅酮油脂起润滑作用。密封圈一般无需清洗。

（2）外壳的清洁：除了不需要拆卸之外，其他的清洁方法与内部一致。

2. 移液器的消毒

（1）常规高温高压灭菌处理：先将移液器内、外部件清洁干净，再用灭菌袋、锡纸或牛皮纸等包装灭菌部件或整支移液器，于121℃、100 kPa，灭菌20 min，整支移液器消毒前应将中心连接处旋转松解一圈，保证蒸汽可在消毒过程中进入移液器内部。消毒后置室温下完全晾干，给活塞涂上一层薄硅酮油脂，再组装。整支移液器在完全冷却后再重新旋紧中心连接处。

（2）紫外线照射灭菌：整支移液器或其零部件均可暴露于紫外线照射，进行表面消毒。

3. 移液器上污染核酸的去除 有些移液器配有专门的清洗液用来清除移液器上残留的核酸。将移液器下半部分拆卸下来的内、外套筒，在95℃清洗液中浸泡30 min，再用双蒸水将套筒冲洗干净，60℃下烘干或完全晾干后在活塞表面涂上润滑剂（硅酮油脂）并将部件组装。

（二）移液器常见故障及其处理

减压过程中移液器的使用频率较高，难免会出现故障。操作人员在使用时，除了掌握移液器的正确使用方法外，还应了解移液器的内部结构，具备排除常见故障的基本能力。

1. 移液器的拆卸方法 移液器的拆卸一般包括四个步骤。

（1）按下脱卸吸头的按钮，用力拔出最外层套筒。

（2）将专用改锥套入移液器下部，吻合对准后逆时针旋转，卸下内部套筒。

（3）轻夹弹簧固定帽，并取下，注意活塞弹性释放时会弹出。

（4）卸下活塞和弹簧。

2. 移液器的常见故障及其排除方法 见表1-1。

动画：移液
器的拆分和
组装

表1-1 移液器的常见故障及其排除方法

常见故障	可能原因	排除方法
按钮卡住或运动不畅	活塞被污染或有气溶胶渗透	清洁并润滑O形环和活塞，清洁吸头连件
移液器堵塞，吸液量太少	液体渗进移液器且已干燥	清洁并润滑活塞和吸头连件
吸头内有残液	吸头不适配； 吸头塑料湿润性不均一； 吸头未装好	使用原配吸头； 装紧吸头； 重装新吸头

续表

常见故障	可能原因	排除方法
漏液或移液量太少	吸液嘴不适配； 吸头和连件间有异物； 活塞或 O 形环上硅油不够； O 形环与活塞未扣好或 O 形环损坏； 操作不当； 需要校准或液体密度与水差异大； 移液器被损坏	使用原配吸头； 清洁连件,重装新吸头； 涂上硅油； 清洁并润滑 O 形环和活塞或更换 O 形环； 认真按规定操作； 根据指导重新校准； 维修
吸液嘴推出器卡住或运动不畅	吸头连件和(或)吸头推出轴被污染	清洁吸头连件和推出轴

六、移液器的临床应用

移液器被广泛应用于各类实验室,常见移液器的应用如下。

1. 微量移液器　适用于小容量液体的移取,可应用于生物、化学实验室。

2. 外置活塞移液器　① 适用于量取蛋白、树脂、汞等,最高黏度可达 50.000 mm²/s,最高密度可达 13.6 g/cm³ 的高黏度、高密度液体;② 适用于量取最高蒸汽压可达 500 mbar 的高蒸汽压液体;③ 适用于量取乙醇、碳氢化合物等发泡性液体。

3. 瓶口移液器　常用于中等流量(0.5~100 mL)液体的运输,如酸、碱等。

4. 手动连续移液器　可以迅速而方便地移取 2~5 000 μL 的试剂,一次吸液完成 49 次。对于黏稠、高密度液体和高蒸汽压液体也可以准确移取。

5. 电子滴定器　常应用于食品、制药、石油化工等行业,具有体积小、电池寿命长等特点,适合于在空间狭小和远离电源的地方使用。

第二节　离 心 机

视频:观看
离心机

离心技术(centrifugal technique),即应用离心沉降进行物质分析和分离的技术,实现离心技术的仪器是离心机(centrifuge)。离心机是利用离心力,分离液体与固体颗粒或液体与液体混合物中各组分的仪器。

一、离心机的工作原理

(一) 液体中的微粒在重力场中的分离

把生物样品中的微粒从液体中分离出来,最简单的方法是利用重力沉降法。即将液体静置一段时间,液体中的微粒在重力场的作用下可逐渐下沉,下沉的速度与微粒的大小、形态、密度、重力场的强度及液体的黏度有关。

(二)液体中的微粒在离心力场中的沉降

离心是利用旋转运动形成的离心力以及物质的沉降系数或浮力密度的差异进行分离、浓缩和提纯生物样品。悬浮液在巨大的离心力作用下,悬浮的颗粒(细胞器、生物大分子等)以一定的速度沉降,得以分离、浓缩和提纯。颗粒的沉降速度取决于离心机的转速,颗粒的质量、大小和密度等。旋转速度越大,颗粒的沉降也越快。

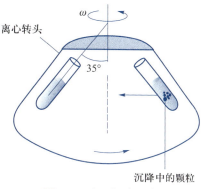

当离心力达到数万甚至数十万倍重力加速度时,颗粒的沉降也加快了同样的倍数,这就使得许多在重力场中不能沉降的细小颗粒及密度较低的物体组分能用离心技术进行分离纯化。离心沉降如图1-3所示。

图1-3 离心沉降示意

1. **离心力**(centrifugal force,Fc) 当物体所受外力小于运动所需要的向心力时,物体将向远离圆心的方向运动。物体远离圆心的运动称离心运动。离心作用是根据在一定角速度下做圆周运动的任何物体都受到一个向外的离心力进行的。离心力(Fc)的大小等于离心加速度 $\omega^2 r$ 与颗粒质量 m 的乘积,即:

$$Fc^- = m\omega^2 r = m\left(\frac{2\pi N}{60}\right)^2 r = \frac{4\pi^2 N^2 rm}{3\,600}$$

式中 ω 是旋转角速度,N 是每分钟转头旋转次数,r 为离心半径,m 是质量。

2. **相对离心力**(relative centrifugal force,RCF) 是指在离心力场中,作用于颗粒的离心力相当于地球重力的倍数,单位是重力加速度"g"。

由于各种离心机转子的半径或离心管至旋转轴中心的距离不同,离心力也不同,因此常用"相对离心力"或"数字 ×g"表示离心力,例如 25 000×g,表示相对离心力为 25 000。只要 RCF 值不变,一个样品可以在不同的离心机上获得相同的分离结果。一般情况下,低速离心时相对离心力常以转速"rpm"来表示,高速离心时则以"g"表示。

$$RCF = 1.118 \times 10^{-5} n^2 r$$

式中 r 为离心转子的半径距离,以 cm 为单位;n 为转子每分钟的转数(r/min)。

3. **沉降速度**(sedimentation velocity) 指在强大离心力作用下,单位时间内物质运动的距离,即:

$$\frac{dx}{dt} = \frac{m(1-\rho_0/\rho)}{f}g$$

式中,ρ_0 为介质的密度,ρ 为微粒的密度,g 为重力加速度,f 为阻力系数。由上式可知,微粒的沉降速度与 $m(1-\rho_0/\rho)g$ 成正比,与阻力系数 f 成反比。

4. **沉降时间**(sedimentation time,Ts) 在离心机的某一转速下把溶液中某一种溶质全部沉降分离出来所需的时间即沉降时间。

5. **沉降系数**(sedimentation coefficient) 颗粒在单位离心力场作用下的沉降速度,其单位为秒(s)。沉降系数与样品颗粒的分子量、分子密度、组成、形状等都有关,样品颗粒的质量或密度越大,沉降系数也越大。

二、常用的离心方法

常用的离心方法有差速离心法、密度梯度离心法和分析型超速离心法三类。

(一) 差速离心法

差速离心法(differential velocity centrifugation method)是利用不同的粒子在离心力场中沉降的不同,在同一离心条件下,通过不断增加相对离心力,使一个非均匀混合液内大小、形状不同的粒子分步沉淀的离心方法。操作过程一般是在离心后用倾倒的办法把上清液与沉淀分开,然后将上清液加高转速离心,分离出第二部分沉淀,如此反复加高转速,逐级分离出所需要的物质。差速离心法主要用于一般及特殊样品的分离,例如分离细胞器和病毒,其原理如图1-4所示。

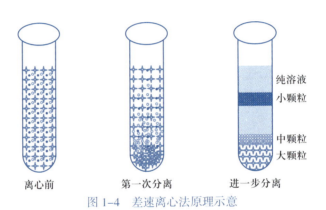

图1-4 差速离心法原理示意

该方法的优点是:① 操作简单,离心后用倾倒法即可将上清液与沉淀分开;② 可使用容量较大的角式转子,分离时间短、重复性高;③ 样品处理量大。缺点是:① 分辨率有限,分离效果差,不能一次得到纯颗粒;② 壁效应严重,容易使颗粒变形、聚集而失活。

(二) 密度梯度离心法

密度梯度离心法(isodensity centrifugation method)又称为区带离心法,其原理是将样品在一定惰性梯度介质中进行离心沉淀或沉降平衡,在一定离心力作用下把颗粒分配到梯度液中某些特定位置上,形成不同区带。操作过程是离心时先将样品溶液置于一个由梯度材料形成的密度梯度液中,离心后被分离组分以区带层分布于梯度液中。按不同的离心分离原理,密度梯度离心法又可分为速率区带离心法和等密度区带离心法。

该方法的优点是:① 分辨率高,分离效果好,可一次获得较纯的颗粒。② 适用范围广,既能分离沉淀系数差的颗粒,又能分离有一定浮力密度的颗粒。③ 颗粒不会积压变形,能保持其活性,并可防止已形成的区带由于对流而引起混合。缺点是:① 离心时间较长,需要制备成梯度液。② 操作严格,不宜掌握。

1. 速率区带离心法 是根据被分离的粒子在梯度液中沉降速度的不同,离心后分别处于不同的密度梯度层内形成几条分开的样品区带,达到彼此分离的目的。梯度液在离心过程中以及离心完毕后,取样时起着支持介质和稳定剂的作用,避免因机械振动引起已分层的粒子再混合,常用的梯度液有 Ficoll(聚蔗糖)、Percoll(硅石胶态悬浮液)及蔗糖。操作过程是先把梯度液加入离心管中,溶液的密度从离心管顶部至底部逐渐增加(正梯度),然后将所需分离的样品小心加至梯度液的顶部,样品在梯度液表面即可形成一负梯度。速率区带离心法的原理如图 1-5 所示。

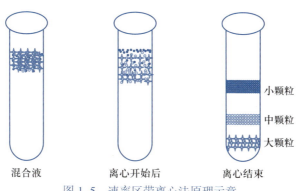

动画:速率
区带离心法

混合液　　　　　离心开始后　　　　　离心结束

图 1-5　速率区带离心法原理示意

速率区带离心法是一种不完全的沉降,沉降受物质本身大小的影响较大。须严格控制离心时间,既能使各种粒子在介质梯度中形成区带,又要把时间控制在所有粒子达到沉淀前。一般是在物质大小相异而密度相同的情况下应用。若离心时间过长,所有的样品都到达离心管底部;若离心时间不足,则样品还没有分离。

2. 等密度区带离心法 即当不同颗粒存在浮力密度差时,在离心力场中,颗粒向下沉降或向上浮起,一直沿梯度液移动到它们密度恰好相等的位置上(即等密度)形成区带而分离成分。颗粒的有效分离取决于其浮力密度差,与颗粒的大小和形状无关,但后两者决定着达到平衡的速率、时间和区带的宽度。颗粒的浮力密度与其原来的密度、水化程度及梯度溶质的通透性或溶质与颗粒的结合等因素有关。因此,要求介质梯度应有一定的陡度,要有足够的离心时间形成梯度颗粒的再分配,进一步离心也不会有影响。

操作过程是将被分离样品均匀地分布于梯度液中,离心后,颗粒会移至与它本身密度相同的位置形成区带,收集所需区带即为纯化的组分。由于其梯度形成需要梯度液的沉降与扩散相平衡,需经长时间离心后方可形成稳定的梯度,所以等密度离心法主要用于科研及实验室特殊样品组分的分离和纯化。等密度区带离心法的原理如图 1-6 所示。

动画:等密
度区带离
心法

(三)分析型超速离心法

分析型超速离心法,使用了特殊的转子和检测手段,以便连续监测物质在一个离心场中的沉降过程,主要是为了研究生物大分子的沉降特性和结构,而不是专门收集某一特定组分,相应的离心机称为分析型超速离心机。

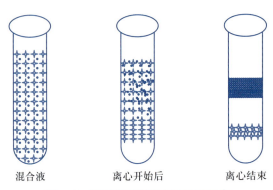

混合液　　　　离心开始后　　　　离心结束

图1-6　等密度区带离心法原理示意

1. 分析型超速离心法的工作原理　分析型超速离心机主要由一个椭圆形的转子、一套真空系统和一套光学系统组成。该转子通过一个柔性的轴连接成一个高速的驱动装置,此轴可使转子在旋转时形成自己的轴。转子在一个冷冻的真空腔中旋转,其容纳了分析室和配衡室两个小室。配衡室是一个经过精密加工的金属块,作用为平衡分析室。分析室的容量一般为1 mL,呈扇形排列在转子中,其工作原理与普通水平转子相同。分析室有上下两个平面的石英窗,离心机中装有的光学系统可保证在整个离心期间都能观察分析室中正在沉降的物质,通过对紫外光的吸收(如蛋白质和DNA)或折射率的不同对沉降物进行监测。

2. 分析型超速离心法的应用范围　① 测定生物大分子的相对分子重量;② 生物大分子的纯度估计;③ 分析生物大分子中的构象变化。

三、离心机的分类

离心机按用途可分为制备型、分析型和制备分析两用型离心机,按结构可分为台式、多管微量式、细胞涂片式、血液洗涤式、高速冷冻式、大容量低速冷冻式、台式低速自动平衡离心机等,按转速可分为低速、高速、超速离心机等(临床上习惯以转速对离心机进行分类)。另外,国外还有三联式(五联式)高速冷冻离心机,用于连续离心。

(一) 低速离心机

低速离心机主要用作血浆、血清的分离及脑脊液、胸腹水、尿液等有形成分的分离,是临床实验室常规使用的一类离心机。其最大转速在10 000 r/min以内,相对离心力在15 000×g以内,容量为几十毫升至几升,分离形式是固液沉降分离。低速离心机如图1-7所示。

图1-7　低速离心机

(二) 高速离心机

高速离心机主要用于临床实验室对分子生物学中的DNA、RNA的分离和基础实验室对各种生物细胞、无机物溶液、悬浮液及胶体溶液的分离、浓缩、提纯样品等。最大转速为20 000~25 000 r/min,最大相对离心力为 89 000×g,最大容量可达 3 L,分离形式是固液沉降分离。可进行微生物菌体、细胞碎片、大细胞器、硫酸铵沉淀和免疫沉淀物等的分离纯化工作,但不能有效地沉降病毒、小细胞器(如核蛋白体)或单个分子。为了防止高速离心过程中温度升高而使酶等生物分子变性失活,高速离心机还装设了冷冻装置,因此又称高速冷冻离心机。高速离心机如图 1-8 所示。

(三)超速离心机

超速离心机能使过去仅仅在电子显微镜观察到的亚细胞器得到分级分离,还可以分离病毒、核酸、蛋白质和多糖等。转速可达 50 000~80 000 r/min,相对离心力最大可达510 000×g,离心容量为几十毫升至两升。分离形式是差速沉降分离和密度梯度区带分离,离心管平衡允许的误差要小于 0.1 g。为了防止样品液溅出,附有离心管帽;为了防止温度升高,装有冷冻装置。按用途可分为制备型、分析型、分析制备两用型。制备型超速离心机主要用于生物大分子、细胞器和病毒等的分离纯化,能使亚细胞器分级分离,并可用于测定蛋白质及核酸的分子量。分析型超速离心机装有光学系统,可拍照、测量、数字输出、打印自动显示等,可以通过光学系统对测试样品的沉降过程及纯度进行观察。超速离心机如图 1-9 所示。

图 1-8 高速离心机

图 1-9 超速离心机

分析型超速离心机的主要特点有:① 能在短时间内,用少量样品得到一些重要信息;② 能确定生物大分子是否存在及存在的大致含量;③ 计算生物大分子的沉降系数;④ 结合界面扩散,估计分子的大小;⑤ 检测分子的不均一性及混合物中各组分的比例;⑥ 测定生物大分子的分子量;⑦ 还可以检测生物大分子的构象变化等。

(四)专用离心机

随着科技不断发展,离心机技术日益创新。以往的广泛型离心机逐渐转为专业性很强的专用离心机,对所分离的不同物质规定了一定的转速、相对离心力及时间,使离心操作向规范化、标准化、科学化及专业化方向发展。如免疫血液离心机、微量毛细管离心机、尿沉渣分离离心机等。

1. 免疫血液离心机　是为临床输血所设计的一种带有标准化操作程序的专用离心机,可用于白细胞抗原检测的淋巴细胞分离、洗涤及细胞染色体制作的细胞分离;还可用于血小板的分离、凝血酶的处理离心等。

2. 微量毛细管离心机　是一种实验室专用离心机,操作程序为自动化控制。最大容量一次可放 24 根毛细管,最高转速可达 12 000 r/min,相对离心力最大可达 14 800×g。在临床实验室,微量毛细管离心机可用于血溶比试验、微量血细胞比容值的测定及同位素微量标记物的测定等。

四、离心机的基本结构

(一)低速离心机

低速离心机由电动机、离心转盘、调速装置、定时器、离心套管和底座等主要部件构成。

1. 电动机　是离心机的主件,多为串激式,包括定子和转子两部分。

2. 离心转盘(转头)　常用铸铝制成,为平顶锥形,中间有一圆孔,套在电动机上端的转轴上,然后用螺帽旋紧固定,转盘上有 6~12 个对称的 45° 斜孔,以放置试管。

3. 调速装置　用于电动机,有多抽头变阻器、瓷盘可变电阻器等多种形式。在电源与电动机之间串联一只多抽头扼流圈或瓷盘可变电阻器,改变电动机的电流和电压,通过旋转或触摸面板自动控制系统,达到转速调节。

4. 离心套管　主要由塑料和不锈钢制成。

(二)高速离心机

高速离心机通常由转动装置、速度控制系统、温度控制系统、真空系统、离心室、离心转头及安全保护装置等组成。由于转速高,带有低温控制装置,离心室的温度可以调节和维持在 0~40℃。

1. 转动装置　离心机的转动装置主要由电动机、转头轴以及它们之间连接的部分构成。

2. 速度控制系统　由标准电压、速度调节器、电流调节器、功率放大器、电动机、速度传感器等部分构成。

3. 真空系统　高速离心机的转速很高,当转速超过 4×10^4 r/min 时,空气摩擦产生的高热就成了严重问题。因此,高速离心机都配有真空系统,将离心腔密封并抽成真空,以克服空气的摩擦阻力,保证离心机达到所需的转速。

4. 温度控制系统　高速离心机的温度控制系统是在转头室装一热电偶,监测其温度。制冷压缩机采用全封闭式,由压缩机、冷凝器、毛细管和蒸发器四个部分组成。

5. 安全保护装置　高速离心机的安全保护装置通常包括主电源过电流保护、驱动回路超速保护、冷冻机超负荷保护和操作安全保护等四个部分。

(三) 超速离心机

超速离心机通常由驱动和速度控制、温度控制、真空系统、转头组成。在整个离心期间都能通过紫外吸收或折射率的变化监测离心杯中沉降的物质,并可拍摄沉降物质的照片。

五、离心机的使用

(一) 使用方法

离心机使用时必须严格遵守操作规程,因其转速高,产生的离心力大,使用不当或缺乏定期的检修和保养,都可能发生严重事故。

首先,打开电源开关,离心机自检后,开启门盖,选用合适的转头,平衡离心管及其内容物,并对称放置,以便使负载均匀地分布在转头的周围。然后,设定好转速、时间等参数,按下启动按钮开始离心。离心过程中应随时观察离心机上的仪表是否正常工作,如有异常应立即停机检查,及时排除故障,未找出原因前不得继续运转。离心结束后,开启门盖,取出离心管,关闭电源开关。

微课:离心机的使用

1. 离心方法的选择

(1) 对于颗粒的质量和密度与溶液相差较大的分离样品,只要选择合适的离心转速和离心时间,就能达到较好的分离效果。

(2) 对于存在两种及以上的质量和密度不同的样品颗粒,则可采用差速离心法。差速离心方法常针对不同的离心速度和离心时间要求,使沉降速度不同的样品颗粒按批次分离。

(3) 对于有密度梯度差异的样品介质,可采用密度梯度离心法,使沉降系数比较接近的物质得以分离。

(4) 当不同样品颗粒的密度范围在离心介质的密度梯度范围内时,可采用等密度梯度离心。

2. 离心参数的设置 分离的效果除了与离心机种类、离心方法、密度梯度等因素有关以外,离心机转速和离心时间的确定、离心介质 pH 和离心温度等条件也至关重要。

(1) 离心机转速:即离心机旋转轴在单位时间内旋转的周数(r/min)。相对离心力与离心机转速平方成正比。

(2) 离心时间:差速离心的离心时间是指某种颗粒完全沉降到离心管底的时间,等密度梯度离心的离心时间是指颗粒完全到达等密度点的平衡时间,密度梯度离心的离心时间是指形成界限分明的区带所需的时间。

(3) 离心温度和离心介质 pH:离心温度一般控制在 4℃左右,对于某些热稳定性较好的酶等,也可以在室温下进行。但在超速或高速离心时,转子高速旋转会引起温度升高,必须采用冷冻系统,使温度保持在一定范围内。离心介质的 pH 应处于使酶稳定的 pH 范围内,必要时可采用缓冲液。另外,过酸或过碱还可能引起转子和离心机其他部件的腐蚀,应尽量避免。

(二) 离心机使用的注意事项

1. 每次使用前要严格检查转头孔内是否有异物和污垢,以保持平衡。每次使用后,都必须仔细检查,并用 50~60℃ 的温水及中性洗涤剂浸泡清洗或定期用消毒液消毒(每周消毒一次),最后用蒸馏水冲洗,软布擦干后用电吹风吹干,上蜡,干燥保存。每一转头都应有使用档案,若超过该转头的最高使用时限,则须按规定降速使用。

2. 必须事先平衡离心管及其内容物,要对称放置,转头中绝对不能装载单数的管子,以便使负载均匀地分布在转头的周围。

3. 开口离心机不能装载过多溶液,以防离心时甩出,造成转头不平衡、生锈或被腐蚀。制备型超速离心机的离心管,则要求必须将液体装满,以免离心时塑料离心管的上部凹陷变形。严禁使用显著变形、损伤或老化的离心管。

4. 离心过程中应随时观察离心机上的仪表是否正常工作,如有异常应立即停机检查,及时排除故障,未找出原因前不得继续运转。

5. 控制塑料离心管的使用次数并注意规格配套。离心过程中不得开启离心室盖,不得用手或异物碰撞正在旋转中的转头及离心管。

6. 低温离心样品时,应先将空的转头以 2×10^3 r/min 预冷一定时间,预冷时温度控制在 0℃ 左右,也可将转头放在冰箱中,预冷数小时备用,离心杯可直接存放在冰箱中预冷。

7. 每隔三个月应对离心机主机校正一次水平度,每使用 5 亿转处理真空泵油一次,每使用 1 500 h 左右,应清洗驱动部位轴承并加上高速润滑油脂,转轴与转头接合部应经常涂酯防锈,长期不用时应涂防锈油加油纸包扎。平时不用时,离心机应每月低速开机1~2 次,每次 30 min。

六、离心机的维护与保养及常见故障处理

(一) 离心机的维护与保养

1. 日维护与保养　检查转子锁定螺栓是否松动;用温水(55℃ 左右)及中性洗涤剂清洗转子,用蒸馏水冲洗,软布擦干后用电吹风吹干,上蜡,干燥保存。

2. 月维护与保养　用温水及中性洗涤剂清洁转子、离心机内腔等;使用 75% 乙醇溶液对转子进行消毒。

3. 年维护与保养　与当地经销商联系,检查离心机马达、转子、门盖、腔室、速度表、定时器、速度控制系统等部件,保证各部件的正常运转。

(二) 离心机的常见故障处理

离心机的常见故障及处理方法见表 1-2。

七、离心机的临床应用

目前,离心机在医学研究或者临床检测方面的应用非常广泛,在临床应用比较多的

离心机有高速离心机、血液离心机、血型卡离心机、尿沉渣离心机、毛细管离心机、细胞离心机、生物制药离心机、凝胶气泡处理离心机等,种类繁多,功能也不尽相同,是各类医院血库、实验室、血站、医学院校和医学研究机构对混合成分进行有效分离、分析的必备设备。

表1-2 离心机常见故障及处理方法

常见故障	故障原因	处理方法
电机不转	1. 主电源指示灯不亮　保险丝熔断,或电源线、插头插座接触不良; 2. 主电源指示灯亮而电机不能启动① 波段开关、瓷盘变阻器损坏或其连接线断脱;② 磁场线圈的连接线断脱或线圈内部短路	1. 重新接线或更换插头插座; 2. 更换损坏元件或重新焊接线; 3. 检查真空泵表及油压指示值
电机达不到额定转速	1. 轴承损坏或转动受阻,轴承内缺油或轴承内有污垢引起摩擦阻力增大; 2. 整流子表面有一层氧化物,甚至烧成凹凸不平或电刷与整流子外沿不吻合使转速下降; 3. 用万用表检查转子线圈中某匝线圈短路或断路	1. 清洗及加润滑油,或更换轴承; 2. 清理整流子及电刷,使其接触良好,或者更换; 3. 重新绕制线圈
转头的损坏	转头可因金属疲劳、超速、过应力、化学腐蚀、选择不当、使用中转头不平衡及温度失控等而导致离心管破裂,样品渗漏,转头损坏	正确选用合适的离心管和转头,在转头的安全转速及保证期内使用
冷冻机不能启动及制冷效果差	1. 保险丝熔断电源不通,或电源线、插头、插座接触不良; 2. 电压过低,安全装置动作使冷冻机不能启动; 3. 通风性能不好,散热器效果差,或散热器盖满灰尘,影响制冷效果	1. 重新接线,或更换插头插座; 2. 恢复电网电压,或减少配电板的配线; 3. 改善散热器的通风,或清理散热器
机体震动剧烈、响声异常	1. 离心管重量不平衡,放置不对称; 2. 转头孔内有异物,负荷不平衡或使用了不合格的试管套; 3. 转轴上端固定螺帽松动,转轴摩擦或弯曲; 4. 电机转子不在磁场中心产生噪音; 5. 机座上减震弹簧的固定螺丝松动或其中一根弹簧断裂; 6. 转子本身损伤	1. 正确操作; 2. 清除孔内异物; 3. 拧紧转轴上端螺帽,或更换转轴

离心机在引入了微处理器控制系统后,可以分离纯化已知的各种生物体组分(如细胞、亚细胞器、病毒、激素、生物大分子等),而对离心方法的深入研究又可以利用这些离心设备更快、更纯、更多地分离纯化样品。如分离出化学反应后的沉淀物、天然的生物大分子、无机物、有机物。在生物化学以及其他的生物学领域,离心机常用来收集细胞、细胞器及生物大分子物质。

第三节 电 泳 仪

电泳(electrophoresis)是指带电荷的溶质或粒子在电场中向着与其本身所带电荷相反电极移动的现象。利用电泳现象将多组分物质分离、分析的技术称为电泳技术(electrophoresis technique)。可以实现电泳分离技术的仪器称之为电泳仪(electrophoresister)。目前,电泳技术已广泛地用于蛋白质、多肽、氨基酸、核苷酸、无机离子等成分的分离和鉴定,甚至还用于细胞与病毒的研究。临床常用的电泳分析方法主要有醋酸纤维素薄膜电泳、凝胶电泳、等电聚焦电泳、双向电泳和毛细管电泳等。

一、电泳仪的工作原理

电泳仪的工作原理,即利用待分离样品中的各种分子(如蛋白质、核酸、氨基酸、多肽、核苷酸等)都具有可电离基团,它们在某个特定的 pH 下可以带正电或负电,由于不同生物分子带电性质、分子大小以及形状等存在差异,在电场作用下,带电离子产生不同的迁移速率,从而达到对样品进行分离、鉴定或纯化的目的。电泳仪的工作原理如图 1-10 所示。

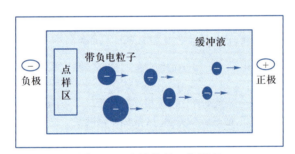

图 1-10　电泳仪的工作原理

电泳是一个复杂的电化学反应过程,同时发生电解、电泳、电沉积和电渗等作用。阴极电泳涂料所含的树脂带有碱性基团,经酸中和后形成盐而溶于水,通直流电后,酸根离子向阳极移动,树脂离子及其包裹的颜料粒子带正电荷向阴极移动,并沉积在阴极上。

若将带净电荷 Q 的粒子放入电场,则该粒子所受到的电荷引力为:

$$F_引 = EQ$$

在溶液中,运动粒子与溶液之间存在阻力($F_阻$):

$$F_阻 = 6\pi r \eta V$$

当 $F_引 = F_阻$ 时,$EQ = 6\pi r \eta V$,$V = EQ/6\pi r \eta$。

由上式可以看出,粒子的移动速度(泳动速度 V)与电场强度(E)和粒子所带电荷量(Q)成正比,而与粒子的半径(r)及溶液的黏度(η)成反比。

影响电泳的外界因素:电场强度、溶液的 pH、溶液的离子强度、粒子的迁移率、电渗作

动画:电泳
分析技术
原理

用、吸附作用、焦耳热、溶液黏度、湿度、电压稳定度、支持物筛孔等。

1. 电场强度 是在电场方向上单位长度的电势降落,又称为电势梯度。带电粒子在电场中移动速率(又称为泳速)与电场强度、带电粒子的净电荷和大小及形状、支撑介质的特性、操作温度等有关。电场强度越大,带电粒子受到的电场力越大,泳动速度越快。电场强度越小,带电粒子受到的电场力越小,泳动速度越慢。

2. 溶液的 pH 溶液的 pH 决定了带电离子的解离程度,也决定了物质所带电荷的多少。当溶液处于某一特定 pH 时,将带有相同数量的正、负电荷,致使蛋白质分子在电场中不会移动,故此特定的 pH 被称为该蛋白质的等电点。对蛋白质、氨基酸等两性电解质而言,溶液的 pH 离等电点越远,颗粒所带的电荷越多,电泳速度也越快,反之则越慢。

3. 溶液的离子强度 对带电粒子的泳动有影响,溶液的离子强度越高,颗粒泳动速度越慢,反之则越快。但离子强度太低,扩散现象严重,可使分辨力明显降低,从而影响泳动的速率。离子强度太高,会降低颗粒的泳动速度。

4. 粒子的迁移率 迁移率为带电粒子在单位电场强度下的移动速度,常用 μ 来表示,由许多因素(包括离子半径、溶剂化作用、介电常数、溶剂黏度、离子形状和净电荷、溶液 pH、解离度和温度等)决定。一般来说,颗粒带净电荷量越大或其直径越小,其形状越接近球形,在电场中的泳动速度就越快,反之则越慢。

5. 电渗作用 当支持物不是绝对惰性物质时,常常会有一些离子基团如羧基、磺酸基、羟基等吸附溶液中的正离子,使靠近支持物的溶液相对带电荷。在电场作用下,此溶液层会向负极移动。反之,若支持物的离子基团吸附溶液中的负离子,则溶液层会向正极移动。这种在电场中溶液相对于固体支持物的移动现象称为电渗。电渗方向与电泳方向相同,则粒子移动速度为二者速度之和,反之为二者速度之差。

微课:电泳
的影响因素

6. 吸附作用 即介质对样品的滞留作用。它导致样品的拖尾现象,从而降低分辨率。纸的吸附作用最大,醋酸纤维素膜的吸附作用较小。

7. 其他 焦耳热、溶液黏度、湿度、电压稳定度和支持物筛孔均可影响电泳速度和质量。

二、电泳技术的分类

1. 根据工作原理的不同可分为移界电泳、区带电泳、等速电泳、等电聚焦电泳、免疫电泳等。

2. 根据有无固体支持物可分为自由电泳和支持物电泳。

3. 根据支持载体的位置或形状可分为:水平电泳、垂直电泳、板状电泳、柱状电泳、U 形管电泳、倒 V 字形电泳和毛细管电泳等。

4. 根据支持物的特点可分为无阻滞支持物电泳和高密度的凝胶电泳。

5. 根据电源控制的不同可分为恒压电泳、恒流电泳和恒功率电泳。

6. 根据自动化程度的不同可分为半自动电泳和全自动电泳。

7. 根据其功能的不同可分为制备型电泳、分析型电泳、转移型电泳和浓缩型电泳等。

8. 根据用法的类型可分为双向电泳、交叉电泳、连续纸电泳和电泳 – 层析相结合技术等。

9. 根据不同的使用目的可分为核酸电泳、血清蛋白电泳、制备电泳和 DNA 测序电泳等。

三、电泳仪的基本结构

电泳仪的基本结构可分为主要设备和辅助设备。主要设备指电泳仪电源、电泳槽。辅助设备指恒温循环冷却装置、伏时积分器、凝胶烘干器等,有的电泳仪还有分析检测装置。目前临床常规使用的自动化电泳仪一般分为两个部分:电泳可控制单元(包括电源、电泳槽和半导体冷却装置)和染色单元。

(一) 电泳仪电源

电泳仪电源是建立电泳电场的装置,作用是提供一个连续可调节的、稳定的电压或电流。通常为稳定(输出电压、输出电流或输出功率)的直流电源。

(二) 电泳槽

电泳槽是样品分离的场所,是电泳仪的一个主要部件。槽内装有电极、缓冲液槽、电泳介质支架等。电泳槽的种类很多,包括单垂直电泳槽、双垂直电泳槽、卧式多用途电泳槽、圆盘电泳槽、管板两用电泳槽等。

(三) 辅助设备

辅助设备通常指仪器的附加装置,包括恒温循环冷却装置、伏时积分器、凝胶烘干器等,有的还有分析检测装置。

四、电泳仪的操作流程

(一) 手工电泳仪的操作流程

一般实验室使用的电泳仪多为手工操作,电源部分和电泳槽部分是分离的,加样多采用手工方法。虽然不同品牌型号的电泳仪操作上有些不同,但基本步骤一致。手工电泳仪及其操作流程如图 1–11、图 1–12 所示。

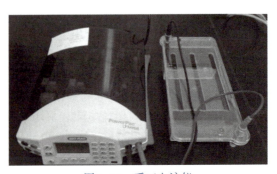

图 1–11　手工电泳仪

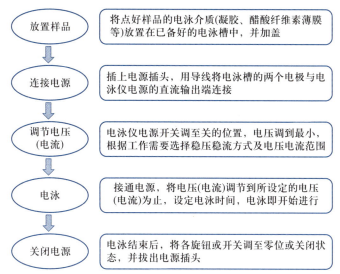

图1-12 手工电泳仪的操作流程

(二)自动化电泳仪的操作流程

临床实验室使用较多的是自动化电泳仪,将手工繁琐的程序进行自动化处理,具有电脑程序化管理、快捷简便的人机对话等功能。自动化电泳仪的操作流程如图1-13所示。

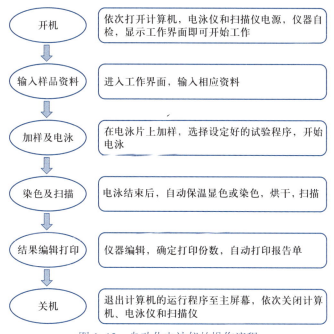

图1-13 自动化电泳仪的操作流程

五、电泳仪的维护及常见故障处理

(一)电泳仪的维护

在整个电泳设备中,电泳仪起着非常关键的作用,电泳设备的正常运行是电泳分析技术的基本保证。在平时的工作过程中要注重电泳仪的维护,应做到每日维护、每周维护、每月维护以及按需维护。每日维护的重点应当是电极的维护,电泳工作结束后,应用干滤纸擦净电极,避免电泳缓冲液沉积于电极上及酸碱对电极的腐蚀。每月维护的重点应是扫描系统的鼻塞滤镜及光源。在日常的运行过程中应做到:① 仪器使用环境应清洁,经常擦去仪器表面尘土和污物;② 不要将电泳仪放在潮湿的环境中保存;③ 长时间不用应关闭电源,同时拔下电源插头并盖上防护罩。只有这样,电泳分析结果的准确度才能得以保证。

(二)电泳仪的常见故障及处理

电泳仪属于精密仪器,在操作过程中要严格遵守操作规程,但不可避免地会出现各种各样的故障,若运行时出现故障报警,应立即停止电泳,检查负载是否短路或开路、输出电压或电流的设定值、电泳实验的装置。下面以毛细管电泳仪常见故障及处理方法为例进行介绍(表1-3)。

表 1-3 毛细管电泳仪的常见故障及处理方法

故障现象	故障原因	处理方法
转盘识别错误	灯上吸附细微灰尘	关机,用洁净棉签轻轻拭去灯表面的灰尘,仪器开机后再进行 G32 的测定
样品识别错误	有灰尘吸附;血清分离不好	关机,拆开仪器内透明有机玻璃,用无水乙醇擦拭加样针外壁,然后安装好,再用仪器内程序进行加样针清洗 1~2 次,进行 C27 加样针加样感应定位
仪器报警(缺少稀释杯或稀释杯位置错误)	稀释杯位置错误	观察稀释杯位置,如果没有处于正常位置,可手动将其移动到原来位置,然后进行稀释杯感应定位
曲线不理想,显示不稳定	毛细管的长期使用,出现不清洁	按毛细管清洗程序进行清洗,然后按激活程序进行激活
电泳时出现峰丢失	未接入检测器,或检测不起作用;进样温度太低;柱箱温度太低;无载气流	检查设定值;检查温度,并根据需要调整;检查温度,并根据需要调整;检查压力调节器
仪器运行过程中突然断电	电流量不稳定或仪器内有短路现象	采用稳压措施,咨询工程师更换保险
电压达不到设定值	电阻小电流大,而电泳仪功率有限,电泳缓冲液杂质多或者电极短路	更换电泳缓冲液,检修电极

六、电泳仪的临床应用

(一)血清蛋白电泳

新鲜血清经醋酸纤维薄膜或琼脂糖电泳、染色后,通常可见 5 条带,即清蛋白,α_1、α_2、β 和 γ 球蛋白。许多疾病总血清蛋白浓度和各蛋白组分的比例有所改变,通过血清蛋白电泳图谱分析有助于某些疾病的诊断及鉴别诊断。

(二)尿蛋白电泳

临床通过尿蛋白电泳可以:① 确定尿蛋白的来源;② 了解肾脏病变的严重程度(选择性蛋白尿与非选择性蛋白尿),有助于诊断和预后的判断。主要根据蛋白质的分子量及电荷特性而将尿蛋白分离,形成电泳区带,染色,并用光密度扫描仪结合总蛋白定量,便可得出各区带蛋白的含量。当不能进行肾活检时,尿蛋白电泳结果能很好地协助临床判断肾脏的主要损害。

(三)血红蛋白(Hb)电泳

应用电泳法鉴别患者血液中 Hb 的类型及含量,对于贫血类型的临床诊断及治疗具有重大的意义。Hb 电泳结果应根据不同年龄人群进行分析,如 HbA_2 增高可见于 β- 轻型地中海贫血,HbA_2 减低可见于缺铁性贫血及其他 Hb 合成障碍性疾病。

(四)免疫固定电泳

可对各类免疫球蛋白(Ig)及其轻链进行分型,最常用于临床常规 M 蛋白的分型与鉴定,协助单克隆 Ig 病、本 – 周蛋白和游离轻链病、多组分单克隆 Ig 病、重链病等的诊断和鉴别诊断。

(五)同工酶电泳

自动化电泳分析技术已成功地应用于肌酸激酶(CK)、乳酸脱氢酶(LDH)及碱性磷酸酶(ALP)等同工酶或同工酶亚型的分析,对心肌损伤、骨组织损伤、恶性疾病(肝癌、肺癌)等的诊断及监控起到了一定的作用。

(六)脂蛋白电泳

脂蛋白电泳可检测各种脂蛋白(包括胆固醇和甘油三酯),主要用于高脂血症的分型、冠心病危险性评估及动脉粥样硬化及相关疾病的发生、发展、诊断和治疗效果观察等。

(七)毛细管电泳

毛细管电泳技术不但能分析中、小分子量样品,更适合于分析扩散系数小的生物大分子样品。毛细管电泳技术是一类以毛细管为分离通道、以高压直流电场为驱动力,根据样品中各组分之间迁移速度(淌度)和分配行为上的差异而实现分离的一类液相分离技术。

七、常见电泳方法简介

(一) 纸电泳

纸电泳是最早使用的区带电泳,即用滤纸作为支持载体的电泳方法。将滤纸条水平架设在两个装有缓冲溶液的容器之间,样品点于滤纸中央。当滤纸条被缓冲液润湿后,再盖上绝缘密封罩,即可由电泳电源输入直流电压(100~1 000 V)进行电泳。

(二) 醋酸纤维素薄膜电泳

醋酸纤维素薄膜电泳具有分离速度快、电泳时间短、样品用量少等优点。电泳时经过膜的预处理、加样、电泳、染色、脱色与透明即可得到满意的分离效果。特别适合于病理情况下微量异常蛋白的检测。

(三) 凝胶电泳

凝胶电泳是由区带电泳中派生出的一种用凝胶物质作支持物进行电泳的方式。普通的凝胶电泳在板上进行,以凝胶作为介质。电泳中常用的凝胶为葡聚糖、交联聚丙烯酰胺和琼脂糖。

(四) 等电聚焦电泳

等电聚焦电泳是一种利用有 pH 梯度的凝胶介质,分离等电点不同蛋白质的电泳技术。将等电点不同的蛋白质混合物加入有 pH 梯度的凝胶介质中,在电场内经过一段时间后,各组分将分别聚焦在各自等电点相应的 pH 位置上。最后,样品的各组分在各自的等电点聚焦成一条清晰而稳定的窄带。等电聚焦电泳的特点:① 使用两性载体电解质,在电极之间形成稳定、连续、线性的 pH 梯度。② 由于"聚焦效应",即使很小的样品也能获得清晰、鲜明的区带界面。③ 电泳速度快。④ 分辨率高。⑤ 加入样品的位置可任意选择。⑥ 可用于测定蛋白质类物质的等电点。⑦ 适用于中、大分子量(如蛋白质、肽类、同工酶等)生物组分的分离分析。

(五) 等速电泳

等速电泳采用两种不同浓度的电解质组成:前导电解质和尾随电解质。前导电解质充满整个毛细管柱,迁移率高于任何样品组分。尾随电解质,置于一端的电泳槽中,迁移率低于任何样品组分。被分离的组分按其不同的迁移率夹在中间,在强电场的作用下,各被分离组分在前导电解质与尾随电解质之间的空隙中移动,实现分离。

(六) 双向凝胶电泳(二维电泳)

第一向采用等电聚焦,根据复杂蛋白质成分中各个蛋白质 PI 的不同,将蛋白质进行分离。第二向采用了十二烷基硫酸钠—聚丙烯酰胺凝胶电泳(SDS-PAGE),就是按蛋白质分子量的大小使其在垂直方向进行分离,电泳结果不再是条带状,而是呈现为斑点状。

(七) 免疫电泳

免疫电泳由琼脂平板电泳和双相免疫扩散两种方法的结合。将抗原样品在琼脂平板上先进行电泳,使其中的各种成分因电泳迁移率不同而彼此分开,然后加入抗体做双相免疫扩散,把已分离的各抗原成分与抗体在琼脂中扩散而相遇,在二者比例适当的地方,形成肉眼可见的沉淀弧。

思 考 题

1. 简述移液器的工作原理。
2. 简述离心机的工作原理及使用方法。
3. 简述电泳仪的工作原理。

第一章
练一练

(鲍绿地)

第二章 临床分析化学仪器

学习目标

1. 掌握紫外－可见分光光度计、高效液相色谱仪的工作原理、基本结构、使用及临床应用。

2. 熟悉紫外－可见分光光度计、高效液相色谱仪的维护及常见故障处理；其他临床分析化学仪器。

3. 了解紫外－可见分光光度计的性能指标及其评价。

第二章
思维导图

　　临床分析化学仪器主要包括光谱分析仪器、色谱分析仪器和质谱分析仪器。依据光谱特征，光谱分析仪器可分为紫外－可见分光光度计、原子吸收光谱仪、荧光光谱仪等，主要用于物质的定性和定量分析；依据色谱特征，色谱分析仪器分为高效液相色谱仪和气相色谱仪，主要用于物质的分离分析。质谱分析仪器也主要用于物质的分离分析。临床分析化学仪器在生物化学检验中应用广泛，具有准确、灵敏、快速、高效等特征。本章重点介绍紫外－可见分光光度计、高效液相色谱仪和其他临床分析化学仪器的工作原理、基本结构和使用方法等。

第一节　紫外－可见分光光度计

　　光的波长用纳米（nm）表示，人的眼睛能够看见的光称为可见光，波长为 400~760 nm。波长在 200~400 nm 的光为紫外光，故紫外－可见光区的波长为 200~760 nm。

　　物质对不同波长的光有选择性地吸收，所以物质可以吸收某个或数个特定波长的光，而对其他波长的光吸收很少或几乎不吸收，以致不同物质呈现不同颜色，从而区分不同的物质，如 $CuSO_4$ 溶液为蓝色，$KMnO_4$ 溶液为紫红色。物质呈现的颜色与选择吸收光的颜色呈互补关系，称为互补光。

　　紫外－可见分光光度计（ultraviolet-visible spectrophotometer）是医学实验室常用的分析仪器，是依据物质对紫外光及可见光的选择吸收而进行定性和定量分析的仪器，具有灵敏度高，结构简单、操作简便、分析速度快等优点而被广泛应用。紫外－可见分光光度计外观如图 2-1 所示。

图 2-1 紫外－可见分光光度计外观

一、紫外－可见分光光度计的工作原理

紫外－可见分光光度计定性定量分析时使用的方法称为紫外－可见分光光度法，紫外－可见分光光度法遵循的工作原理是光的吸收定律，即朗伯－比尔(Lambert-Beer)定律。

（一）朗伯－比尔定律

朗伯－比尔定律：光源发出的连续辐射光，经过单色器以后按照波长大小分为几种单色光光束，选择一束单色光照射到吸收池，一部分单色光被吸收池中的检测样品吸收，一部分穿过吸收池中的检测样品到达检测器，未被吸收的光经检测器的光电管将光强度变化转化为电信号变化，透过的光线为透射光(I_t)，被检测样品吸收的光为吸收光，常用吸光度 A 表示。简单来说，即一束单色光照射一定浓度的物质溶液时，其吸光度与物质溶液的浓度及液层厚度成正比，其数学关系为：

$$A=kbc$$

式中：A 为吸光度；c 为溶液浓度；k 为吸光系数；b 为溶液的液层厚度。

吸光系数 k 的表达方式有三种：

1. 吸光系数　用 α 表示，表示浓度 C 为 g/L，液层厚度 L 为 1 cm 时，对应的测量溶液的吸光度。

2. 摩尔吸光系数　用 $\varepsilon_{1cm,\lambda}^{mol}$ 表示，表示浓度 C 为 mol/L，液层厚度 L 为 1 cm 时，对应的测量溶液的吸光度。

3. 百分吸光系数　用 $E_{1cm,\lambda}^{1\%}$ 表示，表示浓度 C 为 1%，液层厚度 L 为 1 cm 时，对应的测量溶液的吸光度。

入射光和透射光关系如图 2-2 所示，吸光度计算公式：

$$A=\lg \frac{I_0}{I_t}$$

公式中，I_0 为入射光的强度，I_t 为透射光的强度，A 为吸光度，溶液吸收的光越多，透过的光就越少，则吸光度越大。

吸光度表示单色光通过溶液时被吸收的程度。

透光度又称透光率,表示透射光占入射光的比例,用 T 表示。

$$T=\frac{I_t}{I_0}$$

吸光度和透光度的转换关系:

$$A=\lg\frac{I_0}{I_t}=-\lg T$$

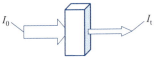

图 2-2　样品光的吸收示意

(二)定量分析方法

使用紫外–可见分光光度计对于单组分的样品定量检测时,常用的定量分析方法有直接比较法、工作曲线法和摩尔吸光系数检测法,本节介绍标准曲线法,如图 2-3 所示。

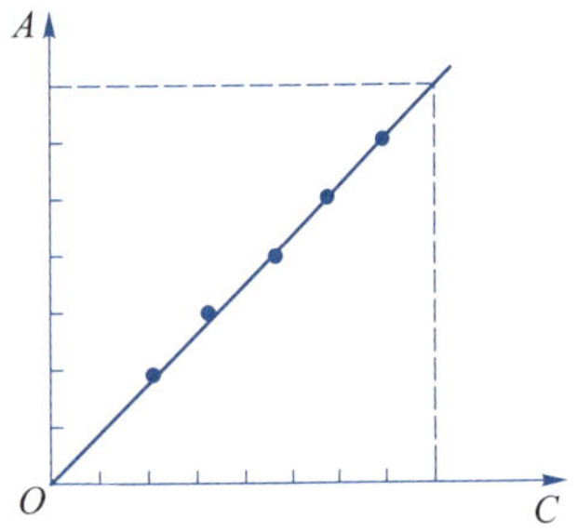

图 2-3 中,横坐标为待测样品浓度 C,纵坐标为样品吸光度 A,用吸光度 A 和浓度 C 作标准曲线,吸光度 A 和浓度 C 成正比关系。这种方法不仅容易制作,而且使用方便。因此,A-C 曲线是工作中广泛采用的一种方法,通常称为工作曲线。A-C 标准曲线中,在一定浓度范围内吸光度 A 和浓度 C 成正比关系,即样品浓度越大,吸光度越大。但是当样品浓度超过一定范围时,曲线顶端会发生弯曲的现象,说明吸光度的增加不再与浓度成正比关系,即不再遵循朗伯–比耳定律。故在实际工作中,应根据待测物质的线性范围确定制作标准曲线选取的浓度值。

图 2-3　吸光度–浓度标准曲线

A-C 标准曲线制作方法:首先配置一系列浓度不同的标准溶液,通常制备 5~8 个。以去除被测组分的溶液为空白溶液,也称为参比溶液。在其他条件完全相同的情况下,选定合适波长测定标准溶液的吸光度,然后以标准溶液的浓度值 C 为横坐标,标准溶液的吸光度值 A 为纵坐标,通常选取至少 5 组数据绘制标准曲线。按照相应法则,将标准溶液的 5 组数据对应的点连成一条通过坐标原点的直线。定量分析待测样品时,只要在与标准溶液相同的测量条件下,用相同的分光光度计测定待测样品的吸光度,就能直接从已绘制好的标准曲线中查得待测样品的浓度值。

标准曲线制作注意事项:

1. 配置的一系列不同浓度的标准溶液,浓度不应过大,需要在线性工作范围内选择,浓度范围尽可能包括未知情况的变化。

2. 待测样品测定条件和标准曲线制备的条件应完全一致。

3. 标准曲线应该经常检查条件是否改变,是否需要重新绘制。

二、紫外–可见分光光度计的基本结构和分类

(一)紫外–可见分光光度计的基本结构

不同厂家及不同型号的紫外–可见分光光度计的工作原理和基本结构都相似。基本结构一般由光源、单色器、比色皿、检测器和信号显示系统五大部分组成,如图 2-4 所示。

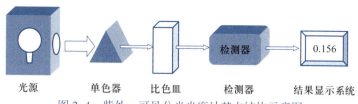

动画:751
分光光度计
结构和工作
原理

动画:紫
外-可见分
光光度计比
色皿

动画:紫
外-可见分
光光度计光
栅单色器

动画:紫
外-可见分
光光度计棱
镜单色器

图 2-4 紫外 - 可见分光光度计基本结构示意图

1. 光源 是提供符合要求入射光的装置,能在紫外 - 可见光区提供足够强度及稳定度的连续发射光谱,有热辐射光源和气体放电光源两类。热辐射光源用于可见光区,一般为钨灯、卤钨灯,其中卤钨灯使用寿命较长,效率较高,较为常用,其工作波长为 350~1 000 nm。气体放电光源用于紫外光区,一般为氢灯、氘灯,其工作波长为 180~360 nm,氘灯的发射强度比氢灯约大 4 倍。因此,在紫外 - 可见分光光度计中需要装备有紫外光及可见光两种光源,使用时只需要切换光源,就可以实现测定可见光或紫外光吸收光谱。

2. 单色器 单色器是将光源发出的复合光分解成单色光,并能准确地分离出所需要的某一波长的光学结构,是分光光度计的重要部分。单色器主要由五部分组成。

(1) 入射狭缝:用来调节入射单色光的纯度和强度。

(2) 准直镜(凹面反射镜或透镜):使入射光束变为平行光束。

(3) 色散元件(棱镜或光栅):使入射光色散成不同波长的单色光。

(4) 第二个准直镜:使分散的单色光变为平行光束。

(5) 出射狭缝:调节所需单色光的输出。

色散元件是单色器的主要部件,最常用的色散元件是滤光片、棱镜和光栅。需要注意的是,不同种类的色散元件得到的单色光纯度不一样,检测结果会有偏差。光栅单色器分离出的单色光在整个光谱范围内是均匀的,谱带宽度较窄,单色纯度较高。因此,紫外 - 可见分光光度计综合考虑多采用光栅单色器。

3. 比色皿 又称吸收池、比色杯,是用于盛放待测样品溶液并决定待测样品溶液吸光或透光液层厚度的器皿。比色皿一般为长方体,常用规格有 0.5 cm、1.0 cm、2.0 cm、5.0 cm 等。比色皿的一对面为毛玻璃面,用来手持。另外,两面为光学透光面(保持洁净),用来透过检测光。为减少光线遇到比色皿表面时产生反射、散射等光学现象造成的误差,比色皿的光学透光面必须完全垂直于光束方向,比色皿和仪器必须配套使用。在可见光区常用无色光学玻璃或塑料制作的比色皿;在紫外区需用能透紫外线的石英或熔凝石英制作的比色皿。同一套比色皿的厚度、透光面的透射、反射、折射应严格保持一致。指纹、油污及池壁上的沉淀物都会影响比色皿的透光性能。

4. 检测器 是将光学信号转变为电信号的装置。测量吸光度时,将透过比色皿的光强度转换成电信号进行测试,这种光电转换器件称为检测器。常用的检测器如下。

(1) 光电二极管:由一个丝状阳极和一个光敏阴极组成的真空管。

(2) 光电倍增管:在光电二极管的基础上增加了多极倍增技术,能够将检测信号逐级放大,与光电二极管相比,灵敏度高、响应速度快,常用来检测微弱光学信号变化。

(3) 光电二极管阵列:光电二极管阵列可以多通道检测光学信号,在晶体硅上紧密排列出一系列光电二极管,每一个二极管可以当作一个单色器的出口狭缝,二极管数目越多,分辨率越高。

(4)电荷耦合器件:以电荷量表示光量大小,用耦合方式传输电荷量的新型固体多道光学检测器件。能够自动扫描、光谱响应范围宽,在自动化光谱分析仪器中应用较多。

5. 信号显示系统　是将检测器输出的信号进行放大,并显示出来的装置。信号显示器有很多种,随着电子技术的发展,这些信号显示和记录系统越来越先进和方便,显示结果可以直接读出吸光度或透光率,新型的分光光度计能够直接绘制出吸收或透射光谱。

(二)紫外–可见分光光度计的分类

紫外–可见分光光度计的型号很多,按照光学系统的不同可分为单光束分光光度计、双光束分光光度计、双波长分光光度计等。

1. 单光束分光光度计　结构简单,操作简便,适用于常规化分析和实验教学,应用范围广。常用的单光束紫外–可见分光光度计,既有可见光区,又有紫外光区,可测量的波长为200~1 000 nm。最常用的是国产751型分光光度计,光源为卤素灯和氢灯(氘灯)两种光源,卤素灯提供光源波长为350~1 000 nm,氢灯(氘灯)提供光源波长为200~320 nm。色散元件常使用石英棱镜,会额外多配有两个滤光片(365 nm、580 nm),使用时可加在光筒上。比色皿有配套的玻璃和石英两种。单光束分光光度计光路结构图如图2-4所示。

由图可见,从光源到比色皿到检测器只有一束光,依次对参比样品和待测样品进行测定,然后将两次测定数据进行比较、计算,通过信息显示系统显示结果。

2. 双光束分光光度计　在单色器和比色皿之间增加了一个光束分裂器,以一定的频率将一个光束分成两路(即两束光,这两束光波长相同,但由于一分为二,光强会有所减弱)。一路经过参比溶液,另一路经过待测样品溶液,待测样品溶液和参比溶液能够同时检测,然后用一个检测器交替接收两路信号或者两个检测器分别接收两路信号,能有效地提高分辨率和降低杂散光。相比单波长单光束分光光度计,使用更快速准确,并能消除干扰,减少误差,还可以得到全波段光谱图。这类分光光度计是目前国内外使用最多、性能较为完善的分光光度计。双光束分光光度计光路结构图如图2-5所示。

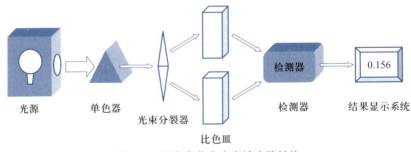

图2-5　双光束分光光度计光路结构

3. 双波长分光光度计 光源发出的光束被分为两束,分别经两个单色器后得到两束不同波长的单色光,经过切光器使两束光以一定的频率交替照射同一待测样品,然后经过检测器显示出两个波长下的吸光度差值 ΔA, ΔA 即为待测样品的吸光度检测结果。测量过程中不使用参比溶液,两束不同波长的单色光记为 λ_1 和 λ_2,对应测量结果吸光度为 A_{λ_1} 和 A_{λ_2},分光光度计最终结果显示为差值 ΔA,计算公式为 $\Delta A=A_{\lambda_1}-A_{\lambda_2}$。双波长分光光度计光路结构图如图 2-6 所示。

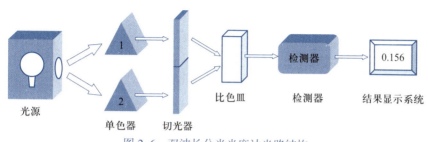

图 2-6 双波长分光光度计光路结构

两个波长 λ_1 和 λ_2 的选取原则是:待测样品对一个波长的单色光有最大的吸收峰,对另一个波长的单色光几乎没有吸收峰或有一个很小的吸收峰,而非被测物质(干扰物质)对两个波长的单色光吸收程度是相等的。

三、紫外－可见分光光度计的使用、维护及常见故障处理

(一)紫外－可见分光光度计的使用

紫外－可见分光光度计种类繁多,生产厂家和自动化程度不同,仪器结构各有不同,操作步骤也存在一定的差异。但紫外－可见分光光度计的操作总体比较简单,使用前应认真阅读配套的仪器操作使用手册。通用基本操作流程如图 2-7 所示。

1. 检查仪器 检查电源、仪器是否洁净、完好,有无配套的比色皿。

2. 开机预热 使光源趋于稳定,达到检测待测样品所需的强度。

3. 调零设置 通过 100%T 按键和 0%T 按键完成调"零"和调"100%"的设置,减少杂散光、非特异性光吸收及其他光学现象的影响。

4. 测定样品 选择需要的波长,将待测样品按要求放入样品槽中,根据实验要求完成检测,显示结果。

5. 复位关机 测量完成以后,依次取出比色皿,清洁工作台,关闭样品室盖,关闭电源。

图 2-7 紫外－可见分光光度计通用基本操作流程

(二) 紫外 – 可见分光光度计的维护

紫外 – 可见分光光度计是精密仪器,由光、机、电等组成,一些不适当的操作可能引起误差,为保证仪器测定结果准确可靠,应按操作规程要求使用和维护保养,并及时记录使用情况。

1. 稳定电源 使仪器处于稳定的电压工作环境,加稳压器、保护装置,避免光源波动,安装可靠接地线等。

2. 仪器安放 仪器放置应保持适宜的工作环境温度(15~35℃);室内相对湿度不大于80%,防止受潮、生锈造成结果误差;仪器使用时,应放在稳固的工作台上,周围不应该有强烈震动源,不宜经常搬动;周围禁止有强电磁、有害气体及腐蚀性气体。

3. 日常维护 仪器显示器和按键在日常使用时应注意防划、防水、防尘、防腐蚀。

4. 清洗 每次使用完毕后,注意检查样品槽和样品室是否有溶液溢出,是否有废弃物,应经常擦拭样品室,保持洁净干燥,以防废液对仪器部件和光路系统的腐蚀,防止废弃物对光路的遮挡。清洗比色皿,放回比色皿盒,防止磨损,注意和仪器配套放置避免混淆。

5. 仪器使用完后应使用防尘罩,避免灰尘污染和阳光直晒。

6. 性能检测 定期对仪器进行性能指标检测,发现故障及时解决。

7. 仪器长期不用时,要注意环境温度、湿度的影响。每隔一个月定期开机运行 1 h,建立日维护、周维护、月维护、年维护记录。

(三) 紫外 – 可见分光光度计的常见故障处理

紫外 – 可见分光光度计使用时,操作不规范、仪器放置时间过长等原因会造成一些故障,需要排除故障才能继续使用。

1. 电源指示灯不亮原因:电源线接触不良,保险丝坏,电路故障。

2. 光源不亮原因:光源灯泡(如卤钨灯或氙灯)已损坏或寿命到期。

3. 仪器自检时提示通信错误原因:仪器与电脑之间的数据线没有连接好,仪器自检过程中出现错误,应根据提示进行故障排除。

4. 自检时提示波长自检出错原因:自检过程中可能打开过样品室的盖子。

5. 没有任何检测信号输出或检测结果微弱原因:光路堵塞,光源门没有打开或没有完全打开。

6. 显示吸光度为负数原因:没做空白对照,空白参比液和样品位置放反,样品的吸光值小于空白参比液。

7. 不能调零(即 0%T)原因:光门未能完全关闭。

8. 不能置 100%T 原因:光能量不够,光源(钨灯或氙灯)损坏,比色皿架没有复位,光门不能完全打开。

9. 测光精度不准原因:仪器受到强振动,比色皿没有清洗干净,滤光片不干净或受潮等。

10. 噪声指标异常原因:仪器开机预热时间不够,光源使用时间超过寿命期,电压不稳定,受强磁场干扰等。

四、紫外－可见分光光度计的临床应用和评价

(一) 紫外－可见分光光度计的临床应用

紫外－可见分光光度计是历史悠久、使用广泛的分析仪器之一,广泛地应用于医学检验和临床医学中。常用于各种标本中化学成分的定性和定量分析。

1. 使用紫外－可见分光光度计进行定性分析 分光光度计通过对物质的检测能够绘制出吸收光谱曲线。用各种不同波长的单色光分别照射该物质,测定该物质对每一种单色光的吸光度,以不同波长为横坐标,以吸光度为纵坐标,绘制出一条曲线,称为该物质的吸收光谱图。不同物质有不同的吸收光谱图,因此紫外－可见分光光度计配合其他方法,可以对物质进行定性鉴定。

2. 使用紫外－可见分光光度计进行定量分析 在临床检验中,紫外－可见分光光度计可根据定量分析法建立标准曲线后测定溶液中物质的含量。测定标准溶液的吸光度值后,根据溶液浓度值和吸光度值绘制标准曲线。然后,测定待测溶液的吸光度值,从绘制的标准曲线中查到相对应的浓度值。紫外－可见分光光度计主要用于已知物质的定量分析。

(二) 紫外－可见分光光度计的评价

仪器性能指标是衡量紫外－可见分光光度计质量好坏的主要依据,一台分光光度计是否合格需要通过性能指标测试进行判断。紫外－可见分光光度计是利用物质对光的吸收规律,进行物质定性与定量分析的仪器。仪器测定结果是否准确可靠,也取决于仪器的性能指标。紫外－可见分光光度计的性能评价指标简单介绍以下几项。

1. 波长范围 是指紫外－可见分光光度计的工作范围,有检测的上下限,与光源、单色器及检测器的光谱响应能力有关。不同型号的分光光度计的波长范围不同,能够检测的样本类型不同。

2. 波长准确度 是紫外－可见分光光度计的重要技术性能指标,是指仪器使用时按照实验需要设定的波长值与仪器实际能够发出的波长值的符合程度。一般用多次波长测量值平均值与参考值之差来衡量。

3. 波长重复性 是紫外－可见分光光度计在完全相同的工作条件下、合理的时间段内,对同一吸收或发射谱线进行连续多次波长值的测量,测量结果的一致性,也称波长精密度。

波长准确度与波长重复性有密切关系。波长准确度反映的是紫外－可见分光光度计的系统误差,波长重复性反映的是紫外－可见分光光度计的随机误差。产生波长误差的原因主要有:外界环境条件变化,如工作温度、湿度变化过大;仪器运输或装机过程中,波长装置中各部件出现移位,导致波长相关部件不够精密;仪器记录显示系统的机械零件磨损、积尘等造成读数误差等。波长误差对测量结果有很大的影响,仪器在使用过程中应定期校正波长。

4. 杂散光 是指所需波长单色光以外其余所有的光,是测量过程中主要误差来源,因此越小越好。截止滤光器对边缘波长或某一波长的光可全部吸收,而对其他波长的光却有很高的透光率,因此测定某种截止滤光器在边缘波长或某一波长的透光率,即表示杂散光的强度。

第二节 高效液相色谱仪

高效液相色谱仪,是利用高效液相色谱(high performance liquid chromatography,HPLC)原理,用来分析高沸点不易挥发、受热不稳定和分子量大的有机化合物的仪器设备,如图 2-8 所示。

图 2-8 高效液相色谱仪

一、高效液相色谱仪的工作原理

储液器中的流动相被高压输液泵泵入检测系统,样品溶剂经进样器进入流动相,被流动相载入色谱柱(固定相)内。由于样品溶剂中的各组分在两相中分配系数不同,在两相中做相对运动时,经历多次反复"吸附 - 解吸附"的分配过程,各组分在移动速度上差别很大,被分离成单个组分顺次从柱内流出,通过检测器时,样品溶剂浓度被转换为电信号传送至记录仪,以图谱形式输出检测结果,如图 2-9 所示。

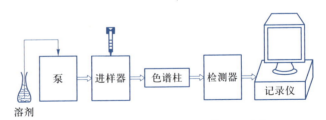

图 2-9 高效液相色谱仪的工作原理示意

依据分离机制不同,HPLC 原理可分为液固吸附色谱法、液液分配色谱法、离子交换色谱法、离子对色谱法及分子排阻色谱法。

(一) 液固吸附色谱法

液固吸附色谱法中,固定相为固体吸附剂,依据各组分吸附能力不同而使组分得以分离。常用的吸附剂为氧化铝或硅胶,多数用于非离子型化合物。吸附色谱固定相可分为极性和非极性两大类。对流动相的要求如下。

1. 所选溶剂应与固定相不相溶,并能够保持色谱柱的稳定性。

2. 所选溶剂纯度要高,以防微量杂质在柱中累积,引起柱性能改变。

3. 所选溶剂的性能应与使用的检测器相互匹配,若使用紫外吸收检测器,则不能选用在检测波长下有紫外吸收的溶剂;如果使用示差折光检测器,则不能用梯度洗脱。

4. 所选溶剂应对样品有充足的溶解能力,以提高检测灵敏度。

5. 所选溶剂应具有低黏度、适当低的沸点。

6. 尽量避免使用毒性显著的溶剂,以确保工作人员的人身安全。

(二) 液液分配色谱法

液液分配色谱法中,固定相为特定液态物质涂在担体表面或化学键合在担体表面。依据被分离组分在流动相与固定相中溶解度的不同而分离。依据固定相与流动相极性的不同分为正相色谱法、反相色谱法。正相色谱法选取极性固定相,流动相是相对非极性的疏水性溶剂,常用来分离中等极性与极性较强的化合物;反相色谱法多采用非极性的固定相,流动相是水或缓冲溶液,适用于分离极性较弱和非极性的化合物。其中,反相色谱在现代液相色谱中应用最广。

动画:色谱图谱的形成

(三) 离子交换色谱法

离子交换色谱法中,固定相为离子交换树脂。树脂上的可电离离子与流动相内有着相同电荷的离子及被测组分的离子进行交换,依据离子交换基团与各离子具有不同电荷吸引力而分离。

动画:色谱柱的工作原理

(四) 离子对色谱法

离子对色谱法为液液色谱法分支。被测组分的离子和离子对试剂离子形成中性离子对化合物,在非极性的固定相中溶解度大大地增加,从而使其分离效果提高。主要用来分析离子强度大的酸碱物质。

动画:高效液相色谱仪的检测原理

(五) 分子排阻色谱法

分子排阻色谱法又称凝胶色谱法,是依据分子尺寸的大小顺序进行分离的一种色谱方法。固定相凝胶是一种多孔性的聚合材料,有一定形状与稳定性,利用分子筛对分子量大小不同的各组分排阻能力差异而完成分离。根据所用流动相不同,该法可以分为两类:用水溶剂做流动相的凝胶过滤色谱法和用有机溶剂如四氢呋喃做流动相的凝胶渗透色谱法。

视频:液相色谱仪流动相

二、高效液相色谱仪的基本结构

高效液相色谱仪一般由高压输液系统、进样系统、分离系统、检测系统、数据处理与记录系统五大部分组成,具体包括储液器、输液泵、进样器、柱箱(色谱柱)、检测器、记录仪或数据工作站等。其中输液泵、柱箱及检测器为高效液相色谱仪的关键部件,见图2-10。

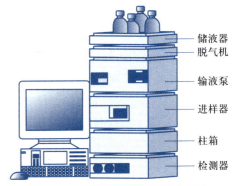

储液器
脱气机
输液泵
进样器
柱箱
检测器

图2-10　高效液相色谱仪基本结构

(一) 高压输液系统

高压输液系统由贮存器、输液泵、梯度洗脱装置、流量控制器和脱气装置等组成。脱气装置用于去除溶解在溶剂中的空气和其他气体。对溶剂的预处理还包括去杂质,一般是通过蒸馏、真空抽滤的方法进行。

1. 贮存器　材质一般由玻璃、不锈钢或氟塑料制成,容量1~2 L,用来存纳足够数量、符合要求的流动相。

2. 输液泵　是高效液相色谱仪中关键部件之一,其功能是将储液器中的流动相以高压形式连续不断地送入液路系统,使样品在色谱柱中完成分离过程,常使用柱塞往复泵,如图2-11所示。

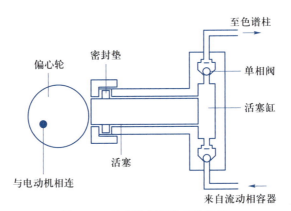

至色谱柱
密封垫
偏心轮
单相阀
活塞缸
活塞
与电动机相连
来自流动相容器

图2-11　柱塞往复泵的工作原理

柱塞往复泵的特点为:① 液缸容积小,易于清洗与更换流动相,适合再循环与梯度洗脱;② 改变电机转速能方便地调节流量,流量不受影响,泵压可达 4×10^7 Pa;③ 主要缺点是输出的脉冲性较大,现多采用双泵系统来克服。

3. 梯度洗脱装置　高效液相色谱仪有等强度洗脱与梯度洗脱两种洗脱方式。等强度洗脱适用于组分较少、性质差别不大的样品;梯度洗脱适用于分析组分较多、性质差别显著的复杂样品。梯度洗脱是在分离过程中使两种或两种以上不同极性的溶剂按一定程序连续改变它们之间的比例,从而使流动相的强度、极性、pH或离子强度相应地变化,达到提高分离效果,缩短分析时间的目的。

梯度洗脱装置分为两类,一类是外梯度装置(又称低压梯度),流动相在常温常压下混合,用高压泵压至柱系统,仅需一台泵即可。另一类是内梯度装置(又称为高压梯度),将两种溶剂分别用泵增压后,按电器部件设置的程序,注入梯度混合室混合,再输至柱系统(图2-12)。

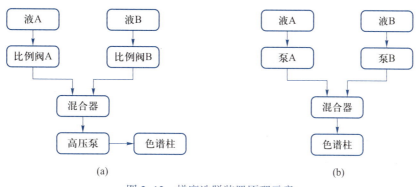

图2-12 梯度洗脱装置原理示意
(a)外梯度装置 (b)内梯度装置

梯度洗脱的实质是通过不断地变化流动相的强度,来调整混合样品中各组分的 k 值,使所有谱带都以最佳平均 k 值通过色谱柱。它在液相色谱中所起的作用相当于气相色谱中的程序升温,所不同的是,在梯度洗脱中溶质 k 值的变化是通过溶质的极性、pH 和离子强度来实现的,而不是通过改变温度(温度程序)实现的。

4. 流量控制器 高压的流动相流经色谱柱时,与固定相产生相互作用,形成与流动相流动方向相反的作用力,即构成一个与流向相反的压力,称为柱反压,阻碍流动相的正常流动。流量控制器是为消除色谱柱反压过高对分离造成的不良影响而设计的,主要是一个弹性开口,当色谱柱柱头流动相压力低于最高工作压力时,此弹性开口闭合,流动相全部在色谱系统内部流动。而当柱反压过高,色谱柱柱头流动相压力高于最高工作压力时,弹性开口打开,排出一部分流动相以降低柱压,保证流动相的正常流动。

(二)进样系统

进样系统包括进样口、注射器、进样阀等,它的作用是把分析试样有效送入色谱柱进行分离。现在多使用六通进样阀或自动进样器。

(三)分离系统

分离系统包括色谱柱、恒温器和连接管等部件。色谱柱一般用内部抛光的不锈钢制成,其构造如图2-13所示。其内径为 2~6 mm,柱长为 10~50 cm,柱形多为直形,内部充满微粒固定相,柱温一般为室温或接近室温。

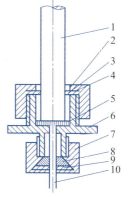

动画:六通阀的工作原理

图2-13 色谱柱构造
1—不锈钢管柱 2,7—螺帽 3,9—压圈
4,8—密封圈 5—不锈钢过滤片 6—接头 10—细不锈钢管

（四）检测器

检测器是高效液相色谱仪的关键部件之一。对检测器的要求是：灵敏度高、重复性好、线性范围宽、死体积小以及对温度和流量的变化不敏感等。在高效液相色谱中，有两种类型的检测器。一类是溶质性检测器，仅对被分离组分的物理和化学特性有响应，属于此类检测器的有紫外、荧光、电化学检测器等。另一类是总体检测器，它对试样和洗脱液总的物理和化学特性有响应，属于此类检测器有示差折光检测器等。

1. 紫外检测器（ultraviolet detector，UVD）　是高效液相色谱仪中最常用的检测器，当检测波长范围包括可见光时，又称紫外 – 分光检测器。UVD 灵敏度高，噪声低，线性范围宽，对流速、温度均不敏感，适于梯度洗脱，不破坏样品，可进行连续地检测。紫外检测器的典型结构如图 2–14 所示。

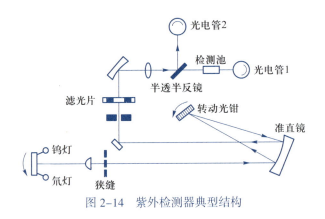

图 2–14　紫外检测器典型结构

2. 荧光检测器（luorescence detector，FD）　是应用激发光照射样品，通过光电倍增管检测样品发出的荧光，并记录色谱图。FD 依据单色器的不同，分为多波长荧光检测器（由多个滤光片构成单色器）和荧光分光检测器（由光栅构成单色器）。荧光检测器在选择性、灵敏度两方面好于紫外检测器，但其多适用于能被激发产生荧光的样品。而对本身无荧光的物质也可通过衍生反应产生荧光而进行测定。

3. 电化学检测器（electrochemical detector，ECD）　依据电化学原理、物质的电化学性质进行检测。高效液相色谱中，对没有紫外吸收或不能发出荧光但有电活性的物质，可采取电化学检测法。若在分离柱后采取衍生技术，也可将它扩展到非电活性物质的检测。

4. 示差折光检测器（differential refractive index detector，DRID）　检测不同物质折射率变化而进行样品各组分分析。DRID 为一种非选择性检测器，几乎对所有被测对象均有响应，而且不破坏被测物质性质。但其灵敏度较低，不适用于痕量分析，不适用于梯度洗脱。

三、高效液相色谱仪的使用、日常维护与常见故障处理

（一）高效液相色谱仪的使用

1. 流动相的选择　选择稳定性好，柱的效率长期不变；与检测器相适应，溶剂在检测

器中不产生干扰信号;能够溶解待分离样品;清洗方便;黏度小。

2. 流动相的流量 提高流量可缩短分析时间,但降低了分离度,增加了柱压。分析时一般选 10 mL/min 以下流量,制备时流量可选大些。

3. 柱温 大多数都是在室温下进行的。虽然提高温度可提高分析速度,却降低了分离度,对固定相有不利影响。因此,一般通过流动相的选择来提高分离能力。

4. 压力 目前高压是该技术分析速度提高的原因之一。压力一般为 3.43~34.32 MPa,最高不超过 49.03 MPa。

5. 进样量 该技术追求分析速度与分离能力,故常应用极小进样量。常用进样量为 1~25 μg。

(二)高效液相色谱仪的日常维护

高效液相色谱仪由贮液器、输液泵、进样器、色谱柱、检测器等部件组成。因此,日常维护工作主要从这几个主要部件展开。

1. 贮液器 ① 保持贮液瓶清洁,定期清洗、更换。② 尽量应用色谱级溶剂和试剂。③ 含有缓冲盐、非色谱级的流动相一定要过滤。④ 流动相要现用现配,以防微生物生长及组分改变。

2. 输液泵 输液泵的密封圈与柱塞杆为最容易磨损部件,故在使用中要注意:① 仪器使用后,将泵中的缓冲盐冲洗干净,以防盐沉积;② 定期清洗泵头,使用 10% 异丙醇溶液清洗,再使用甲醇溶液清洗。

3. 进样器 ① 样品进样前过滤。② 手动进样器,要用液相专用平头针,而不能用气相色谱用的尖头针,以免损伤转子;③ 尽量用原厂原配进样瓶,以免损伤自动进样针。

4. 色谱柱 ① 在使用新柱前,最好应用适宜溶剂在低流量下(0.2~ 0.3 mL/min)冲洗 30 min,长时间未使用的分析柱也要同样处理。② 定期用强溶剂冲洗色谱柱。③ 用缓冲盐时,要先用 95% 水冲洗,再用有机溶剂冲洗。④ 卸下保存时,要盖上盖子,以免固定相干枯。⑤ 避免压力脉冲剧烈变化。

5. 检测器 ① 保持检测器清洁,每日与色谱柱一并清洗。② 防止空气进入检测池内。③ 检测器灯有一定寿命,不用时不要打开,也不能频繁开关灯。④ 避免手直接接触氘灯表面。

(三)高效液相色谱仪的常见故障处理

1. 流动相内有气泡 关闭泵,打开泄压阀,打开 purge 键,清洗脱气,气泡不断从过滤器冒出,进入流动相,无论打开 purge 键几次,都无法清除不断产生的气泡。

原因:过滤器长期浸于乙酸铵等缓冲液内,内部由于霉菌生长繁殖,形成菌团,阻塞了过滤器,缓冲液难以流畅通过过滤器,空气在泵的压力作用下经过滤器进入流动相。

处理:过滤器浸泡于 5% 硝酸溶液中,超声清洗几分钟即可;亦可将过滤器浸泡在 5% 硝酸溶液中 12~36 h,轻轻震荡几次,再将过滤器用纯水清洗几次,打开泄压阀,打开

purge 键,清洗脱气。

2. 柱压高

原因:① 缓冲液盐分如(乙酸铵等)沉积于柱内;② 样品污染沉积。

处理:对于原因①,先用 40~50℃的纯水,低速正向冲洗柱子,待柱压逐渐下降后,相应提高流速冲洗,柱压大幅度下降后,用常温纯水冲洗,之后用纯甲醇冲洗柱子 30 min;对于原因②,由样品的沉积引起污染的 C18 柱和纯水反向冲洗柱子,然后换成甲醇冲洗,接着用甲醇 + 异丙醇(4+6)冲洗柱子,再用换成甲醇冲洗,然后用纯水冲洗,最后甲醇冲洗正向冲洗柱子 30 min 以上。

3. 既无压力指示,又无液体流过

原因:① 泵密封垫圈磨损;② 大量气泡进入泵体。

处理:对于原因①,更换密封垫圈;对于原因②,泵作用的同时,用 50 mL 玻璃针筒在泵的出口处帮助抽出空气。

4. 压力波动大,流量不稳定

原因:系统中有空气或单向阀的宝石球和阀座之间夹有异物,使得二者不能密封。

处理:工作中注意观察流动相的量,保证玻璃过滤头沉入储液器瓶底,避免吸入空气,流动相要充分脱气。如在单向阀和阀座之间夹有异物,拆下单向阀,放入盛有丙酮的烧杯用超声波清洗。

四、高效液相色谱仪的临床应用

高效液相色谱法只要求样品能制成溶液,不受样品挥发性的限制,流动相可选择的范围宽,固定相的种类繁多,因而可以分离热不稳定和非挥发性的、离解的和非离解的以及各种分子量范围的物质。

HPLC 成为解决生物化学分析问题最有前途的方法。由于 HPLC 具有分辨率高、灵敏度高、速度快、色谱柱可反复利用、流出组分易收集等优点,因而被广泛地应用到生物化学、食品分析、医药研究、环境分析、无机分析等各种领域。高效液相色谱仪与结构仪器的联用是一个重要的发展方向。

液相色谱 – 质谱联用技术受到普遍重视,可分析氨基甲酸酯农药和多核芳烃等;液相色谱 – 红外光谱联用技术发展也很快,如在环境污染分析测定水中的烃类、海水中的不挥发烃类,使环境污染分析得到新的发展。

第三节　其他临床分析化学仪器

一、原子吸收光谱仪

用原子吸收光谱仪测定元素含量的方法称为原子吸收光谱法(atomic absorption spectrometry,AAS),又称为原子吸收分光光度法,简称原子吸收法。它有着检测准确、简便快速、灵敏等优点,应用于临床检验、卫生食品检验、环境药物分析等。

（一）原子吸收光谱仪的分类

根据原子化方法的不同,原子吸收光谱仪分为三类:火焰原子吸收光谱仪、非火焰原子吸收光谱仪、低温原子吸收光谱仪。

（二）原子吸收光谱仪的工作原理

原子吸收光谱法是光源发射的待测元素特征谱线经过气态原子蒸气时,被其中的待测元素基态原子吸收,依据特征谱线透射光强度减弱建立的分析方法。

二、气相色谱仪

气相色谱仪是应用色谱分离技术与检测技术,对多种组分的复杂混合物进行定性、定量分析的仪器。主要用来分析、分离易挥发物质。

（一）气相色谱仪的基本结构

气相色谱仪通常由气路系统、进样系统、分离系统(色谱柱系统)、检测系统、温度控制系统、记录系统构成。

1. 气路系统 气路系统包含气源、净化干燥管、载气流速控制和气体化装置,为一载气连续运行的密闭管路系统。经该系统可获得流速稳定、纯净的载气。流量的准确性、载气流速稳定性及气密性,都是影响气相色谱仪性能的重要因素。

2. 进样系统

（1）进样器:依据试样状态不同,应用不同进样器。液体样品的进样多应用微量注射器。气体样品的进样多用色谱仪本身配置的旋转式六通阀或推拉式六通阀。固体样品多先溶于适当试剂中,之后用微量注射器进样。

（2）气化室:多由一根不锈钢管制成,管外面绕有加热丝,它的作用是将固体或液体样品瞬间气化。为了让样品在气化室内瞬间气化但不分解,要求气化室热容量大,且无催化效应。

（3）加热系统:用来保证试样气化,它的作用是将固体或液体样品在进入色谱柱前瞬间气化,之后快速定量转入色谱柱中。

3. 分离系统 是色谱仪的心脏。它的作用是将样品中各组分分离开来。分离系统由柱室、色谱柱、温控部件三部分构成。其中色谱柱为色谱仪核心部件。

4. 检测系统 检测器是将经过色谱柱分离出来的各组分的质量(含量)或浓度转变为易被测量的电信号(如电压、电流等),并进行信号处理的一种装置,为色谱仪的眼睛。检测器通常由检测元件、放大器、数模转换器组成。色谱柱分离后的各组分依次进入检测器,依据其质量或浓度随时间变化转化形成并放大处理后记录与显示的电信号,绘出相应色谱图。检测器性能好坏直接影响色谱仪分析结果的准确性。

5. 温度控制系统 气相色谱测定中,温度控制为重要指标,直接影响柱的分离效能、检测器灵敏度与稳定性。该系统主要控制色谱柱、气化室、检测器的温度。色谱柱要准确地控制分离所需温度,当试样较复杂时,分离室温度需按一定的程序控制温度的变化,各

动画:气相
色谱柱的工
作原理

组分在最佳温度下进行分离；气化室要保证液体样品瞬间气化；检测器确保被分离后的组分经过时不在此冷凝。

6. 记录系统　是记录检测器的检测信号，并进行定量的数据处理。多应用自动平衡式电子电位差计记录，并绘制色谱图。

（二）气相色谱仪的工作原理

气相色谱仪以气体为流动相(载气)，当样品从微量注射器注射入进样器后，被载气携带进入毛细管色谱柱或填充柱。因样品中各个组分在色谱柱内的流动相(气相)与固定相(固相或液相)间吸附系数或分配有差异，在载气冲洗下，各个组分在两相间多次反复分配，各组分在柱内得到分离，后用接在柱后的检测器依据组分物理化学特性将各组分按照顺序检测出来。

微课：气相色谱仪的工作原理

三、荧光光谱仪

荧光光谱仪(fluorescent spectrum analyzer)又称荧光分光光度计，是一种定性、定量分析的仪器。通过荧光光谱仪的检测，可以获得物质的激发光谱、发射光谱、量子产率、荧光强度、荧光寿命、斯托克斯位移、荧光偏振与去偏振特性以及荧光的淬灭方面的信息。

（一）荧光的产生

构成物质的原子或分子中存在电子，多数情况下电子处在能量最低能级(基态)。当某种波长入射光(X线或紫外线)照射常温物质时，物质吸收光能进入激发态，随后立刻退激发由高能级状态回到基态，同时发出比入射光波长更长的出射光，一旦停止入射光，发光现象亦随之消失。拥有该性质的出射光称之为荧光(fluorescence)。

（二）激发光谱和发射光谱

能够发射荧光的物质都有两个特征光谱：激发光谱、荧光光谱。荧光为一种光致发光现象，只有选择了合适激发光，才能得到合适荧光光谱。如果固定测量波长为荧光最大的发射波长，改变激发波长同时记录相应荧光强度，绘制出荧光强度与激发波长关系图，即为激发光谱。在激发光谱上可以找到某荧光物质的最强激发波长。荧光光谱为发射光谱，是用固定强度最强激发波长所激发的不同波长的发射荧光强度，荧光的强度与波长关系图即为荧光光谱。荧光光谱反映待测物质原子或分子的电子由激发态返回到基态时的放能特性。在荧光光谱中，荧光强度最强时的波长为最大发射波长。

四、质谱仪

质谱仪是属于质谱法中的一类检验仪器。质谱法(mass spectrometer)是通过制备、分离及检测气相离子从而鉴定化合物的一项专门技术，质谱分析样品用量少，分析速度快，灵敏度高，与色谱联用分离、鉴定可同时进行，广泛地应用于环境、化工、医药、能源、刑侦科学、运动医学、材料科学、生命科学等各领域，尤其色谱－质谱联用法已成为生物医药领域研究中的重要分析手段。

（一）质谱仪的工作原理

质谱仪的离子源在高真空条件下将试样分子离子化,分子电离后由于接受过多能量进一步碎裂成小质量的中性粒子和多种碎片离子,在加速电场作用下,它们获取相同能量的平均动能并进入质量分析器,质量分析器将同时进入的不同质量离子,按质荷比(m/e)大小分离,分离后的离子顺次进入离子检测器,采集放大的离子信号,由计算机处理,绘制成质谱图。

质谱图中,横坐标代表离子质荷比(m/e)值,纵坐标代表离子流强度,常用相对强度表示。

动画:质谱
图形成

（二）质谱仪的基本结构

质谱仪通常由进样系统、离子源、质量分析器、检测器、数据处理系统等部分组成。

质谱仪中凡有样品分子与离子存在的区域务必处于真空状态,以降低背景、减少离子间或离子和分子间碰撞产生的干扰(如离子飞行偏离、质谱图变宽、散射等)。真空度亦不能过低,不然会使本底增高,严重会引起分析系统内电极之间放电。其中以质量分析器对真空度要求最高。

1. 进样系统　样品导入质谱仪可以分为直接进样、通过接口两种方式来实现。

（1）直接进样:室温和常压下,液态或气态样品可以中性流的形式,经由一个可调喷口装置导入离子源。

（2）通过接口技术进样:目前,多种色谱－质谱联用的接口技术是质谱进样系统发展较快的,将色谱流出物导入质谱,通过离子化后供质谱分析。

2. 离子源　使样品电离并产生带电粒子(离子)束。电子轰击法为应用最广的电离方法,其他还有光致电离、场致电离、大气压电离、化学电离、电感耦合等离子体离子化、基质辅助激光解吸离子化、场解吸电离及快原子轰击电离等。

3. 质量分析器　离子源中产生的不同动能的正离子,在加速器中加速,增加能量后,在质量分析器中将带电离子依据其质荷比进行分离,常用的质量分析器有四极杆分析器、离子阱分析器、单聚焦分析器、双聚焦分析器、傅立叶变换分析器、飞行时间分析器等。

4. 检测器　接收、检测分离后的离子。常用的有光电倍增管、电荷耦合器、电子倍增器。

5. 数据处理系统　应用工作站软件控制样品的测定程序,采集数据并计算结果、分析并判断结果、显示并输出质谱图(表)、数据储存及调用等。

思 考 题

1. 简述朗伯－比尔定律。
2. 简述紫外－可见分光光度计的基本结构。
3. 简述紫外－可见分光光度计的定量使用方法。

第二章
练一练

（李南　李影）

第三章 电化学分析仪器

学习目标

1. 掌握电解质分析仪和血气分析仪的工作原理。
2. 熟悉电解质分析仪和血气分析仪的基本结构和使用。
3. 了解电解质分析仪和血气分析仪的临床应用、维护与常见故障处理。

第三章
思维导图

电化学分析技术是根据物质的电化学性质来确定物质成分的一种分析方法,包括电解分析法、电位分析法、库仑分析法、电导分析法、伏安法和极谱法。临床电化学分析仪器是属于电化学分析法中的一类检测仪器,具有检测速度快、检验结果准确、仪器简单和便于自动化等特点。目前,临床常用的电化学分析仪器主要包括电解质分析仪和血气分析仪。

第一节 电解质分析仪

电解质是指在溶液中能解离成带电离子而具有导电性能的一类物质,包括无机物和部分有机物。电解质分析仪常采用的分析方法有化学法、原子吸收法、离子选择电极(ion selective electrode, ISE)法等,是专门为临床实验室而设计的用来测量人体体液中 Na^+、K^+、Cl^- 等离子浓度和 pH 的分析仪器。电解质分析仪设备简单、操作方便、灵敏度高、选择性好、成本低、快速准确,不需要进行复杂的预处理即可以进行微量和连续自动测定等特点,还可与血气分析仪、自动生化分析仪等联合进行监测,在临床上应用十分广泛,已成为评价人体内环境的主要检测仪器之一。

一、电解质分析仪的分类和工作原理

(一) 电解质分析仪的分类

1. 按自动化程度　可分为半自动电解质分析仪和全自动电解质分析仪。
2. 按工作方式　可分为湿式电解质分析仪和干式电解质分析仪。临床上最常用的电解质分析仪是湿式电解质分析仪,它是将离子选择性电极和参比电极插入被测样品中组成原电池,然后通过测量原电池电动势进行测试分析。干式电解质分析仪(图3-1)是在半导体技术和电化学技术相互渗透的基础上发展起来的分析方法,应用到能检测敏感离子和分子的有源化学半导体新型器件——离子敏场效应晶体管(ion sensitive field effect transistor,ISFET)。目前,电解质的干化学测定方法主要有基于反射光度法和基于离子选择性电极法两类。

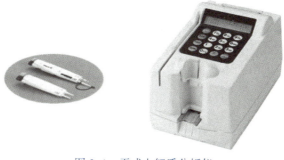

图 3-1 干式电解质分析仪

3. 目前常用电解质分析仪分类 目前检测电解质的仪器和方法有很多。电化学法检测电解质可分为电解质分析仪、含电解质分析的血气分析仪和含电解质分析的自动生化分析仪三大类。

(1)电解质分析仪:这类仪器只能进行单独的电解质分析,一般都带有高效和准确可靠的数据分析系统,能实现检测过程的全自动化。既可以做急诊检测又可以批量分析,可以分析血清、血浆、全血和尿液标本,具有自动定标和连续监控功能,有强大的数据处理功能。电解质分析仪如图 3-2 所示。

(2)含电解质分析的血气分析仪:这类仪器除了能够对 Na^+、K^+、Cl^-、Ca^{2+}、H^+ 等进行急诊分析和批量分析,还能进行血气分析。含电解质分析的血气分析仪如图 3-3 所示。

图 3-2 电解质分析仪

图 3-3 含电解质分析的血气分析仪

(3)含电解质分析的自动生化分析仪:20 世纪 80 年代以来,随着电化学传感器和自动化分析技术的发展,分立式自动生化分析仪生产技术日趋成熟,自动生化分析仪中的很多产品都含有电解质分析模块。含电解质分析的自动生化分析仪如图 3-4 所示。

(二) 电解质分析仪的工作原理

1. pH 电极测定工作原理　pH 电极是利用电位法原理测量溶液的 pH,通常以电极电位不受试液组成变化影响的参比电极(最常用参比电极为甘汞电极或银 - 氯化银电极)为正极,以电极电位能指示被测离子的活度或浓度变化的指示电极(最常用的指示电极为 pH 玻璃电极)为负极,组成一个电化学电池,在温度恒定的条件下,这个电池的电位随待测溶液的 pH 变化而变化,通过测量电化学电池的电动势就可以得到相应溶液的 pH。

pH 玻璃电极(图 3-5)对溶液 pH 的敏感程度主要取决于电极的玻璃膜。在一定温度下,玻璃电极的电极电位大小与被测溶液 pH 具有如下的线性关系:

$$E_{玻} = K_{玻} - \frac{2.303RT}{F}(pH)$$

图 3-4　含电解质分析的自动生化分析仪

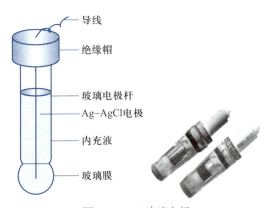

图 3-5　pH 玻璃电极

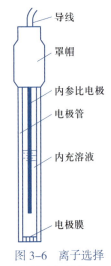

图 3-6　离子选择
性电极结构

式中 R 为气体常数,F 为法拉第常数,T 为热力学温度,$K_{玻}$ 取决于玻璃电极本身的性能,在测量条件恒定时为常数。由于各玻璃电极的 $K_{玻}$ 不尽相同,因此在测定时仪器需用标准缓冲液进行校正。常用的标准缓冲溶液有两种,分别为 0.05 mol/kg 邻苯二甲酸氢钾溶液(37℃时 pH 为 4.02)和 0.025 mol/kg 混合磷酸盐溶液(37℃时 pH 为 6.84)。

2. 离子选择性电极工作原理　离子选择性电极是一种用特殊敏感膜制成的,对溶液中特定离子具有选择性响应的电极。某一特定的离子选择性电极,其敏感膜材料可对某一离子特异性响应,一般常用的离子选择性电极有钠电极、钾电极、氯电极等。离子选择性电极结构主要由电极膜、内参比电极、内充溶液和电极管四个部分组成(图 3-6),既可以测定 pH,也可以测定 Na^+、K^+、Cl^-、Ca^{2+}、Mg^{2+} 等离子活度或浓度。

离子选择电极法是一种以测量电池的电动势为基础的定量分析方法,通常以离子选择性电极作为指示电极,饱和甘汞电极作为参比电极,将离子选择性电极和参比电极连接起来,置于待检的电解质溶液中,构成原电池,通过测量原电池的电动势来求得被测离子活度或浓度。

离子选择性电极的电极膜和电极内充溶液都含有与待测离子相同的离子,膜的内表面与具有相同离子的固定浓度溶液相接触,其中插入内参比电极,膜的外表面与待测离子接触。基于电极膜和溶液界面的离子交换反应,当电极置于待测溶液中时,由于离子交换和扩散作用,改变了两相界面原有的电荷分布,形成双电层,产生一定的电位差即膜电位。由于电极内充溶液中有关离子的浓度恒定即内参比电极的电位是固定的,所以离子选择性电极的电位只随溶液中待测离子活度的变化而变化,两者的关系符合能斯特方程:

$$E_{ISE}=K \pm \frac{2.303RT}{nF} \ln C_x F_x$$

式中,阳离子选择性电极为 +,阴离子选择性电极为 −;n 为离子电荷数;C_x 为被测离子浓度;F_x 为被测离子活度系数;K 在测量条件恒定时为常数。该方程表明,在一定条件下,离子选择性电极的电极电位(电池的电动势)与被测离子的对数呈线性关系。

离子选择性电极测量离子浓度的方法有直接电位法和间接电位法两种。直接电位法是指样品及标准液不经过稀释直接进入离子选择电极管道进行电位测量,离子选择电极只对水相中解离的离子选择产生电位,与样品中的脂肪、蛋白质所占据的体积无关;间接电位法是指样品及标准液要用指定的离子强度与 pH 稀释液进行高比例稀释后送入电极管道进行电位测量。

动画:电解
质分析仪的
工作原理

二、电解质分析仪的基本结构

(一)湿式电解质分析仪的基本结构

湿式电解质分析仪一般由面板系统、电极系统、液路系统、电路系统和软件系统等部分组成,其结构如图 3-7 所示。

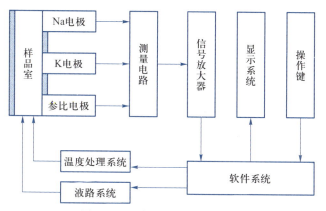

图 3-7 湿式电解质分析仪结构

1. 面板系统 不同的电解质分析仪在仪器面板上都具有人机对话的操作键,在分析检测样品时,操作者可以通过按键操作来控制分析检测过程。如有的电解质分析仪的面板上有"Yes""No""输出""归位"等按键,其中"Yes"键用来接收显示屏上的提问,

"No" 键用来否定显示屏上的提问,通过这两个键可对仪器进行各种操作和参数设定;"输出" 键用来安装打印纸;"归位" 键使每天样品测定从 1 号开始。

2. 电极系统　是整个仪器的核心部件,是测定样品结果的关键所在,决定着检测结果的准确度和灵敏度。电极系统包括指示电极和参比电极,指示电极包括 pH、Na^+、K^+、Li^+、Cl^-、Ca^{2+}、Mg^{2+} 等离子选择性电极,参比电极一般为银 / 氯化银电极。目前所使用的电极大多是将各电极与测量毛细管做成一体化的结构,各电极对接在一起便形成测量毛细管,微型电极与毛细管成 90° 设置,二者为一整体结构,在测量时毛细管不容易堵孔是其优点。

3. 液路系统　能直接影响样品浓度测定的准确性和稳定性,通常由样品盘、溶液瓶、吸样针、三通阀、电极系统、蠕动泵等组成。蠕动泵为各种试剂的流动提供动力,样品盘、三通阀和蠕动泵的转动、转换均由微机自动控制。液路系统中的通路由定标液 / 冲洗液通路、样品通路、废液通路、回水通路、电磁阀通路等组成。在蠕动泵的抽吸下,被测溶液通过吸样口吸进电极之中,样品中不同的离子分别被 K^+、Na^+、Cl^-(Ca^{2+}) 及参比电极所感测。各指示电极将它们感测到的离子浓度分别转换成不同的电信号,通过放大转换成数字信号,经过处理、运算后进行显示或打印。

4. 电路系统　一般由电源电路模块、微处理器模块、输入输出模块、信号放大及数据采集模块、蠕动泵和三通阀控制模块五大模块组成。其中电源电路模块主要是提供仪器的打印机接口电路、蠕动泵控制电路、电磁阀控制电路和其他各种部件所需的电源;微处理器模块包括主机 CPU 芯片,通过地址总线、数据总线与显示板、打印机、触摸控制板相连,通过系统总线与模拟通道液压系统相连;信号放大及数据采集模块包括主信号放大器变换器(电极、样品检测器)和其他电子系统间的界面,除了 Na^+、K^+、Cl^- 等测量通道外,其余模拟信号也在放大系统上处理,所有这些信号被传输到 CPU 板上的主 A/D 变换器上。

5. 软件系统　是控制仪器运作的关键,提供仪器微处理系统、仪器设定、仪器测定和自动清洗等操作程序。其中,微处理系统操作程序会不断监测分析仪的稳定性、调校自动定标频率和自动测定质控样品,并自动将结果与预期的数据做比较评估,也能指导操作者日常保养和帮助解决故障问题;仪器设定操作程序是指在测定质控范围、质控时间,设定密码及选择定标方式时,都需要设定的程序;仪器测定操作程序是指检测操作时采用人机对话方式,由操作者控制按键,运行过程包括启动运作、吸取样品、自动分析检测、数据处理及结果打印、自动清洗吸样针等测量组件以及复位等待下次检测分析等。

(二) 干式电解质分析仪的基本结构

基于 ISE 法的干式电解质分析仪结构如图 3-8 所示,由两个完全相同的离子选择性电极的多层膜片组成。多层膜片由离子选择性敏感膜、参比层、氯化银层和银层组成,并用一纸盐桥相连。左边为样品电极,右边为参比电极。测定时,用双孔移液管取 10 μL 样品液和 10 μL 参比液滴入两个加样孔内,即可测定二者的差示电位。通常每测一个项目需要用一个干片,每个干片上带有条形识别码,仪器将自动识别所进行的测定项目。

微课:电解
质分析仪的
基本结构

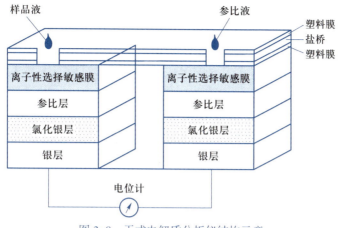

图 3-8 干式电解质分析仪结构示意

三、电解质分析仪的使用、维护与常见故障处理

（一）电解质分析仪的使用

1. 电解质分析仪的使用方法 目前电解质分析仪的种类较多,工作人员应严格按照仪器的操作说明书进行。不同型号电解质分析仪的操作流程基本一致。

(1) 开机:仪器开机进入系统自检,检测各主要部件(如仪器主板、打印机、液路等)的功能是否正常。仪器能智能识别判断故障,会自动提示。

(2) 活化电极:进入时间为 30 min 倒计时的活化电极程序,可按"No"键直接退出。

(3) 定标:进入主菜单进行系统定标,可自动选择基点与斜率定标。

(4) 质控:定标通过后,选择质控分析,进行 5 次以上的质控测试,自动生成和打印质控报告,计算所做质控次数的平均值、标准差和变异系数。

(5) 样品检测:进入样品检测程序,抬起吸样针确保进样及测量准确,如 30 孔位自动进样系统,一次可检测 30 份样品。

(6) 打印报告:测试完毕,打印报告,可选择自动或手动打印受测者综合信息报告。

2. 电解质分析仪的使用注意事项 在电解质分析仪临床使用过程中,操作者需要注意以下事项。

(1) 吸样过程中不能吸入气泡,否则将引起检测结果不准。

(2) 样品吸入时,注意不要吸入凝血块,否则容易堵塞管道。

(3) 如果环境温度变化大于 10℃,需重新进行校正。

(4) 标准液和样品的 pH 应保持在 6~9,否则会影响 Na^+ 含量的测定。

(5) 不要使用霉变、浑浊和有沉淀的溶液,如果发现溶液变质应弃去,以免影响分析结果。

（二）电解质分析仪的维护

1. 电极系统的维护 仪器在工作过程中,由于电极的内充液与样品之间存在着不同

微课:电解质分析仪的操作使用和注意事项

程度的离子交换,使电极内充液的浓度逐渐降低,从而使膜电位下降,导致测量结果偏低。因此,需要定期对电极内充液中的离子含量进行检查和调整。一般情况下,钾电极和锂电极应每半年更换一次,钠电极和参比电极应每年更换一次。

(1) 钠电极:钠电极内充液的浓度降低最为严重,要经常检查和调整内充液浓度。许多仪器的程序设计中都包含每日保养一项,需要坚持每日用厂家提供的清洁液和钠电极调整液进行清洗和调整。由于钠电极调整液中含有的氟化钠是一种玻璃腐蚀剂,操作时要注意。

(2) 钾电极:为选择性膜电极,使用过程中会吸附蛋白质,影响电极的响应灵敏度。因此,每月至少要更换一次内充液。

(3) 氯电极:为选择性膜电极,使用过程中亦会吸附蛋白质,影响电极的响应灵敏度。一般用物理法进行膜电极的清洁。方法是取出电极,用柔软的棉线穿过电极,轻轻地来回擦拭电极内壁,将电极膜处聚集的污物擦净。对于新换的氯电极,电极膜处很容易吸附蛋白,用上述方法清除方便、安全、快捷。

(4) 参比电极:每周都需要检查电极内有无足够的饱和氯化钾溶液和氯化钾残片,如果不够或没有则需要及时添加。一般三个月需要更换一次参比电极膜,清洗电极套,保持毛细管通透,使盐桥导通。电极芯无需保养,但不能用水洗或使其干燥。

2. 管路系统的维护 仪器在测量过程中,由于血清中含有部分纤维蛋白,蛋白将附着在液流通道的泵、管路和电极系统毛细管的内壁上,当测量工作量较大时,内壁所附的蛋白增厚,造成管路阻塞并影响样品与电极之间的测量电位,影响正常工作和检测结果的准确性。

(1) 流路维护:大多数电解质分析仪都有仪器流路维护程序,可以根据维护程序进行维护工作。当流路维护程序结束后,应当对仪器进行重新定标。

(2) 全流路清洗:流路清洗是为了保证仪器流路中没有蛋白质、脂类沉积和盐类结晶,在每日工作结束关机之前都要进行管路的清洗。仪器进入流路清洗程序,吸入或注射清洗液、去蛋白液或蒸馏水冲洗流路,重复 2~3 次。冲洗完毕后,应当对仪器进行重新定标。

3. 日常维护保养 为了保证电解质分析仪的正常使用,仪器的维护保养应按照使用说明书上的要求,进行每日维护、每周维护、每月维护和每季维护。

(1) 每日维护:检查试剂量,如不足 1/4 液面,应及时更换;清洁仪器表面灰尘及吸样探针,保持探针的畅通;及时弃去废液瓶中的废液。

(2) 每周维护:仪器应进行流路清洗,除去蛋白质、脂类沉积和盐类结晶,对仪器进行维护保养。

(3) 每月维护:取下泵管,清洗泵管内试剂通道的阻塞,用酒精棉球清洁泵管和不锈钢转轴,在泵管的弯处涂硅油或白色凡士林等润滑剂。

(4) 每季维护:需要对电极的电压(mV)值进行测试,检查后更换电极内的电极液,在旧电极内液倒掉打入新电极液时,须保证电极前端无气泡。电极的电压值一般由仪器使用说明书给出。表 3-1 为某电解质分析仪器电极的电压值。

表 3–1　某电解质分析仪器电极的电压值

电极	CAL 液体实验	电极	SLOPE 液体实验
K^+	35~100 mV（A）	K^+	A–6 mV
Na^+	35~100 mV（B）	Na^+	B+17 mV
Cl^-	35~100 mV（C）	Cl^-	C+7.5 mV

（三）电解质分析仪的常见故障处理

电解质分析仪发生故障时应首先排除维护和使用不当等因素,如管道松动、破裂,参比电极液长期未更换,长期没有活化去蛋白,进样针、三通、电极堵塞,泵管老化等。随后要检查电极的电压和斜率是否正常,用电极检查程序来确认电极输出是否稳定。电解质分析仪常见的故障和排除方法见表 3–2。

表 3–2　电解质分析仪常见的故障和排除方法

常见故障	原因	排除方法
仪器不工作	停电;电源问题;保险丝熔断等	排除停电和电源问题后更换保险丝
检测器失效	阀芯上的固定螺钉与电机转动轴未紧固到位;检测器的插头与主机板座松了;阀芯本身太紧不能转动;检测器损坏	按照可能出现的原因依次进行检查处理
定标不能通过或不稳定	试剂因素;泵管有问题;电极没有稳定等	首先排除试剂因素,检查泵管是否老化、漏气、堵塞,若以上情况都正常,可能为电极没有稳定,待稳定 30 min 后再进行两点定标
重复性不良	电极没有活化;电极间有漏液;电极间有血凝块;参比电极有 KCl 结晶;电极电压偏低;电极斜率低于规定值;试剂太少或变质;系统校准没按要求进行	活化电极;装紧电极或更换密封套;拆开电极,用吸球吹净电极;用纱布擦净电极;更换电极内液或电极;更换电极或重新校准;更换试剂;校准 2~3 次
准确性不够	不符合质控要求	重新定标和质控或更换参比电极
吸杆不畅	接口、连管漏气;泵管粘连;接头处有蛋白沉淀;阀本身有问题	检查接口、连管有无漏气;更换新泵管;取下各接头用水清洗干净;检查阀本身
管路堵塞	采样针与空气检测器部分;电极腔前端与末端部分;混合器部分;泵管和废液管的堵塞	直接用清洗液进行管路保养,或拆下空气检测器,用注射器注入 NaCl 溶液反复冲洗进样针和空气检测器,通畅后再用蒸馏水冲洗干净即可;用清洗液进行管路清洗保养或将电极全部拆下,用 NaCl 溶液浸泡电极腔后反复清洗,最后用蒸馏水冲洗擦干装回;用清洗液或去蛋白液进行混合器清洗程序,或将混合器拆下,用注射器将 NaCl 溶液注入混合器浸泡后反复冲洗,最后用蒸馏水冲洗干净并擦干装回;用注射器吸入清洗液或蒸馏水冲洗管路

续表

常见故障	原因	排除方法
电极漂移与失控	地线未接好;电压不稳定;电磁干扰;标准液及清洗液已用完;流通池中参比内充液太少;只有钠电极、pH电极漂移;电极全部漂移;定位不好,造成溶液未将电极全部浸没;参比电极上方有气泡;试剂过期或被污染	应检查地线或漂移的电极银棒是否未插入信号插座或接触不良;接UPS不间断电源或质量较好的稳压电源;功率较大的设备远离本仪器,独立设置电源;及时注满标准液及清洗液、参比内充液;用玻璃电极清洗液清洗,再用蒸馏水反复冲洗;检查参比电极是否到期;重新进行定位操作;轻拍流通池,将气泡移到钠电极上方;检查A、B标准液及清洗液瓶,是否有絮状沉淀
出现异常值	电压波动;吸入凝血;溶液未到位;盛血容器不干净;校正因子有异常;长时间未标定	检查附近是否有大功率电器开动或漏电;测试时注意样品是否凝血;用服务程序中重新定位程序进行重新定位;检查盛血样的容器是否污染,是否残留消毒液等物质;将校正因子清除;重新标定
电极斜率降低	电极膜板上吸附蛋白过多;空气湿度太大;温度太低;寿命将至	用去蛋白清洗液进行反复清洗,清除蛋白;用除湿机进行除湿;在室内升温;更换电极

四、电解质分析仪的临床应用

电解质在机体中具有许多重要的生理功能。当机体某些器官发生病变或受到外源性因素影响时,都可能引起或伴有电解质代谢紊乱而引起各器官生理功能失调。电解质分析仪是专门测量人体中各种带电离子浓度的分析仪器。其临床应用广泛,尤其在手术、烧伤、腹泻、急性心梗等需要大量均衡补液的患者中,作为判断和纠正电解质紊乱,保持体液酸碱平衡和维持渗透压的依据。

第二节　血气分析仪

血气分析是近年来发展较快的医学检验技术之一,常用于判断机体是否存在酸碱平衡失调及缺氧程度等。血气分析仪是利用电极对血液酸碱度(pH)、氧分压(PO_2)和二氧化碳分压(PCO_2)进行定量测定,并根据测得的三个参数值和输入的血红蛋白值,进一步计算出血液中其他参数,如血氧饱和度(SO_2)、血浆二氧化碳总量(TCO_2)、实际碳酸氢根浓度(AB)、标准碳酸氢根浓度(SB)、血液缓冲碱(BB)、血液碱剩余(BE blood)、阴离子间隙(AG)等。血气分析仪如图3-9所示。

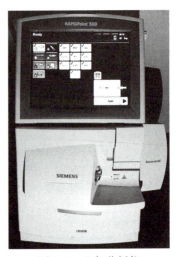

图3-9　血气分析仪

一、血气分析仪的基本结构

虽然血气分析仪的种类、型号很多,但是基本结构大致相同,一般由电极系统、管路系统和电路系统三大部分组成。

(一)电极系统

血气分析仪主要分为 pH 电极、参比电极、PO_2电极和 PCO_2 电极。血气分析仪电极系统如图 3-10 所示。

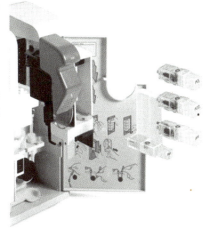

图 3-10 血气分析仪的电极系统

1. pH 电极和参比电极 血气分析仪用 pH 电极、参比电极和两电极间的液体介质测量溶液的酸碱度,以 pH 来表示。pH电极毛细管的直径约 0.5 mm,膜厚 0.1 mm,由钠玻璃或锂玻璃熔融吹制而成,其内参比电极是 Ag/AgCl 电极,具有稳定的电位值。参比电极多为甘汞电极,内充 KCl 溶液。pH 电极和参比电极一起被封装在电极支持管中。电极支持管由绝缘的铅玻璃制成,管内充满磷酸盐氯化钾缓冲液,形成一个原电池,其电动势的大小主要取决于内部溶液的 pH。整个电极与测量室温度都控制在 37℃,当检测样品进入测量室时,由于样品中的 H^+ 与玻璃电极膜中的金属离子进行交换而产生电位差(图 3-11),此电位差与样品的 H^+ 浓度成正比,二者间存在着对数关系,再与不受检测溶液 H^+ 浓度影响的参比电极比较,可得出检测样品溶液 pH。

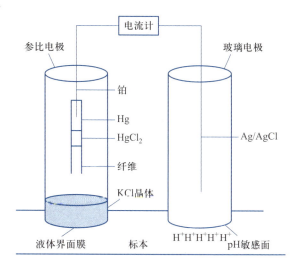

图 3-11 pH 电极与参比电极的结构示意

动画:pH电极基本结构

2. PO_2 电极 目前临床上使用最多的氧电极是一种疏水膜复合型氧电极,又称 Clark 电极,是由铂阴极、银/氯化银阳极及含氯化钾的磷酸盐缓冲液的氧选择性渗透膜和电极外套构成(图 3-12)。阴极铂丝通常直径为 20 μm,前端抛光作为阴极,封闭于玻璃柱中,将玻璃柱装于一有机玻璃套内,套的一端覆盖着 O_2 半透膜,此膜是约 20 μm 的聚丙烯或聚乙烯或聚四氟乙烯,不能透过离子,仅 O_2 可透过。套内充满磷酸盐缓冲液,银/氯化银阳极也浸入磷酸盐缓冲液中。

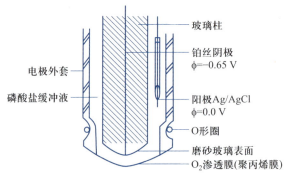

图 3-12　PO_2 电极结构示意

待测样品中的 O_2 可以依靠 PO_2 梯度透过 O_2 渗透膜进入电极,在外加电解电压作用下,O_2 在铂阴极表面不断地被还原,阳极又不断地产生 Ag^+ 并与 Cl^- 结合,生成 AgCl 沉积在电极上,氧化还原反应使阴阳极间产生电流,电流的强度与检测样品中的 O_2 含量成正比,由此可测出 PO_2 值。

阴极反应:　　　　　　　　$O_2 + 2H_2O + 4e^- \rightarrow 4OH^+$

电解质反应:　　　　　　　$NaCl + OH^+ \rightarrow NaOH^+ + Cl^-$

阳极反应:　　　　　　　　$Ag^+ + Cl^- \rightarrow AgCl + e^-$

3. PCO_2 电极　是一种气敏电极,也是一个复合电极,主要由 pH 敏感的玻璃电极和 Ag/AgCl 参比电极、电极缓冲液和电极外套组成。pH 敏感的薄层玻璃膜厚约 0.1 mm,电极液为 KCl 的磷酸盐缓冲液,其中浸有 Ag/AgCl 电极。玻璃电极和参比电极被封装在充满 $NaHCO_3$–NaCl 和蒸馏水的电极外套中,外套前端有一层聚四氟乙烯或硅橡胶膜的选择性 CO_2 渗透膜,只有 CO_2 分子可通过。CO_2 扩散入电极内,与电极内的碳酸氢钠发生反应,使溶液的 pH 发生改变,产生电位差(图 3-13)。由电极内的 pH 电极检测 pH 的变化,pH 的改变与 PCO_2 值的变化呈线性关系,根据这一关系即可求出 PCO_2 值。

$$CO_2 + H_2O \rightarrow H_2CO_3 \rightarrow H^+ + HCO_3^-$$

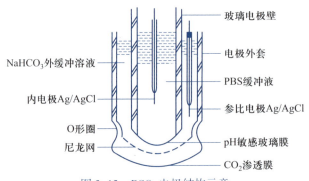

图 3-13　PCO_2 电极结构示意

（二）管路系统

管路系统主要由测量室、转换盘系统、气路系统、液路系统、真空泵和蠕动泵等组成，如图 3-14 所示。

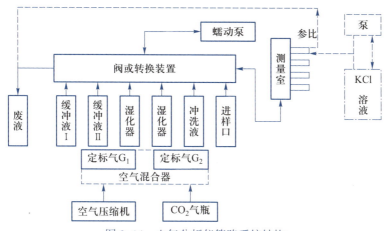

图 3-14　血气分析仪管路系统结构

1. 测量室　电极的电信号对温度的变化很敏感，因此必须控制好测量室的温度。现在使用较多的是固体恒温式装置，具有加热快、热均匀性好、恒温精度高的优点，温度通常控制在 37 ± 0.1℃。

2. 转换盘系统　由计算机程序自动控制，是将检测样品、有关溶液及气体送入测量室的装置。

3. 气路系统　气路系统用来输送 PCO_2 和 PO_2 两种电极定标时所用的气体，由空气压缩机、CO_2 气瓶、气体混合器、湿化器、泵、阀门及有关管道组成。气路系统可分为两种类型：压缩气瓶供气方式和气体混合器供气方式。

（1）压缩气瓶供气方式：是常用的一种方式，又称外配气方式。空气混合器将空气压缩机送来的空气（4~6 个标准大气压，1 atm=101.3 kPa）和 CO_2（纯度要求 99.5%）气瓶送来的气体进行混合后，得到两种浓度不同的气体："气体 1"含 5% 的 CO_2 和 20% 的 O_2，"气体 2"含 10% 的 CO_2，不含 O_2。气瓶上装有减压阀，用两个气压表显示压力，一个显示气瓶内的高压，一个显示出气口的低压。减压后输出的气体先经过湿化器饱和湿化后，再经阀或转换装置送至测量室，对 PCO_2 和 PO_2 电极进行定标。

（2）气体混合器供气方式：又称内配气方式。通过仪器自身的气体混合器产生定标气。气体混合器将空气压缩机产生的压缩空气和气瓶送来的 CO_2 气体进行配比和混合，生产出类似于上述两种不同浓度的气体，经湿化器饱和湿化后，再传送至测量室。

4. 液路系统　具有两种功能，一是提供 pH 电极系统定标用的两种缓冲液，二是自动冲洗毛细管测量室。血气分析仪一般至少需要四个盛放液体的容器，包括两个标准缓冲液瓶，一个冲洗液瓶和一个废液瓶。有些血气分析仪还配有专用的清洗液，系统每次校准前要先用清洗液清洗测量室。

5. 真空泵和蠕动泵 血气分析仪内部装有真空泵和蠕动泵。真空泵用于产生负压,使废液瓶内维持负压状态,靠此负压吸引冲洗液和干燥空气,用来冲洗和干燥测量毛细管。蠕动泵在定标时用于抽取缓冲液到测量室,在检测样品时用于抽取样品。利用电磁阀控制流体的流动速度,当用缓冲液定标、测量及样品未达测量室时,蠕动泵快速转动;当样品达测量室内时,蠕动泵变为慢速转动,以确保样品能够充满测量室而且没有气泡。转换装置一边接有各种气体与液体管路,另一边是流体的出口,在计算机控制下,转换装置让不同的流体按预先设置好的程序进入测量室,并且某一时刻只有一个流体出口与测量毛细管的进入口相接。

目前,多数血气分析仪的管路系统在计算机控制和监测下,自动完成定标、测量、冲洗等功能。

(三) 电路系统

血气分析仪电路系统的功能是将仪器测量信号进行放大和模数转换后,变成数字信号,经计算机处理、计算后显示和打印结果,如图 3-15 所示。

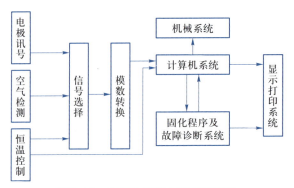

图 3-15 血气分析仪电路系统原理

二、血气分析仪的工作原理

血气分析仪是由 pH、PO_2、PCO_2 三个测量电极和一个参比电极构成毛细管测量室,其中 pH 电极和参比电极组成 pH 测量系统。仪器进行检测时,在管路系统蠕动泵的抽吸下,检测样品进入毛细管测量室后,充满四个电极表面,蠕动泵停止抽吸,样品中的 pH、PCO_2 和 PO_2 同时被这些电极检测,分别产生对应于 pH、PCO_2 和 PO_2 三项参数的电信号,这些电信号分别经放大、模数转换后送到微机处理后,显示结果并打印。血气分析仪的工作原理如图 3-16 所示。

血气分析方法是一种相对测量方法,因此在检测样品前,需用标准液和标准气体来确定 pH、PCO_2 和 PO_2 三个电极的工作曲线,这个过程通常称为校准或定标。一般每种电极都要两种标准物质来进行定标。pH 系统使用 pH 为 7.383 和 pH 为 6.840 的两种标准缓冲液来进行定标。氧和二氧化碳系统用两种混合气体进行定标。第一种混合气中含 5% 的 CO_2 和 20% 的 O_2;第二种混合气含 10% 的 CO_2,不含 O_2。亦有少部分血气分析仪将上述两种气体混合到两种 pH 缓冲液内,然后对三种电极一起定标。

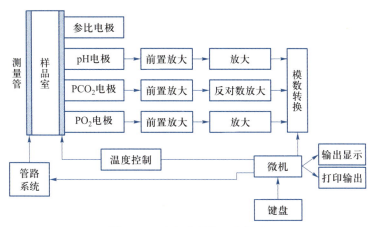

图 3-16　血气分析仪工作原理

三、血气分析仪的使用、维护与常见故障处理

(一) 血气分析仪的使用

目前临床使用的血气分析仪自动化程度高,种类和型号不同,但仪器的操作流程基本一致(图 3-17)。

微课:血气
分析仪的
使用

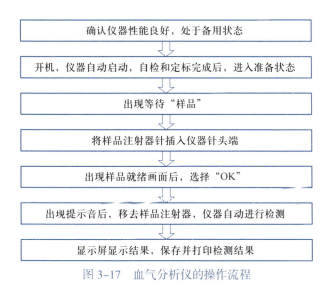

图 3-17　血气分析仪的操作流程

1. 开机　将各种试剂、标准气体和电极安装好后,打开分析仪后面的电源开关,仪器自动执行液路试剂的充注、液体传感器的检测和校正、泵的校正、泄漏检测、两点定标,检查仪器的状态是否良好等工作。

2. 样品的检测

(1) 等待仪器执行完程序,处于"准备"模式即可进入样品测定模式。

（2）样品检测前，要排出样品注射器针筒顶端的前两滴血，因为针筒顶端死腔的血液容易形成微小栓子。将样品注射器上下颠倒混匀，观察样品是否处于密闭状态、有无气泡、是否凝固，询问样品采集时间长短等，确定样品正常后，左右上下搓 3~5 min，开始检测。抬起注射器进样入口副翼，拔去注射器针头，轻轻插入注射器进样口。在触摸屏的样品模式中，选择注射器进样模式。

（3）在触摸屏上按"开始"键，进样针自动进入注射器中吸取样品，当仪器发出"哔哔"提示音后，及时移去注射器，并关闭注射器进样口副翼。

（4）在数据采集处理工作站的数据处理软件中输入患者样品信息，当测定结果显示后，在软件中进行刷新操作，选择相应的数据进行保存。

（5）打印结果。

3. 关机　血气分析仪 24 h 开机，如需临时关机，应在 24 h 内开机，以免长时间关机影响电极和电极膜的寿命。

（二）血气分析仪的维护

血气分析仪正常运行的时间和使用寿命取决于工作人员对仪器的熟悉程度、使用水平、日常保养等。

1. 仪器的日常保养

（1）每日检查标准液和冲洗液是否不足和过期，检查气泡室是否有蒸馏水。

（2）每日检查大气压力和钢瓶气体压力。

（3）每周更换一次内电极液，定期更换电极膜。

（4）若电极使用时间过长后，电极反应变慢，可用电极活化液对 pH 电极和 PCO_2 电极进行活化，对 PO_2 电极进行轻轻打磨，除去电极表面的氧化层。

（5）每周对仪器进行去污处理。每周至少冲洗一次管道系统，并擦洗分析室；连续测定时，每日需对仪器的管道测量系统进行去蛋白处理；去除废液瓶中的废液；观察试剂、标准气体的存留量，不足时应及时更换。

（6）应避免使用仪器检测强酸或强碱样品，以免损坏电极。若对偏酸或偏碱液进行测定时，可对仪器进行几次一点校正。

（7）保持环境温度恒定，避免高温等情况影响仪器的准确性和电极的稳定性。

（8）为节省试剂，不工作时将仪器设定在睡眠状态。

2. 电极的保养　电极是仪器中贵重的部件，应注意保养，尽量延长其使用寿命。

（1）pH 电极的保养：pH 电极不管是否使用，其寿命一般都为 1~2 年，因此在订购时应注意生产日期，以免过期失效。血液中的纤维蛋白易黏附在 pH 电极表面，必须经常按血液→缓冲液（或生理盐水）→水→空气的顺序进行清洗。若清洗后仍不能正常工作，应更换新电极。此外，还应避免电极的绝缘性能受到破坏。不能使用有机溶剂擦拭玻璃表面，避免电极表面绝缘的硅油被溶解而出现漂移现象。

（2）参比电极的保养：参比电极一般用甘汞电极，每次在更换盐桥或电极内的 KCl 溶液时，除加入室温下饱和 KCl 溶液外，还需要加入少许 KCl 结晶，使其在 37℃恒温条件下也达到饱和状态，同时防止气泡产生。参比电极套需要定期更换。如果一天检测 100 份样品,每周应更换一次,在样品较少时,可视具体情况延长更换时间。

(3) PCO_2 电极保养:PCO_2 电极半透膜应保持平整、清洁,无皱纹、裂缝和针眼。半透膜和尼龙网应紧贴玻璃膜,不能产生气泡。电极要经常使用专用清洁剂进行清洗,如果经清洗和更换缓冲液后,仍不能正常工作,应更换半透膜。PCO_2 电极用久后,阴极端的磨砂玻璃上会有 Ag^+ 或 $AgCl$ 沉积,可预先用缓冲液润湿的细砂纸轻磨去除沉积物,再用外缓冲液清洗干净。不同的半透膜反应速度不同,硅橡胶膜反应速度最快,不同批号的膜也有一定的批间差,使用时应注意。

(4) PO_2 电极的保养:PO_2 电极中干净的内电极端和四个铂丝点应明净发亮。每次清洗时,都应该用电极膏对 PO_2 电极进行研磨保养。注意在研磨时要用电极膏将该电极的阳极,即靠电极头部 1 cm 处的银套一并擦拭干净,还有氧电极内充的是氧电极液,不要弄错。

此外,对 PCO_2 电极和 PO_2 电极维护保养后,应进行两点校准,执行质控,确保仪器状态稳定、质控在控后,方能开始进行检测。

(三) 血气分析仪的常见故障处理

血气分析仪的常见故障和处理见表 3-3。

表 3-3　血气分析仪的常见故障和处理

故障名称	故障处理	
	排除原因	处理
样品吸入不良	蠕动泵管老化、漏气或泵坏	更换泵管或维修蠕动泵
样品输入通道堵塞	1. 血块堵塞; 2. 玻璃碎片堵塞	1. 一般用强力冲洗程序将血块冲出排除; 2. 如毛细管断在进样口内等,可将样品进样口取下来,将玻璃碎片捅出即可
PCO_2、PO_2 定标不正确	1. 钢瓶中气体压力过低; 2. 气体管道破裂、脱落或气路连接错误; 3. PCO_2 内电极液使用时间过长或内电极液过期; 4. 气室内无蒸馏水或蒸馏水过少,使通过气体未充分湿化; 5. 电极膜使用时间过长或电极膜破裂; 6. PCO_2 电极老化或损坏	1. 更换气压不足的气瓶; 2. 应更换或重新连接管道; 3. 更换内电极液; 4. 补充蒸馏水; 5. 更换电极膜; 6. 更换电极
pH 定标不正确	1. pH 定标液过期; 2. 两种定标液接反; 3. 仪器接地不好	1. 检查有效期; 2. 重新安装电极; 3. 接地
定标不正确,但取样时不报警,样品常被冲掉	1. 分析系统管道内壁附有微小蛋白颗粒或细小血凝块,使管道不通畅; 2. 连接取样传感器的连线断裂; 3. 取样不正确,混入微小气泡	1. 应冲洗管道; 2. 重新连接取样传感器的连线; 3. 重新取样

续表

故障名称	故障处理	
	排除原因	处理
Wash 液流量不足	1. 偶然误差； 2. Wash 液不足或 Wash 试剂瓶未安装好； 3. 样品管破裂或漏气,蠕动泵管老化或漏气； 4. 进样口有障碍物或血凝块； 5. 电极未安装好或结合不紧密	1. 执行清洗(Wash)； 2. 添加或更换 Wash 液,安装好 Wash 试剂瓶； 3. 更换样品管和蠕动泵管； 4. 添加或更换试剂,安装好试剂瓶,执行两点定标； 5. 重新安装试剂瓶并使其结合紧密
检测到气泡	1. 样品凝固或有凝块； 2. 样品管漏气或破裂； 3. 电极密封圈安装错误或污损	1. 立即停止检测并冲洗以清除管道内的凝块； 2. 更换样品管； 3. 清洁并装好电极圈,更换损坏的密封圈

视频：血气
分析仪的故
障处理

四、血气分析仪的临床应用

血气分析仪是通过对人体血液中的酸碱度(pH)、二氧化碳分压(PCO_2)、氧分压(PO_2)的测定,来分析和评价人体血液酸碱平衡状态及携氧状态的仪器。血气分析仪还可以用于人体其他体液标本,如腔液、胃液、脑脊液、尿液等 pH 的分析测量。在临床的用途有:① 用于昏迷、休克、严重外伤等危急患者的抢救;② 用于手术尤其是心脏手术等体外循环手术过程中引起的酸碱平衡紊乱的监视、治疗效果的观察和研究;③ 用于肺源性心脏病、肺气肿、气管炎、糖尿病、呕吐、腹泻、中毒等的诊断和治疗。血气分析的连续监测不仅是混合性酸碱平衡紊乱的诊断前提,而且还是其他各型酸碱平衡紊乱找到合理治疗方案的分析基础。血气分析仪作为不可缺少的抢救设备,日益受到临床的重视。

思 考 题

第三章
练一练

1. 简述电解质分析仪的工作原理与基本结构。
2. 电解质分析仪的日常维护包括哪几个方面?
3. pH 电极属于何类电极? 简述其工作原理。
4. 简述血气分析仪的工作原理。

(王凤玲 胡希俅)

第四章 临床血液学检验仪器

学习目标

1. 掌握显微镜、血细胞分析仪、血液凝固分析仪、红细胞沉降率测定仪、血型分析仪、流式细胞分析仪的工作原理。

2. 熟悉显微镜、血细胞分析仪、血液凝固分析仪、红细胞沉降率测定仪、血型分析仪、流式细胞分析仪的基本结构、使用、维护与常见故障处理。

3. 了解显微镜、血细胞分析仪、血液凝固分析仪、红细胞沉降率测定仪、血型分析仪、流式细胞分析仪的临床应用。

临床血液学检验仪器以血液学分析技术为基础设计而成,具有准确、灵敏、快速、高效等特征,因而在临床检验中被广泛使用。本章重点介绍显微镜、血细胞分析仪、血液凝固分析仪、红细胞沉降率测定仪、血型分析仪、流式细胞分析仪的原理、基本结构、使用、维护、故障处理及临床应用。

第四章
思维导图

第一节 显 微 镜

显微镜(microscope)是由一组透镜或几组透镜构成的一种光学仪器,主要用于放大微小物体,是生命科学和医学实验室基础仪器设备之一。显微镜在临床检验工作中应用广泛,主要用于观察和辨别细菌、真菌、病毒、血细胞、骨髓细胞、肿瘤细胞以及排泄物中的有形成分等的形态和结构。显微镜可分为光学显微镜(光镜)和电子显微镜(电镜)。

一、光学显微镜的原理和结构

(一)光学原理

光学显微镜是利用光学原理,将肉眼不能分辨的微小样品放大成像,并显示其细微形态结构的光学仪器。其成像系统由两组会聚透镜组成:即物镜系统和目镜系统。物镜为靠近观察物、焦距较短成实像的透镜;目镜为靠近眼睛、焦距较长、成虚像的透镜。其光学成像原理如图 4-1 所示。

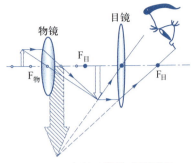

图 4-1　光学显微镜成像原理

被观察的样品置于物镜物方焦点(F物)的前方，经物镜放大后，成一倒立实像位于目镜物方焦点的内侧，该实像再经目镜二级放大后成虚像被人眼所观察。因此，通过目镜观察到的图像并不是样品本身，而是其被透镜组放大之后的虚像。

物体经透镜成像后，由于多种因素的影响，使成像的形状和颜色与原物有所差别，这种差别称为像差和色差。

1. 像差　物点发出而进入系统的光线不能全部沿着高斯光学的理想光路成像，而导致成像在形状方面的缺陷，称为像差。像差包括球差、彗差、像散、场曲、畸变。

(1) 球差：通过透镜边缘的光线比通过近轴光线的折射角要大，因此两部分光线经透镜折射后不能相交于一点，而是形成一个中间亮边缘逐渐模糊的弥散亮斑，这就是透镜的球面像差，简称球差。球差影响成像的清晰度。

(2) 彗差：从光轴外一点射向透镜的一束光线，经过透镜的中央和边缘部分后，在垂直于光轴的同一平面上也不能交于同一个像点，而在该平面上形成一个顶端小而亮，尾部逐渐增大且模糊的彗星状光斑，故称为彗差。

(3) 像散：光线即使以细光束成像也不能会聚于一点，而是在不同的成像面上形成椭圆弥散斑，或在特殊位置形成圆形弥散斑，甚至是两个垂直方向的短亮线，这种成像缺陷称为像散。

(4) 场曲：一个较大的物体垂直于光轴，由于每点距光轴的距离不同，虽然每个物点都能得到一个清晰的像点，但整个像面不是一个平面，而是一个曲面，故称场曲。场曲将影响显微摄影的成像质量。

(5) 畸变：由于像平面上各处放大率不同引起成像缺陷称为畸变。畸变使物象在形状上失真。

2. 色差　由于透镜对不同波长光线的折射率不同，导致成像位置和大小都产生差异，称为色差。色差分为位置色差和放大率色差。白光由不同颜色的光组成，各种颜色的光通过透镜时，具有不同的折射率。在像面上将得到一个不同颜色的、不同位置的亮点，称为位置色差或轴向色差。由于各种颜色的放大率也不同，导致同一物体成像不仅位置不同，而且大小也不同，称为放大率色差或垂轴色差。

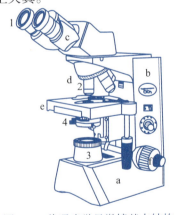

图 4-2　普通光学显微镜基本结构

1—目镜；2—物镜；3—光学装置；4—聚光器组件
a—镜座；b—镜臂；c—镜筒；d—物镜转换器；e—载物台；f—调焦装置

(二) 光学显微镜的基本结构

光学显微镜的基本结构包括光学系统和机械系统两大部分(图 4-2)。

1. 光学系统　是显微镜的主体部分,决定显微镜的使用性能,主要由物镜、目镜、照明装置等构成。为了将显微镜中所观察到的结果真实地记录下来,各类光学显微镜中可配置显微摄影装置。

(1) 物镜:是显微镜最重要的部分,直接决定显微镜的成像质量和光学性能。所有显微镜的物镜都消除了球差,对于同一台显微镜配用的一套物镜还应满足"齐焦"要求,即当一物镜调焦清晰后,转至相邻物镜时,其像也基本清晰。

物镜种类很多,按数值孔径与放大倍数范围可分为低倍、中倍和高倍物镜;根据物镜使用时是否浸在液体介质中分为干式和浸液物镜,浸液有水、油和甘油等;按筒长分类可分为筒长有限远(物镜机械筒长为 160 mm)和筒长无限远(用 "∞" 标示,物镜把物体成像于无限远,因此,必须要有镜筒透镜将无限远的光线聚焦到目镜焦面上才能观察)物镜;根据色差与像差的校正状况,可分为消色差物镜、复消色差物镜和平场物镜等。

1) 消色差物镜(Achromatic objective):这是常见的物镜,外壳上标有 "Ach" 字样。这类物镜仅能校正轴上点的位置色差(红、蓝二色)和球差(黄绿光)以及消除近轴点彗差。不能校正其他色光的色差和球差,且场曲很大。

2) 复消色差物镜(Apochromatic objective):结构复杂,透镜采用了特种玻璃或萤石等材料制作而成,物镜的外壳上标有 "Apo" 字样,在消色差物镜基础上进一步对二级光谱做了校正,极好地消除了轴向色差,比相应倍率的消色差物镜有更大的数值孔径,这样不仅分辨率高,而且成像质量好、放大率高。

3) 平场物镜(Plan objective):外壳上标有 "PL" 或 "Plan" 字样,是在物镜的透镜系统中增加一块半月形的厚透镜,以达到校正场曲的缺陷,提高视场边缘成像质量的目的。平场物镜的视场平坦,更适用于显微和显微摄影,可分为平场消色差物镜、平场半复消色差物镜、平场复消色差物镜。

4) 物镜技术参数:物镜有许多技术参数,都使用特殊的字符标示在物镜外壳上,浸式都注明使用的浸液。例如一只物镜外壳从上至下有下列三行标记"油 –100/1.25–∞/0.17",表示该物镜为油浸式高倍,放大倍数为 100,NA 为 1.25,对透射光及反射光均适用,筒长为无限远,在用于透射光时的盖玻片的标准厚度为 0.17 mm。

(2) 目镜:是将物镜所成的像作再次放大的光学构件,通常由 2~3 组透镜组成,下面的透镜称会聚透镜或场镜,上面的透镜称接目透镜。介于两者之间的透镜主要起校正像差或色差、优化视场的作用。在目镜的物方焦平面装有光阑,物镜所成实像就成在光阑面上,可在此处放置目镜测微尺,用来测量所观察样品;也可在光阑上标有指针,以便指示某个细微特点。与物镜一样,目镜也有统一的连接标准。常见目镜的放大倍数为 5~16 倍,以 10 倍目镜最为常用,通常目镜的长度越短,放大倍数越大。

(3) 照明装置:

1) 光源装置:显微镜的光源有自然光源和电光源两种,采用自然光源还需配置反光镜(平面和凹面),目前已较少使用。电光源常用白炽灯(包括各种钨灯)、氙灯和汞灯等,目前各类显微镜大都采用电光源。

2) 滤光器:又称滤光片,主要作用是改变入射光的光谱成分和光的强度,便于显微观察和显微摄影。最常用的是有色玻璃滤光片。

3）聚光镜：又称集光器,起会聚光线的作用,以增加样品的照明。聚光镜和物镜一样,由数片透镜组成,目的是消除球差和色差等。聚光镜也具有数值孔径,在使用时应使聚光镜的数值孔径与物镜的数值孔径相适应,以获得最大或最佳分辨率。常用的聚光镜有低孔径聚光镜、消球差聚光镜、消色差聚光镜、广视场聚光镜等。还有一些特殊用途的聚光镜,如暗场聚光镜、相差聚光镜、偏光聚光镜、干涉聚光镜和荧光聚光镜等。

4）玻片：大多数生物显微镜的标本是夹在盖玻片和载玻片中进行观察的。玻片作为照明系统的一部分,为使照明良好,玻片的参数需作统一规定。

（4）显微镜的照明方法：为了使被观察标本有充分而均匀的光线,照明系统的照明方法有以下几种。

1）反射照明：低档普通生物显微镜将自然光经反射镜后照明,有聚光器的可用平面反光镜,无聚光器的则必须用凹面镜聚光。

2）临界照明：电光源发出的光线经聚光镜后再照亮标本,由于光源经聚光镜透镜所成的像和标本所在平面近于重合,既影响观察又可能会因像的亮度不均匀使标本的照明不均匀。其结构简单常用于普通显微镜。

3）柯拉照明：克服了临界照明的缺陷,是一种用在透射光与亮视场中的标准照明方式。标本得到照明均匀,使物平面界限清晰、照明均匀、效果好。常用于中、高档显微镜。

4）落射照明：某些高档显微镜,不仅需要透射照明,也需要落射照明,落射照明时物镜本身作聚光镜用,两者数值孔径相等,既能使光线反射又能使光线透过。落射照明用于荧光显微镜,部件质量要求高,加工难度大,易变形,使用时应特别注意保养。

5）亮视场法：是从照明器发出的光透过或经标本反射后直接射入物镜,在亮背景下显现出标本吸收或反射不良而变暗的部分,称为正反差。

6）暗视场法：和亮视场法相反,从照明器发出的光束不是直接射入物镜,从而造成暗的背景视场。标本的散射光进入物镜,因此暗背景之上显现出明亮的图像,称为负反差。

（5）显微摄影装置：是把在显微镜中所观察到的物体细微结构的像真实地放大,并用感光材料记录下来的装置。利用显微摄影装置,把显微镜视野中所观察到样品的细微结构真实地记录下来,以供进一步分析研究之用,称为显微摄影。

2. 机械系统　显微镜机械系统的功能是支撑、固定、装配与调节光学系统和样品,以保证良好的成像质量,包括底座、镜臂、镜筒、物镜转换器、载物台、调焦装置等。

（1）底座：是显微镜的支持基础,保持显微镜在不同工作状态时的平稳。多用铸铁、铝合金等金属材料制作。底座有马蹄形、矩形、圆形、椭圆形等形状。

（2）镜臂：所有的机械装置都直接或间接地附着其上,是显微镜的脊梁。

（3）镜筒：主要用于容纳抽筒,上端连接目镜、下端连接物镜转换器,保证光路畅通且不使光亮度减弱。镜筒有单目、双目和三目三种。目前单目较少用。双目镜筒由左、右两个镜筒组成,筒内装有折光和分光棱镜,能把从物镜出来的一束成像光束等分成两部分,使用双目镜筒时,常会看到两个像,只要调节镜筒眼距,即可使两个像重合在一起。三目镜筒由一个双目镜筒和一个直筒组合而成,双目镜筒用于双目观察,另外一个直筒用于显微摄影。其内部的棱镜系统较为复杂,有一个可推拉的棱镜,将其推入时只作观察,将其拉出可以进行显微摄影。

(4)物镜转换器:是显微镜机械装置中精度要求最高、结构较复杂的关键部件,连接于镜筒下端。其上可装 3~6 个物镜,通过转动可更换不同的放大倍数的物镜,借以改变物镜与目镜的组合。更换物镜时,应转动物镜转换器,而不能用力搬动安装在转换器下部的物镜。

(5)载物台:用于放置标本或被观察物体并保证它们在视场内能平稳移动的机械装置。载物台上装有可在水平方向上做前后、左右移动的调节装置。通过前后、左右平移来调节观察的视野。

(6)调焦装置:为了获得清晰的物像,调节物镜与被观察标本之间的距离,这就叫作调焦。调焦可以有升降镜筒移动物镜和升降载物台移动标本两种方式。包括微动调焦(微调)和粗动调焦(粗调)两套机构。操作时,利用粗调可以迅速获得标本的影像,再进行微调可以获得清晰的物像。

1)粗调焦机构:快速调焦用。借助齿轮与齿条的啮合,使整个成像系统做平稳而准确的直线运动。要求粗准焦螺旋在转动中舒适、无松动现象、稳定不下滑、消除空回。

2)微调焦机构:用于调整像的清晰度,微调方向应该和粗调方向平行一致。要求细准焦螺旋的空程要小,转动角度和微动直线应成正比。

二、常用光学显微镜的种类

目前光学显微镜的种类很多,常用于医学检验中有双目显微镜、荧光显微镜、倒置显微镜、相衬显微镜、暗视场显微镜、电子显微镜等。其他类型如紫外光显微镜、偏光显微镜、激光扫描共聚焦显微镜、干涉相衬显微镜、近场扫描光学显微镜等主要用于生命科学与医学研究领域。

(一)双目显微镜

双目显微镜目前普遍应用于临床检验工作中,如观察细菌涂片、血细胞和骨髓细胞涂片、肿瘤细胞组织切片及排泄物中的有形成分等。其结构是利用一组复合棱镜将来自物镜的光线分光成两束平行光束,进入目镜,分光后两束光须满足光程和光的强度大小一致的两个基本要求。在调节棱镜组间距和目镜间距时会破坏显微镜的光学成像条件,为此,在双目显微镜的镜筒上需要设置筒长补偿结构。先进的双目显微镜能够进行自动补偿,而且会考虑根据使用者两只眼屈光度的不同再进行屈光度调节(图 4-3)。

(二)荧光显微镜

荧光显微镜是以紫外线为光源来激发生物标本中的荧光物质,产生能观察到的各种颜色荧光的一种光学显微镜。荧光显微镜是医学检验的重要仪器之一。在免疫学检验中,将荧光素标记抗体,利用抗体与细胞表面或内部大分子(抗原)的特异性结合,在荧光显微镜下对细胞内的特异性成分进行定性和定位分析(图 4-4)。

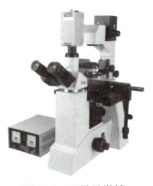

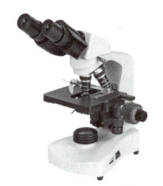

图 4-3　双目显微镜　　　　　　　　　图 4-4　荧光显微镜

（三）倒置显微镜

倒置显微镜是把照明系统放在载物台及标本之上,而把物镜组放在载物台器皿下进行显微镜放大成像,又称生物培养显微镜(图 4-5)。倒置显微镜用于微生物、细胞、细菌、组织培养等的观察,由于工作条件的限制,其物镜的放大倍数一般不超过 40 倍,工作距离较长。

（四）相衬显微镜

相衬显微镜利用光的衍射和干涉现象将透过标本的光线光程差或相位差转换成肉眼可分辨的振幅差(图 4-6),主要用于观察活细胞、不染色的组织切片以及不染色活细菌的内部结构等。

图 4-5　倒置显微镜　　　　　　　　　图 4-6　相衬显微镜

相衬显微镜是在普通显微镜中增加了两个部件:在聚光镜上加了一个环形光阑,在物镜的后焦面加了一个相位板。利用相位板的光栅作用,改变直射光的光相和振幅,将光相的差异转换成光强度差。使细胞和细菌中的某些结构比其他部分深暗,形成鲜明对比而易于观察。

（五）暗视场显微镜

暗视场显微镜是根据光学中丁达尔现象原理设计的显微镜,可用来观察活细胞、活细菌的形态和运动情况。

暗视野显微镜在普通光学显微镜上装配了一类特殊聚光器 –
暗视场聚光器,能使主照明光线呈一定角度斜射在标本上而不能
进入物镜,所以视野是暗的,只有经过标本散射的光线才能进入
物镜被放大,在黑暗的背景中呈现明亮的像(图4-7),能较好地观
察到活细胞或细菌的运动情况。

(六)电子显微镜

电子显微镜放大倍数很高,可达数十万倍至一百万倍;分辨
率也很高,可达到 0.2 nm。根据成像原理不同可分为透射电子
显微镜和扫描电子显微镜两种。目前,在生命科学和医学研究中
应用较多的有透射电子显微镜、扫描电子显微镜、扫描隧道电子显微镜、超高压电子显微
镜等。

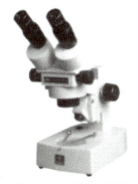

图4-7 暗视场显微镜

三、显微镜的使用、维护及常见故障处理

显微镜是一种精密的光电一体化仪器,只有科学正确地使用,才能发挥它的功能,延
长其使用寿命。在使用时要加强维护才能使仪器保持长久良好的工作状态。

(一)光学显微镜的使用

1. 实验时,显微镜应放在座前桌面上稍偏左的位置,镜座应距桌沿 6~7 cm。

2. 打开光源开关,调节光强到合适大小。

3. 转动物镜转换器,使低倍镜头正对载物台上的通光孔。镜头调节至距载物台
1~2 cm 处,接着调节聚光器的高度,把孔径光阑调至最大,使光线通过聚光器入射到镜筒
内,这时视野内呈明亮的状态。

4. 将玻片放置载物台上,使玻片中被观察的部分位于通光孔的正中央,并用标本夹
夹好载玻片。

5. 先用低倍镜观察(物镜 10 ×、目镜 10 ×)。观察之前,先调节粗动调焦手轮,使载物
台上升,物镜逐渐接近玻片。然后,左眼注视目镜内,同时右眼不要闭合,并调节粗动调焦
手轮,使载物台慢慢下降,直至清晰看到玻片中材料的放大物像。

6. 更换视野可通过调节载物台移动手柄。玻片移动方向与物像移动方向正好相反。

7. 如果进一步使用高倍物镜观察,应在转换高倍物镜之前,把物像中需要放大观察
的部分移至视野中央,换高倍物镜应可以见到物像,但物像不一定很清晰,可以转动微动
调焦手轮进行调节。

8. 观察完毕,应先将物镜镜头从通光孔处移开,然后将孔径光阑调至最大,再将载物
台缓缓落下,并严格检查显微镜零件有无损伤或污染,检查处理完毕后即可装箱。

视频:显微
镜的使用

(二)显微镜的维护

1. 使用显微镜时严格执行使用规程。

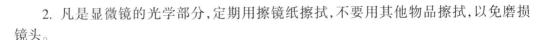

2. 凡是显微镜的光学部分,定期用擦镜纸擦拭,不要用其他物品擦拭,以免磨损镜头。

微课:显微
镜操作的注
意事项1

3. 用毕送还前,检查物镜镜头上是否沾有水或试剂,如有则要擦拭干净,并且要把载物台擦拭干净,然后将显微镜放入箱内,并注意锁箱。

4. 暂时不用的显微镜要定期检查和维护并做好记录。

由于显微镜种类、型号繁多,在使用中应该认真阅读仪器说明书,结合自己的工作经验明确使用细则及维护方法,并严格实施。

(三) 显微镜常见故障处理

1. 遮光器定位失灵　这可能是遮光器固定螺丝太松,定位弹珠跳出定位孔造成。只要把弹珠放回定位孔内,旋紧固定螺丝即可。如果旋紧后,遮光器转动困难,则需在遮光板与载物台间加一个垫圈。垫圈的厚薄以螺丝旋紧后,遮光器转动轻松,定位弹珠不外跳,遮光器定位正确为佳。

2. 物镜转换器转动困难或定位失灵　转换器转动困难,可能是固定螺丝太紧,从而使转动困难,并会损坏零件。固定螺丝太松,里面的轴承弹珠就会脱离轨道挤在一起,同样使转动困难,另外弹珠很可能跑到外面来,弹珠的直径仅有 1 mm,很容易遗失。固定螺丝的松紧程度以转换器在转动时轻松自如,垂直方向没有松动的间隙为准。调整好固定螺丝后,应随即把锁定螺丝锁紧。转换器定位失灵有时可能是定位簧片断裂或弹性变形而造成。一般只要更换簧片即可。

3. 目镜物镜的镜片被污染或霉变　大部分显微镜使用一段时间后都会发生镜片的外面被沾污或发生霉变的情况。镜头被污染不及时清洗干净就会发生霉变。处理的办法是先用干净柔软的绸布蘸温水清洗掉糖液等污染物,后用干绸布擦干,再用长纤维脱脂棉蘸镜头清洗液清洗,最后用吹风球吹干。为了达到所需要的放大倍数,高倍物镜的镜片需要紧紧地胶接在一起。胶是透明的且非常薄,一旦这层胶被乙醇、乙醚等溶剂溶解后,光线通过这两片镜片时,光路就会发生变化,观察效果会受到很大的影响。因此,在清洗时不要让乙醇、乙醚等溶剂渗入物镜镜片的内部。

若是目镜、物镜镜头内部的镜片被污染或霉变,就必须拆开清洗。目镜可直接拧开拆下后进行清洗。但物镜的结构较复杂,镜片的叠放,各镜片间的距离都有非常严格的要求,精度也很高。生产厂家在装配时是经过精确校正而定位的。所以拆开清洗干净后,必须严格按原样装配好。

4. 镜架镜臂倾斜时固定不住　这是镜架和底座的连接螺丝松动所致。可用专用的双头扳手或用尖嘴钳卡住双眼螺母的两个孔眼用力旋紧即可。如旋紧后依旧不能解决问题,则需在螺母里加垫适当的垫片来解决。当显示屏上的图像有切割时,就要考虑一下拉杆移动有没有到位。如果没有到位,把相对应的拉杆移动到位即可。

5. 使用过程中发现有脏点　如果发现显示屏上的图像有脏点,就要考虑是不是标本室有脏物。如果发现标本室里面没有脏物,再检查一下物镜表面有没有脏物,如果有脏物显示器上就会显示有脏点,解决的办法也很简单,只要把物镜表面和标本室里的脏物清除即可。

6. 调节变焦时图像不清晰　如果发现调节变焦时图像不清晰,要检查一下高倍调焦是否清晰,如果不清晰,那么只要把它调至最高倍,再做重新调焦即可。

微课:显微镜操作的注意事项2

四、光学显微镜的临床应用

光学显微镜是一种既古老又年轻的科学工具,其用途十分广泛,在生物学、医学、化学、物理学、天文学等科研工作中都离不开光学显微镜。医学实验室是光学显微镜的重要应用场所,主要用来检查患者体液中的有形成分,如入侵人体的病原微生物、人体细胞组织结构的变化等信息,为医生提供诊断依据。在基因工程、显微外科手术中,光学显微镜更是医生必备的工具。

第二节　血细胞分析仪

血细胞分析仪(blood cell analyzer,BCA)是临床进行血液分析最常用的仪器,是对一定体积内全血细胞进行自动分析的常规检验仪器,又被称为血细胞自动计数仪(automated blood cell counter,ABCC)、血液学自动分析仪(automated hematology analyzer,AHA)等。其主要功能是红细胞计数、血红蛋白测定、白细胞计数、细胞分类计数、血小板计数及其他相关参数计算等。

第一台血细胞计数仪诞生于20世纪50年代,由美国的库尔特公司设计并应用于临床,实现了电子血细胞计数。我国于1965年也生产出了简单的血细胞计数仪,随后血细胞分析仪的研发得到了飞速发展。到现代,血细胞分析仪具有了"全自动、速度快、易操作、精度高、功能强"的特点,除能进行细胞计数、白细胞分类外,还能对血小板、红细胞、网织红细胞进行全面分析,也可对幼稚细胞及淋巴细胞亚群进行分析。目前,已形成血细胞分析流水线,即把标本识别器、标本运输轨道、血细胞分析仪、推片机及染片机联成一体,成为临床上最重要的检测仪器之一。血细胞分析仪在实际工作中大量应用,为临床提供更多有价值的临床参数,对疾病的诊断、鉴别诊断、疗效观察等具有重要的临床意义。

一、血细胞分析仪的类型

血细胞分析仪的类型较多,常见有三种分类方法。

1. 按照白细胞分类程度进行分类　可分为二分群、三分群、五分类、六分类等。其中,二分群的仪器已经淘汰,目前临床应用最多的是五分类和六分类全自动血细胞分析仪。

2. 按照仪器检测原理分类　可分为电阻抗型、联合检测型、电容型、光电型、激光型等。目前国内最常用的是电阻抗型和联合检测型血细胞分析仪。

3. 按照仪器自动化程度分类　可分为半自动血细胞分析仪、全自动血细胞分析仪、血细胞分析流水线。半自动血细胞分析仪由手工进样和稀释,报告参数少,测试速度慢;全自动血细胞分析仪由仪器自动进样和稀释,报告参数多,测试速度快(图4-8);血细胞分析流水线由标本前处理(条码识别、标本分拣等)+全自动血细胞分析仪+推片机+计算机控制系统组成,是目前比较先进的仪器(图4-9)。

图 4-8　全自动血细胞分析仪外观

图 4-9　血细胞分析流水线

二、血细胞分析仪的工作原理

（一）电阻抗法检测血细胞原理

电阻抗法又称库尔特（Coulter）原理。悬浮于电解质溶液中的血细胞相对于电解质溶液为不良导体，电阻值比稀释液大。在检测器内外电极之间加载恒定电流之后，当血细胞通过检测器的微孔时，则电阻值瞬间增大，产生一个电压脉冲信号。脉冲的数量与细胞的数量成正比，脉冲的幅度与细胞的体积成正比（图 4-10）。脉冲信号经放大、阈值调节、甄别、整形后，传入计算机系统进行处理，得出被测细胞的体积及数量等信息，对红细胞和血小板根据体积进行区分并分别计数，可在一定的条件下对白细胞计数和按照体积大小进行分群，得出血细胞类型及相关参数，这就是电阻抗法的原理。

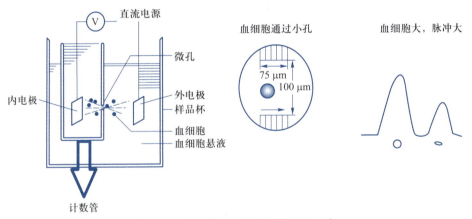

图 4-10　电阻抗法血细胞计数原理示意

1. 白细胞的检测原理　血细胞悬液在仪器内经溶血剂处理后，红细胞被溶解，血细胞的细胞质渗出，细胞脱水，细胞膜皱缩，包裹在细胞核和细胞质颗粒周围。白细胞产生脉冲信号的大小是由它在白细胞悬液（加溶血素后的白细胞溶液）中体积的大小决定的，因此白细胞体积大小是由胞体内有形物质的多少所决定的。仪器将白细胞体积从

30~450 fL(各仪器厂家设计不同有差异)分为 256 个通道,每个通道约 1.64 fL,计算机依据细胞体积大小分别将其放在不同的通道中,得到白细胞体积分布图(图 4-11)。横轴代表细胞体积大小,纵轴代表一定体积相对细胞频数。从图 4-11 中可以看出白细胞大致分为三个类别:第一群为小细胞区,体积在 35~90 fL,主要是淋巴细胞;第二群为单个核细胞区,也称为中间细胞区(MID),体积在 90~160 fL,包括单核细胞、嗜酸性粒细胞、嗜碱性粒细胞、核左移白细胞、原始或幼稚阶段白细胞;第三群为大细胞区,体积可达160 fL 以上,主要是中性粒细胞。单独采用电阻抗原理进行白细胞分类的仪器,只能实现三分群。

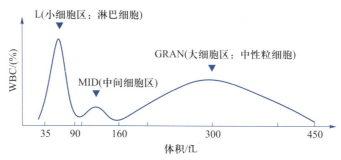

图 4-11 电阻抗法血细胞分析仪白细胞体积分布示意

2. 红细胞和血小板的检测原理 红细胞与血小板共用一个检测器。经仪器外部或内部较高倍数稀释定容的全血标本,形成细胞悬液,正常情况下白细胞所占比例较少(红细胞与白细胞数量之比约为 750 : 1),可以忽略不计。正常人红细胞(RBC)体积(36~360 fL)和血小板(PLT)体积(2~30 fL)相差较大,有一个明显界限(图 4-12),因此血小板和红细胞计数准确容易。在某些病理情况下(如小红细胞或大血小板出现时),划分界限不清。为使红细胞和血小板计数准确,计算机对血小板和红细胞分布图进行判断,将血小板的上限阈值判定线放在红细胞和血小板分布图交叉点的最低处计数,即浮动界标技术。

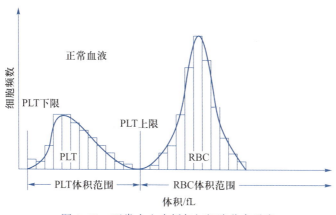

图 4-12 正常人血小板与红细胞分布示意

(二)联合检测型血细胞分析仪检测原理

20世纪80年代以来,联合检测技术被开发,形成了"五分类"血细胞分析仪检测原理。联合检测技术均以流式细胞技术为基础,使标本悬液中的细胞在鞘流液包裹下,形成单个成束排列的细胞,细胞逐一通过联合检测器并被分析。一方面,最大限度地降低了细胞间的重叠;另一方面,联合使用多项技术同时分析一个细胞,综合分析测量数据,可获得更准确、精密的结果。当今联合检测技术多在五分类或六分类血细胞分析仪中应用。

1. VCS联合检测技　VCS联合检测技术是体积电导光散射(volume conductivity light scatter,VCS)技术简称,是体积(volume)、电导性(conductivity)和光散射(scatter)的组合缩写,是使用三种物理学检测技术结合对白细胞进行多参数分析的经典分析技术。其中体积(volume,V)表示应用电阻抗原理测定白细胞体积,可有效区分体积大小差异显著的淋巴细胞和单核细胞;电导性(conductivity,C)表示根据细胞能影响高频电流传导的特性,采用高频电磁探针,测量细胞内部结构、细胞内核质比例、颗粒的大小和密度,从而区别体积大小相近而性质不同的淋巴细胞和嗜碱性粒细胞;光散射(scatter,S)表示对细胞颗粒的构型和颗粒质量的鉴别能力。细胞内粗颗粒比细颗粒的光散射强度要强,可通过测定单个细胞的散射光强度,从而将中性粒细胞、嗜碱性粒细胞、嗜酸性粒细胞区分开。当细胞通过检测区时,接受三维分析,仪器根据血细胞体积(V)、传导性(C)和光散射(S)的不同,综合分析三种检测方法的数据,定义到三维散点图的相应位置,全部单个细胞在散点图上形成不同的细胞群落图(图4-13)。某一群落占所有被检测白细胞的百分比即为白细胞分类值。

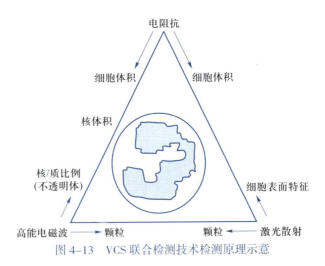

图4-13　VCS联合检测技术检测原理示意

2. 多角度偏振光散射技术(multi-angle polarized scatter separation MAPSS)　白细胞经激光照射会产生散射光。计算机用特定程序综合分析同一细胞在不同角度激光照射下产生的散射光强度,并将其定位于细胞散射点图上。该技术一般通过四个角度测定散射光强度。① 前向角(0°)光散射强度:粗略测量细胞的大小和数量;② 小角度(10°)光散射强度:测量细胞结构和核质复杂性的相对特征;③ 垂直角度(90°)偏振光散射强度:测量细胞内颗粒和分叶情况;④ 垂直角度(90°D)消偏振光散射强度:基于嗜酸性颗粒可以将垂直角度的偏振光消偏振的特性,将嗜酸性粒细胞从多个核群中区分开。计算机综合分析后,可以将白细胞分为淋巴细胞、单核细胞、嗜碱性粒细胞、中性粒细胞和嗜酸性粒细胞。从而对血液中的五种白细胞进行较为精确的分类(图 4-14)。

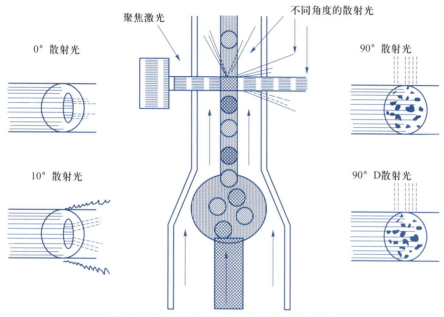

图 4-14 鞘流与多角度偏振光散射技术示意

3. 双鞘流联合检测技术 仪器采用双鞘流分析系统(Double Hydrodynamic Sequential System,DHSS),结合细胞化学全染色技术、光学分析技术、鞘流阻抗法三种方法对白细胞进行分析。专利酶促细胞化学染色液对细胞中的脂质组分进行染色,对单核细胞、中性粒细胞和嗜酸性粒细胞进行不同程度染色,从而将白细胞进行分类。该技术不仅能进行白细胞的五分类,还能检测出多群幼稚白细胞,具有较高的临床诊断价值。

(1)白细胞计数通道:利用电阻抗法进行检测。

(2)嗜碱性粒细胞计数通道:利用嗜碱性粒细胞具有的抗酸性,用专用染液染色后,用电阻抗法进行检测。

(3)其他白细胞计数通道:用流式细胞光吸收、电阻抗和细胞化学染色技术检测除嗜碱性粒细胞以外的各类白细胞。

4. 光散射与细胞化学联合检测技术 是应用激光散射与细胞化学染色技术对白细胞进行分类计数。常用的细胞化学染色为过氧化物酶染色。测定原理是利用不同大小的细胞产生不同的散射光强度,再结合 5 种白细胞中过氧化物酶活性存在的差异(嗜酸性粒细胞 > 中性粒细胞 > 单核细胞,淋巴细胞和嗜碱性粒细胞无此酶)。经计算机对所测数据处理后,能够较准确地将淋巴细胞(含嗜碱性粒细胞)、中性粒细胞、嗜酸性粒细胞、单核细胞进行鉴别计数,再结合嗜碱性粒细胞计数通道结果,得到白细胞总数和分类结果

（图 4-15）。另外,使用该技术的仪器还能提供异型淋巴细胞、幼稚细胞的比例及网织红细胞分类。此类仪器有血红蛋白测量、网织红细胞测量、红细胞／血小板测量、嗜碱性粒细胞测量和过氧化物酶活性测量 5 个通道。

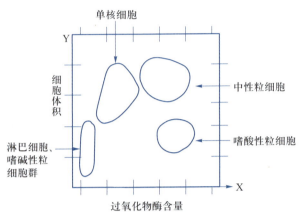

图 4-15　光散射与细胞化学联合检测白细胞分布

5. 电阻抗、射频与细胞化学联合检测技术　是利用电阻抗、射频这一成熟细胞计数技术结合细胞化学技术,通过 3 个不同的检测系统对白细胞、幼稚细胞、网织红细胞进行分类计数。

（1）白细胞计数:测定时使用较温和的溶血剂,对白细胞核和形态影响不大,在小孔内外有直流和高频两个发射器,小孔周围有直流和射频两种电流。直流电测定细胞的大小和数量,射频测量核的大小和颗粒的多少,细胞通过小孔产生两个不同的脉冲信号,即分别代表细胞的大小（DC）和核内颗粒的密度（RF）。由于淋巴细胞和单核细胞及粒细胞的大小、细胞质含量、核形与密度均有较大的差异,通过计算机处理后,可较为准确地区分淋巴细胞、单核细胞和粒细胞群（包括中性粒细胞、嗜碱性粒细胞、嗜酸性粒细胞）。而粒细胞群再通过下述检测系统分开:① 血液与特殊溶血剂混合,使除嗜酸性粒细胞以外的所有细胞被溶解或萎缩,形成含有完整的嗜酸性粒细胞的悬液,通过检测器微孔时以电阻抗原理计数嗜酸性粒细胞。② 嗜碱性粒细胞检测与嗜酸性粒细胞类似,只是加入的溶血剂不同,保留嗜碱性粒细胞,溶解其他细胞。

（2）幼稚细胞计数:由于幼稚细胞膜上脂质比成熟细胞少,在细胞悬液中加入硫化氨基酸后,幼稚细胞因结合较多硫化氨基酸不受溶血剂影响,从而保持细胞形态完整,仪器通过电阻抗原理对其进行计数。

（3）网织红细胞计数:网织红细胞检测采用激光流式细胞分析技术与核酸荧光染色联合技术。利用网织红细胞中残存的嗜碱性物质 RNA 在活体状态下与特殊的荧光染料结合产生荧光,荧光强度与 RNA 含量成正比。由于网织红细胞内 RNA 含量不同,产生的荧光强度有差异,可分为低荧光强度网织红细胞区、中荧光强度网织红细胞区和高荧光强度网织红细胞区。由计算机数据处理系统综合分析检测数据,得出网织红细胞计数及其他相关参数。

(三) 血红蛋白测定原理

血红蛋白的测定主要应用光电比色原理。血细胞悬液中加入溶血剂后,红细胞溶解并释放出血红蛋白,血红蛋白与溶血剂中的有关成分结合形成血红蛋白衍生物,在540 nm 波长下有最大吸收,吸光度值与血红蛋白的含量成正比,因此可以在血红蛋白测试系统中进行比色定量,最后经仪器处理后得出血红蛋白含量值。

不同型号血细胞分析仪配套的溶血剂配方不同,形成的血红蛋白衍生物也不同,但最大吸收峰都接近 540 nm。因为国际血液学标准化委员会(ICSH)推荐的氰化高铁(HiCN)法的最大吸收峰在 540 nm,血红蛋白的校正必须以 HiCN 值为准。

(四) 网织红细胞检测原理

网织红细胞计数是反映骨髓造血功能的重要指标。网织红细胞是晚幼红细胞脱核后到完全成熟红细胞之间的过渡细胞,因其胞质中残存嗜碱性物质——RNA,在活体状态下可被染料染成蓝色细颗粒或网状物而得名。20 世纪 90 年代初,出现了网织红细胞分析仪,多采用激光流式细胞分析技术与细胞化学荧光染色联合技术,替代人工计数法在临床中取得了良好的效果。在流式细胞仪的测量中,一般用一些特殊的荧光染料与网织红细胞中的 RNA 结合发出特定颜色的荧光,荧光强度与细胞内 RNA 的含量成正比。经数据处理系统综合分析检测数据,报告网织红细胞计数及精确指示网织红细胞占成熟红细胞的百分率。

视频:血细胞分析仪的结构和原理

三、血细胞分析仪的主要组成部分

血细胞分析仪的种类繁多,不同类型血细胞分析仪的原理、结构、功能有所不同,但其主要组成部分大体相似,主要由机械系统、电子系统、血细胞检测系统、血红蛋白测定系统、计算机控制系统以不同形式组合而成。

(一) 机械系统

全自动血细胞分析仪的机械系统主要由机械装置和真空泵组成,机械部件主要包括进样针、分血阀、稀释器、混匀器、定量装置等,其功能包括样本的定量吸取、稀释、传送、混匀,以及将样本移入各种参数的检测区,还兼有清洗管道和排除废液的功能。

(二) 电子系统

全自动血细胞分析仪的电子系统主要包括主电子元器件、控温装置、电源、自动真空泵电子控制系统,以及仪器的自动监控、故障报警等系统。

(三) 血细胞检测系统

血细胞检测系统是血细胞分析仪的重要部件,其作用是进行各类细胞计数和白细胞分类计数。目前,常用的血细胞分析仪检测系统主要有电阻抗检测系统和流式光散射检测系统两大类。

1. 电阻抗检测系统　由检测器、放大器、甄别器、阈值调节器和自动补偿装置等组成。

（1）检测器：由测样杯小孔管、内部电极、外部电极等组成。仪器配有两个小孔管，一个小孔管用来测定红细胞和血小板，微孔直径约为 80 μm；另一个小孔管用来测定白细胞总数及分类计数，微孔直径约为 100 μm。外部电极上安装有热敏电阻，用来监视补偿稀释液的温度，温度高时会使其导电性增加，从而发出的脉冲信号较小。

（2）放大器：将血细胞通过微孔产生的微伏（μV）级脉冲电信号进行放大，以便触发下一级电路。

（3）甄别器：作用是将初步检测的脉冲信号进行幅度甄别和整形，提高检测技术的准确性。同时，将脉冲信号接收到设定的通道中，白细胞、红细胞、血小板经由各自的甄别器进行识别后计数。

（4）阈值调节器：提供参考脉冲幅度值，经甄别器后的每个脉冲振幅必须位于每个通道的参考脉冲幅度值之内。

（5）自动补偿装置：当两个或两个以上细胞同时进入孔径感应区时，此时仪器仅能探测到一个信号，会造成一个或多个脉冲信号丢失的现象，称为复合通道丢失（又称重叠损失），这时检测结果将较实际结果偏低。补偿装置能进行自动校正，以保证测定结果的准确性。

2. 流式光散射检测系统　由激光光源、检测装置、检测器、放大器、甄别器、阈值调节器、检测计数系统和自动补偿装置组成。主要应用于白细胞五分类 + 网织红细胞血细胞分析仪中。

（1）激光光源：作用是提供单色光，多采用氩离子激光器、半导体激光器。

（2）检测装置：主要由鞘流形式的装置构成，以保证细胞悬液在检测液流中形成单个排列的细胞流。

（3）检测器：包括散射光检测器和荧光检测器两种。前者是光电二极管，用以收集激光照射细胞后产生的散射光信号；后者是光电倍增管，用以接收激光照射，荧光染色后细胞产生的荧光信号。

（四）血红蛋白测定系统

血红蛋白测定系统主要应用光电比色原理。测定系统由光源、滤光片、透镜、流动比色池和光电检测器等组成。

（五）计算机控制系统

计算机控制系统包括微处理器、存储器、显示器、输入 / 输出电路等，主要是对检测信号进行信息处理后输出正确结果。外部设备包括显示器、键盘、打印机等，键盘控制血细胞分析仪的操作部分，显示器和打印机显示并打印检测结果。

四、血细胞分析仪的检测流程

各种型号血细胞分析仪的检测流程大同小异，均是通过仪器各部件的有机配合，完成白细胞计数和分类、红细胞计数、血小板计数以及血红蛋白浓度测定等项目的检测。

采集好的血液样本首先通过计算机进行信息登记,然后进入样本入口通道,在进样器作用下送入条码扫描器进行信息读取,之后机械臂将样本混匀,通过分血阀将样本分别送入不同的检测通道进行细胞计数和分类(图4-16)。

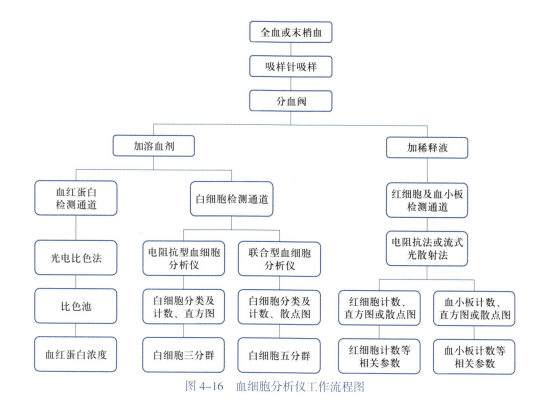

图 4-16 血细胞分析仪工作流程图

微课:血细胞分析仪的使用及注意事项

五、血细胞分析仪的保养、维护与常见故障处理

(一)血细胞分析仪的保养、维护

血细胞分析仪属于精密电子仪器,结构复杂,涉及多项先进的检测技术,容易受各种因素干扰。为确保仪器正常运行,应在安装及使用前认真地阅读仪器操作说明书。同时,在日常使用过程中应注意日常保养和维护。血细胞分析仪的保养有日保养、周保养、月保养;维护主要是对核心检测器、液路系统和机械传动部件的维护。

1. 仪器的保养 分为日保养、周保养、月保养。

(1)日保养:每日测试工作结束,应检查废液桶中的液体,去除收集的废液;然后在准备菜单下按保养程序,让仪器吸入专用清洗剂至检测器和管路系统,然后关机过夜,如急诊仪器需要 24 h 开机,每日应固定时间进行日保养。

(2)周保养:在准备状态下进入保养程序菜单,对进入仪器的分血阀和检测器进行彻底清洗。同时,查看废液桶,将废液桶中的废液全部倒出,清洗废液桶并消毒;如废液桶腐蚀破损,应及时更换新的废液桶。

(3) 月保养:在准备状态下进入保养程序菜单,对检测器各部位和废液容器进行彻底清洗,同时需要清洗进样池、分析通道、进样架等。

2. 仪器的维护 包括检测器、液路系统和机械传动部件等维护。

(1) 检测器维护:检测器的微孔为血细胞计数的重要装置,是仪器故障常发部位,在日常工作中应重点做好检测器微孔的维护。全自动血细胞分析仪只需在管理菜单中双击"保养"键,即可完成仪器的自动保养。另外,还要在光学检测部件中清除流动室气泡和清洗流动室。半自动血细胞分析仪则需按照仪器说明书手工进行保养。① 每日关机前必须将小孔管浸泡于新的稀释液中。② 每日工作完毕,需用清洗剂清洗检测器至少 3 次。③ 需定期卸下检测器,用专用毛刷,蘸取 3%~5% 次氯酸钠溶液旋转清洗,必要时浸泡清洗,再用放大镜观察微孔的清洁度。

(2) 液路维护:目的是防止细微杂质引起的计数误差,保持液路内部的清洁。清洗时在样品杯中加 20 mL 机器专用加酶清洗液,按动几次计数键,使比色池和定量装置及管路内充满清洗液,然后停机浸泡一夜,再换用稀释液反复冲洗后使用。仪器如长期不用,应将稀释液导管、清洗剂导管、溶血剂导管等置于去离子水或纯水中,按数次计数键,冲洗掉液体管道内的稀释液,充满去离子水后关机。

(3) 机械传动部件维护:先用细毛刷将机械传动装置周围的灰尘和污物去除,再按要求加润滑油,防止机械疲劳、磨损。

(4) 其他:每日分析结束后,检查进样槽、清洗杯,去除污物或阻塞物。① 清洗进样槽:如果穿刺针托盘中累积有盐分或污垢,应关闭主机电源后,用流水冲洗进样槽,确保清洗干净后擦干。② 清洗清洗杯:当有血黏附在手动进样清洗杯上或发现阻塞时,应关闭主机电源后取下清洗杯,用轻柔的流水进行洗涤。③ 如果分析标本数达万次时,应按照要求清洗标本旋转阀。

(二) 血细胞分析仪的常见故障处理

血细胞分析仪属于精密电子仪器,一般都有自我诊断和人机对话功能。当发生故障时,内置计算机的错误检查功能显示"错误信息",并发出报警声响,同时在计算机上显示仪器故障的具体信息,通过该信息检修故障。如故障比较复杂,应联系厂家工程师进行维修。仪器故障根据发生的时间分为开机故障和测试故障两种。

1. 开机时常见故障 一般有以下四种常见情况。

(1) "WBC" 或 "RBC" 吸液错误:① 检查稀释液量,量不足应及时补充稀释液;② 检查进液管位置,正确连接进液管。

(2) "WBC" 或 "RBC" 电路错误:一般为计数电路中的故障,应参照使用说明书检查内部电路,必要时联系厂家工程师更换电路板。

(3) 开机指示灯及显示屏不亮:一般属于电源问题,应检查电源插座是否插好、电源引线是否完好、保险丝是否熔断。

(4) "测试条件需设置":一般为备用电池没电或电路断电,导致系统储存的数据丢失时有该信息提示,应更换电池,重新设置定标系数或其他条件。

2. 测试过程中常见的错误信息

(1) 堵孔(包括完全堵孔和不完全堵孔):① 抗凝剂量与全血不匹配或静脉采血不顺,样本有小凝块。② 末梢采血不顺或用棉球擦拭微量取血管。③ 小孔管微孔蛋白沉积多,需清洗。④ 仪器长时间不用,试剂中的水分蒸发、盐类结晶堵孔。⑤ 样品杯未盖好,空气中的灰尘落入杯中。

(2) 堵孔的处理方法:① 对于盐类结晶,可用去离子水浸泡,待结晶完全溶解后,按"CLEAN"键进行清洗。② 对于其他原因造成的堵孔,一般按"CLEAN"键进行清洗即可。③ 若以上方法不行,需小心卸下检测器进行进一步的清理。用特制的专用小毛刷轻轻反复刷洗微孔,去除堵塞物。将检测器加水后用洗耳球从其顶端加压,从而将堵塞物冲走,若无效果,应先用粗细合适的细丝对着微孔来回穿入拉出几次,再用洗耳球加压冲出堵塞物。若以上两种方法均不行,需用 3%~5% 的次氯酸钠溶液清洗,将检测器内装入该溶液浸泡 5~10 min,取出,再用洗耳球从其顶端加压去除堵塞物,最后用蒸馏水将检测器冲洗干净,小心装上,按"CLEAN"键清洗。④ 若以上三种方法均无效,说明"堵孔"是由泵管损坏造成,应联系厂家工程师进行更换。

(3) 气泡,多为压力计中出现气泡,可按"CLEAN"键进行清洗。

(4) 噪音,由于接地线不良或泵管较脏引起,可清洗泵管或小孔管,确认接地良好,并且与其他噪音大的仪器设备分开。

(5) 温度异常,仪器所在房间温度不合适:① 将房间温度设定在 18~25℃。② 若由其他原因造成,应联系厂家工程师进行维修。

(6) 试剂池错误:一般是由于试剂不足造成的,需尽快补足试剂;由于浮动开关缺陷或者液压系统不正常造成的,联系厂家工程师进行维修。

(7) 进样错误:一般是由于标本操作中血量太少未被吸入造成的,可重新采集标本或手工法进行计数。

(8) 溶血剂错误:一般是由于溶血剂与样本未充分混合造成的,可重新测定新的样本。

(9) 样本分析错误(包括流动比色池错误、血红蛋白测定重现性差、细胞计数重复性差等):① 比色池错误和血红蛋白测定重现性差错误都是由于血红蛋白比色池脏所致。② 细胞计数重复性差多是由于小孔管脏或环境噪音大造成的。应按"CLEAN"键清洗比色池,若污染严重,需小心卸下比色杯,用 3%~5% 的次氯酸钠溶液清洗。处理方法同"堵孔"和"噪音"。

(10) 质控错误:多是由于质控血液标本过期或未登记造成的,应更换新的质控品或进入质控物批号信息进行检查。

(11) 其他错误:主要指维护错误,应及时冲洗检测器流动单元、及时清洁旋转阀和及时更换吸样针等。并要注意及时执行关机程序,延长仪器寿命、提高仪器测定结果的准确度和精密度。

微课:血细胞分析仪的操作保养与维护

六、血细胞分析仪检测参数与临床应用

血细胞分析仪的检验结果主要包括红细胞系列参数、白细胞系列参数、血小板系列参

数、网织红细胞系列参数及相关系列图形,下面以五分类血细胞分析仪检测项目为例,介绍各个项目参数及相关图形的临床意义。

(一)红细胞系列参数

血细胞分析仪红细胞系列参数见表4-1。RBC、Hb、Hct这三个参数由血细胞分析仪直接测量得出,而MCV、MCH、MCHC、RDW、HDW则由上述参数计算而来。红细胞系列参数在临床上主要用于贫血及贫血类型的诊断。

表4-1 血细胞分析仪红细胞系列参数及参考区间

检测项目(英文缩写)	参考区间(正常成人)	单位
红细胞计数(RBC)	(男)4.3~5.8 (女)3.8~5.1	$\times 10^{12}$/L
红细胞分布宽度(RDW)	11.6~16.5	%
血红蛋白浓度(Hb)	(男)130~175 (女)115~150	g/L
血红蛋白分布宽度(HDW)	24~34	g/L
血细胞比容(Hct)	(男)0.40~0.50 (女)0.35~0.45	L/L
平均红细胞体积(MCV)	82~92	fL
平均红细胞血红蛋白含量(MCH)	27~31	pg
平均红细胞血红蛋白浓度(MCHC)	320~360	g/L

(二)白细胞系列参数

血细胞分析仪白细胞计数的改变与手工计数临床意义相同,血细胞分析仪提供的白细胞参数见表4-2。

表4-2 血细胞分析仪白细胞系列参数及参考区间

检测项目(英文缩写)	参考区间(正常成人)	单位
白细胞计数(WBC)	3.5~9.5	$\times 10^9$/L
中性粒细胞百分率(NEUT%)	50~70	%
中性粒细胞绝对值(NEUT)	2~7	$\times 10^9$/L
淋巴细胞百分率(LYM%)	20~40	%
淋巴细胞绝对值(LYM)	0.8~4	$\times 10^9$/L

续表

检测项目(英文缩写)	参考区间(正常成人)	单位
单核细胞百分率(MONO%)	3~8	%
单核细胞绝对值(MONO)	0.12~0.8	×10⁹/L
嗜酸性粒细胞百分率(EOS%)	0.5~5	%
嗜酸性粒细胞绝对值(EOS)	0.02~0.5	×10⁹/L
嗜碱性粒细胞百分率(BASO%)	0~1	%
嗜碱性粒细胞绝对值(BASO)	0~0.1	×10⁹/L
未成熟粒细胞百分率(IG%)	0	%
未成熟粒细胞计数(IG)	0	×10⁹/L
大型未染色细胞计数(LU)	0	%
大型未染色细胞百分率(LUC%)	0	×10⁹/L

1. 白细胞直方图 是血细胞分析仪用电阻抗原理对血细胞进行检测,以细胞体积为横坐标,相对数量为纵坐标,表示某一种细胞数量分布情况,可反映细胞体积大小异质性。正常的白细胞直方图分布在 35~450 fL 的区域,具有 3 个峰的光滑曲线,从左至右分为 3 区,分别为小细胞区(淋巴细胞)、单个核细胞区(幼稚细胞、嗜酸性粒细胞、嗜碱性粒细胞、单核细胞)、大细胞区(中性粒细胞),其中左侧峰分布在 35~90 fL 形态高陡,中间峰分布在 90~160 fL 形态平坦,右侧峰分布在 160~450 fL 形态低宽。血标本中的白细胞比例或白细胞形态发生改变时,都会致白细胞直方图发生变化,形成异常直方图(图 4-17~ 图 4-21)。常见异常直方图临床意义见表 4-3。

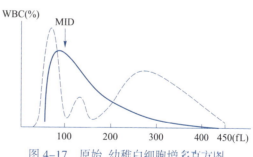

图 4-17 原始、幼稚白细胞增多直方图

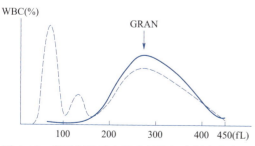

图 4-18 淋巴细胞减少和中性粒细胞增多直方图

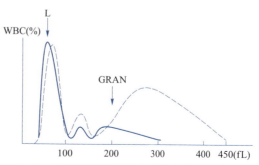

图 4-19 淋巴细胞增多和中性粒细胞减少直方图

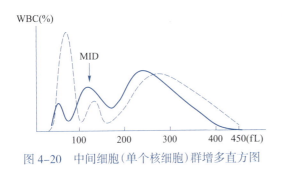

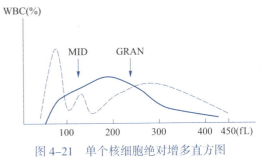

图 4-20 中间细胞（单个核细胞）群增多直方图　　图 4-21 单个核细胞绝对增多直方图

表 4-3　常见直方图分布异常情况临床意义

直方图异常区域	临床意义
淋巴细胞峰左侧区域异常	可能有血小板聚集、巨大血小板、有核红细胞、未溶解红细胞、白细胞碎片、蛋白质或脂类颗粒
淋巴细胞峰与单个核细胞峰之间区域异常	可能有异型淋巴细胞、浆细胞、原始细胞，嗜酸性粒细胞、嗜碱性粒细胞增多
单个核细胞区与中性粒细胞峰之间区域异常	可能有未成熟中性粒细胞、异常细胞亚群，嗜酸性粒细胞、嗜碱性粒细胞增多，核左移
中性粒细胞峰右侧区域异常；多区域异常	可能中性粒细胞绝对增多；表示同时存在两种或两种以上的异常

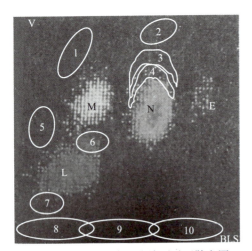

图 4-22　VCS 异常细胞检测平面散点图
1—幼稚单核细胞；2—幼稚粒细胞；3—未成熟粒细胞；4—中性杆状核粒细胞；5—幼稚淋巴细胞；6—异型淋巴细胞；7—小淋巴细胞；8—有核红细胞和血小板簇；9—大血小板；10—红细胞内寄生虫（疟原虫等）

2. 白细胞散点图　是由电阻抗法发展起来的多项技术（激光、射频、流式细胞术及荧光染色等）联合检测白细胞，由于不同白细胞大小及内部结构（如胞质颗粒的多少、胞核的大小）不同，得出准确的白细胞五分类结果并以散点图的形式呈现结果（图 4-22）。白细胞散点图的意义与直方图基本相同。散点图的图形变化直观形象比直方图更能准确地反映某类细胞的变化，结合仪器相关的报警信息，可确定是否需要进一步显微镜复查。

（三）血小板系列参数

血小板系列检测参数见表 4-4。血小板计数主要用于出血性疾病的诊断、体内止凝血情况判断、手术前的准备等。

表 4-4　血细胞分析仪血小板系列检测参数

检测项目(英文缩写)	参考区间(正常成人)	单位
血小板计数(PLT)	125~350	$\times 10^9/L$
血小板分布宽度(PDW)	15.5~18.1	CV(%),SD(fL)
血小板平均体积(MPV)	6.8~13.6	fL
大血小板比率(P-LCR)	0	%
血小板比容(PCT)	0.12~0.35	%
未成熟血小板比率(IPF)	0	%

(四)网织红细胞系列参数

网织红细胞检测参数见表 4-5。网织红细胞检测是反映骨髓造血功能的敏感指标,对贫血的诊断、鉴别诊断及疗效观察等具有重要的意义。

表 4-5　网织红细胞检测主要参数

检测参数	英文缩写	单位
网织红细胞血红蛋白浓度分布宽度	HDWr	g/L
网织红细胞平均血红蛋白浓度	CHCMr	g/L
网织红细胞血红蛋白量	RET-He	Pg
网织红细胞平均血红蛋白量	CHr	Pg
网织红细胞平均体积	MRV,MCVr	Fl
网织红细胞计数	RET#	$\times 10^9/L$
网织红细胞百分率	RET	%
未成熟网织红细胞比率	IRF	%
网织红细胞成熟指数	RMI	%
低荧光强度网织红细胞比率	LFR	%
中荧光强度网织红细胞比率	MFR	%
高荧光强度网织红细胞比率	HFR	%

第三节　血液凝固分析仪

一、血液凝固分析仪的分类和工作原理

（一）血液凝固分析仪的分型

血液凝固分析仪（automated coagulation analyzer, ACA）简称血凝仪,是血栓与止血分析的专用仪器,可检测多种血栓与止血指标,广泛地应用于术前出血项目筛查、协助凝血障碍性疾病、血栓性疾病的诊断及溶栓治疗的监测等方面,是目前血栓与止血实验室中使用的最基本的设备。临床常用的血凝仪按自动化程度可分为半自动和全自动血凝仪及全自动血凝工作站;按检测原理又可分为光学法血凝仪、磁珠法血凝仪、超声波法血凝仪。

1. 半自动血凝仪　需手工加样、加试剂,操作简便、检测方法少、价格便宜、速度慢,测量精度好于手工,但低于全自动,主要检测一些常规凝血项目(图 4-23)。

2. 全自动血凝仪　自动化程度高,检测方法多,通道多,速度快,测量精度好,价格高,对操作人员素质要求高,除对常规凝血、抗凝、纤维蛋白溶解系统等项目进行全面检测外,还能对抗凝、溶栓治疗进行实验室监测(图 4-24)。

图 4-23　半自动血凝仪

图 4-24　全自动血凝仪

3. 全自动血凝工作站　由全自动血凝仪、移动式机器人、离心机等组成,可进行样本自动识别和接收、自动离心、自动放置、自动分析、分析后样本的分离等。全自动血凝工作站还可与其他自动化实验室系统相结合,以实现全实验室自动化。

（二）血液凝固分析仪的工作原理

1. 凝固法　早期仪器采用模拟手工的方法钩丝(钩状法),依凝血过程中纤维蛋白原转化为纤维蛋白丝可导电的特性,当通电钩针离开样本液面时,纤维蛋白丝可导电来判定凝固终点。该法由于终点判断很不准确,已被淘汰。现在是通过检测血浆在凝血激活剂作用下的一系列物理量(光、电、机械运动等)的变化,再由计算机分析所得数据并将之换算成最终结果,故也称为生物物理法。按具体检测手段又可分为电流法、光学法和磁珠法等,国内血凝仪以后两种方法最为常用。

（1）电流法：是利用纤维蛋白原无导电性而纤维蛋白具有导电性的特点，将待测样品作为电路的一部分，根据凝血过程中电路电流的变化来判断纤维蛋白的形成。但由于电流法的不可靠性及单一性，所以很快被更灵敏、更易扩展的光学法所淘汰。

（2）光学法：是根据血浆凝固过程中浊度的变化导致光强度变化来确定检测终点，故又称为比浊法。光学法血凝仪的试剂用量只有手工测量的50%。向样品中加入凝血激活剂后，随着样品中纤维蛋白凝块的形成，样品的光强度逐步增加，仪器把这种光学变化描绘成凝固曲线。当样品完全凝固以后，光的强度不再变化。通常是把凝固的起始点作为0%，凝固终点作为100%，把50%作为凝固时间。光探测器接收这一光的变化，将其转化为电信号，经过放大再被传送到监测器上进行处理，描出凝固曲线（图4-25）。

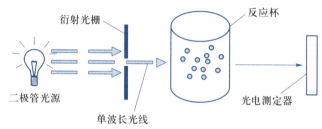

图 4-25 光学法血凝仪工作流程

根据不同的光学测量原理，光学法又可分为散射比浊法和透射比浊法两类。

1）散射比浊法：该方法中光源和样本与接收器成90°角，当向样品中加入凝血激活剂后，随样品中纤维蛋白凝块的增加，样品的散射光强度逐步增加，仪器把这种光学变化描绘成凝固曲线。

2）透射比浊法：该方法的光路同一般的比色法一样呈直线安排，来自光源的光线经过处理后变成平行光，透过待测样品后照射到光电管变成电信号，经过放大后在监测器处理。当向样品中加入凝血激活剂后，开始的吸光度非常弱，随着反应管中纤维蛋白凝块的形成，标本吸光度也逐渐增强，当凝块完全形成后，吸光度趋于恒定，血凝仪可以自动描记吸光度的变化并绘制曲线。

（3）磁珠法：早期的磁珠法是在检测杯中放入一粒磁珠，与杯外一根铁磁金属杆紧贴呈直线状，标本凝固后，由于纤维蛋白的形成，使磁珠移位而偏离金属杆，仪器据此检测出凝固终点，也可称为平面磁珠法。

磁珠法凝血测试的优点：① 不受溶血、黄疸、高脂血症标本及加样中微量气泡等特异血浆的干扰，有利于血浆和试剂的充分混匀；② 磁珠法的试剂用量只有光学法的50%，这是因为在比浊测定过程中，激发光束必须打在测试杯的中间，所以要有足够的试剂量，在双磁路磁珠法测量中，钢珠在测试杯的底部运动，因此试剂只要覆盖钢珠运动即可。

磁珠法凝血测试的缺点：磁珠的质量、杯壁的光滑程度等，均会对测量结果造成影响。

2. 底物显色法　通过测定产色底物的吸光度变化来推测所测物质的含量和活性，故也称生物化学法。其实质是光电比色原理，通过人工合成，与天然凝血因子氨基酸序列相似，并且有特定作用位点的多肽。该作用位点与呈色的化学基团相连，测定时由于凝血因子具有蛋白水解酶的活性，它不仅能作用于天然蛋白质肽链，也能作用于人工合成的肽段底物。从而释放出呈色基团,使溶液呈色,呈色深浅与凝血因子活性成比例关系,故可对凝血因子进行精确定量。目前,人工合成的多肽底物有几十种,而最常用的是对硝基苯胺(PNA),呈黄色,可用 405 nm 波长进行测定。该法灵敏度高、精密度好、易于自动化,为血栓 / 止血检测开辟了新途径。

3. 超声波法 依凝血过程使血浆的超声波衰减程度判断终点,只能进行半定量,项目少,目前已经较少使用。

4. 免疫学方法 以纯化的被检物质为抗原,制备相应的抗体,然后利用抗原抗体反应对被检物进行定性或定量测定。常用方法有免疫扩散法、火箭电泳法、双向免疫电泳法、酶标法、免疫比浊法。

二、血液凝固分析仪的基本结构

目前市售的半自动血凝仪主要由样品、试剂预温槽、加样器、检测系统(光学、磁场)及微机组成。全自动仪器除上述部件外,还增加了自动计时装置样品传送及处理装置、试剂冷藏位、样品及试剂分配系统、检测系统、计算机控制系统、输出设备及附件等。有的还配备了发色检测通道,使该类仪器同时具备了检测抗凝及纤维蛋白溶解系统活性的功能。

1. 预温槽 样品及试剂预温槽由电加热和温度控制器组成。其功能是使待检样品及检测试剂温度保持在 37℃。

2. 加样器 加样器由移液器和与其相连的导线组成(图 4-26)。

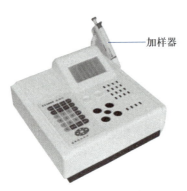

加样器

图 4-26 血凝仪加样器

3. 自动计时装置 针对半自动血凝仪受人为因素影响多、重复性较差等缺陷,有的仪器配有自动计时装置,以告知预温时间和最佳试剂添加时间。有的仪器在测试位添加试剂感应器,感应器从移液器针头滴下试剂后,立即启动混匀装置振动,使血浆与试剂得以很好地混合。有的仪器在测试杯顶部安装了移液器导板,在添加试剂时由导板来固定移液器针头,从而保证每次均可以在固定的最佳的角度添加试剂,并可以防止气泡产生。

4. 样品传送及处理装置 全自动仪器具有样品传送及处理装置,血浆样品由传送装置依次向吸样针位置移动。多数仪器还设置了急诊位置,可以使常规标本暂停,以便急诊样本优先测定。样本处理装置由样本预混盘及吸样针构成,前者可以放置几十份血浆样本,吸样针将血浆吸取后放于预混盘的测试杯中,供重复测试、自动再稀释及连锁测试用(图 4-27)。

5. 试剂冷藏位 试剂冷藏位可以同时放置几十种试剂进行冷藏,避免试剂变质。

6. 样本及试剂分配系统 样本及试剂分配系统包括样本臂、试剂臂、自动混合器。样本臂会自动提取样本盘中的测试杯,将其置于样本预温槽中进行预温。然后试剂臂将试剂注入测试杯中(性能优越的全自动血凝仪为避免凝血酶对其他检测试剂的污染,有独立的凝血酶吸样针),由自动混合器将试剂与样本充分混合后送至测试位,已检测过的测试杯被自动丢弃于特设的废物箱中。

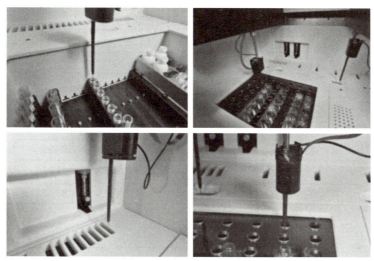

图 4-27 样品传送及处理装置

7. 检测系统 是仪器的关键部件。血浆凝固过程通过前述多种原理检测法进行检测。

8. 计算机控制系统 根据设定的程序指挥血凝仪进行工作并将检测得到的数据进行分析处理,最终得到测试结果。通过计算机屏幕或打印机输出测试结果。还可对患者的检验结果进行储存、质控统计,并可记忆操作过程中的各种失误。

9. 输出设备 通过计算机屏幕或打印机输出测试结果。

10. 附件 主要有系统软件、穿盖系统、条码扫描仪、阳性样本分析扫描仪等。

三、血液凝固分析仪的使用、维护与常见故障处理

(一)血液凝固分析仪的使用

1. 半自动血凝仪操作 半自动血凝仪的操作如图 4-28 所示。

2. 全自动血凝仪操作

(1)开机:① 检查蒸馏水量、废液量。② 依次打开稳压电源、打印机电源、仪器电源、主机电源、终端计算机电源。③ 仪器自动检通过后,进入升温状态。④ 达到温度后,仪器提示可以进行工作。

(2)测试前准备:① 试剂准备,按照测试的检验项目做好试剂准备,严格按试剂说明书的要求进行溶解或稀释,溶解后室温放置 10~15 min,然后将各种试剂放置于设置好的试剂盘相应位置。② 选择测试项目,从仪器菜单选择要测试的检验项目。③ 检查标准曲线,观察定标曲线的线性、回归性等指标。

(3)测试:① 测试各项目质控品,按要求记录并进行结果分析。② 患者标本准备,按要求编号、分离血浆、放于样本托架上。③ 患者信息录入,手工输入标本名称或患者名称,在 Test 栏中输入要检测的项目。④ 样本检测,再次确认试剂位置、试剂量及标本位置后,按"开始"进行检测。

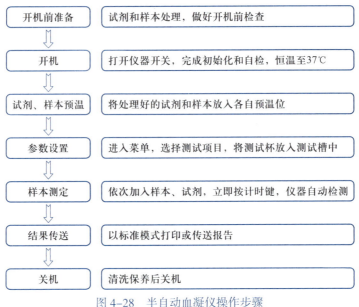

图 4-28　半自动血凝仪操作步骤

（4）结果输出：① 设置好自动传输模式后，检测结果将自动传输到终端计算机上。② 结果经审核确认后，打印报告单。

（5）关机：① 收回试剂，试验完毕后，将试剂瓶盖盖好，将试剂盘与试剂一同放入冰箱 2~8℃ 储存。② 清洗保养，按清洗保养键，仪器自动灌注，等待 15 min，按［ESC］退出菜单。③ 关机，关闭主机电源、仪器电源、终端计算机电源、打印机电源等。

（二）血液凝固分析仪器的维护

1. 半自动血凝仪的维护　做好日常的维护是仪器正常运行的基本保证，包括：① 电源电压为 220 V ± 22 V，最好使用稳压器电源，更换熔断器内的保险管时，应先关闭本系统，拔下电源线，严格按熔断器座旁标志的规格型号进行更换。② 避免阳光直晒和远离强热物体，放置在平稳的工作台上，不得摇晃与振动；保持仪器温度恒定在 37.0 ± 0.2℃。③ 防止受潮和腐蚀。④ 保持样本槽、试剂槽、测试槽清洁，严禁有异物进入。⑤ 若为磁珠型血凝仪，仪器和加珠器都必须远离强电磁场干扰源，并使用一次性测试杯及钢珠，以保证测量精度。

2. 全自动血凝仪的维护　一般性维护包括：① 定期清洗或更换空气过滤器。② 定期检查及清洁反应槽。③ 定期清洗洗针池及通针。④ 经常检查冷却剂液面水平。⑤ 定期清洁机械运动导杆和转动部分并加润滑油。⑥ 及时保养定量装置。⑦ 定期更换样品及试剂针。⑧ 定期数据备份及恢复等。

（三）血液凝固分析仪常见故障处理

血凝分析仪是一台为临床提供凝血和纤溶试验分析的分析仪器。在临床上多用于术前凝血功能评估，抗凝疗法、溶栓疗法的实验室监测，出血性疾病检测，血栓性疾病检测,血友病检查及替代治疗的监测。想要保证检测的顺利进行,临床操作人员掌握一定的故障及排除方法是十分必要的。下面是全自动血凝仪常见故障及排除方法,仅供参考。

1. 仪器保养类报警信息 原因及处理方法:① 废液管路有堵塞,可将排液管取下用次氯酸钠进行清洗,排除堵塞后重新安装。② 废液桶满,可排空或更换新废液桶。

2. 仪器定标类报警信息 原因及处理方法:合格的项目定标要求仪器有良好的运行状态、合格的校准品、规范的操作步骤等,其中任一条件不符,会出现定标数据准确性不高或重复性不符合定标项目规则。要求仪器定标前必须运行加强清洗 1~2 次,用于校准品和试剂复溶的水必须是合格的去离子水。

3. 仪器状态类报警信息

(1) 比色杯梭子移动故障。原因及处理方法:① 梭子移动路径上有阻碍。去除阻碍物并执行 Recovery。② 比色杯方向错误,梭子抓手不够移动比色杯至加样区。此时必须一处放反的比色杯。

(2) 样本针或试剂针定位错误。原因及处理方法:仪器不能初始化,必须重新执行样本针或试剂针定位。

(3) 样本针和冲洗站同步错误。原因及处理方法:此多由于样本预处理不规范或样本中有凝块,导致冲洗站污染或蛋白沉积,使样本针定位不准。可用酒精棉签擦拭样本针并清洁冲洗站后初始化。

微课:血液凝固分析仪的使用与维护

四、血液凝固分析仪的临床应用

半自动血凝仪以凝固法测定为主,检测项目较少,而全自动血凝仪可使用多种方法进行凝血、抗凝、纤维蛋白溶解系统功能,临床用药的监测等多个项目的测定。

1. 凝血系统的检测 常规筛选试验:如 PT、APTT、TT 测定;单个凝血因子含量或活性的测定:FIB、凝血因子Ⅱ、凝血因子Ⅴ、凝血因子Ⅶ、凝血因子Ⅷ、凝血因子Ⅸ、凝血因子Ⅹ、凝血因子Ⅺ、凝血因子Ⅻ。

2. 抗凝系统的检测 AT–Ⅲ、PC、PS、APCR、狼疮抗凝物质(LAC)等测定。

3. 纤维蛋白溶解系统的检测 PLG、α_2-AP、FDP、D-二聚体等。

4. 临床用药的监测 当临床应用普通肝素(UFH)、低分子肝素(LMWH)及口服抗凝剂如华法林时,常用血凝仪进行监测以保证用药安全。

第四节 红细胞沉降率测定仪

红细胞沉降率(erythrocyte sedimentation rate,ESR)简称血沉,是指抗凝全血中红细胞在一定条件下的沉降速度。血沉是临床上常规检验项目之一,在许多病理情况下血沉明显加快,是临床诊断和疗效观察的一项重要参数,其结果对许多疾病的发生、发展、转归有监测作用。血沉是多种因素互相作用的结果,血流中的红细胞,由于细胞膜表面的唾液酸所具有的负电荷等因素而互相排斥,使细胞间的距离约为 25 nm,彼此分散悬浮而下沉缓慢。若血浆或红细胞本身发生改变,可使血沉发生变化。血沉传统的测定方法为魏氏手工法。20 世纪 80 年代诞生了自动红细胞沉降率测定仪。90 年代初又开发了 18° 倾斜管式的快速自动红细胞沉降率测定仪,由于其结构简单、自动化程度高、操作简便、检验结果准确、能和其他仪器联机使用,因而在各级医院得到广泛应用。

一、红细胞沉降率测定仪的工作原理和基本结构

(一)红细胞沉降率测定仪的工作原理

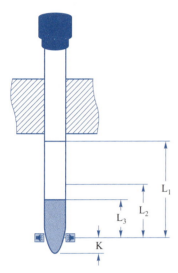

图 4-29 自动红细胞沉降率测定仪界面位置

L₁—代表血沉管中的血液在时间零计时的高度(血样初始高度);L₂—代表血沉管中的红细胞沉降面在 30 min 时的高度;L₃—代表血沉管中的红细胞沉降面在 60 min 时的高度;K—代表红外发送和接收管移至最底端时血沉管中血液的高度,K 由血沉分析仪本身系统决定,设置在计算机中

多数自动红细胞沉降率测定仪的工作原理是建立在魏氏法基础之上,根据红细胞下沉过程中血浆浊度的改变,采用红外线探测技术或其他光电技术定时扫描红细胞与血浆界面的位置,动态记录血沉全过程,数据经计算机处理后得出检测结果。

红细胞沉降前,管内血液均呈红色,可吸收红外线。沉降后,血液分为上、下两层,上层为透明血浆,可透过红外线,下层的红细胞等物质呈褐红色,可吸收红外线。一类仪器是将血沉管垂直固定在自动红细胞沉降率测定仪的孔板上,红外线发送和接收管(TX-RX)沿机械导轨滑动,对血沉管进行扫描。如果红外线不能达到接收器,说明红外线被高密度的红细胞阻挡,若红外线能穿过血沉管到达接收器,接收器的信号能引导计算机开始计算到达移动终端时所需距离(图 4-29),记录血沉管中的血液在时间零计时的高度。此后每隔一定时间扫描一次,记录每次扫描时红细胞和血浆接触的位置,计算机自动计算,再转换成魏氏法测定值报告结果。另一类仪器是固定光电二极管,血沉管随转盘转动,垂直置管式与魏氏法相同,而 18° 倾斜置管方式是血沉管被仪器充分混匀后,试管相对于 Y 轴倾斜 18°,促使红细胞沉降加速,静置一段时间,光电传感器自动读出红细胞沉降值,先记录结果,后转换成魏氏法测定值。

(二)红细胞沉降率测定仪的基本结构

自动红细胞沉降率测定仪由光源、沉降管、检测系统、数据处理系统四个部分组成(图 4-30)。

图 4-30 自动红细胞沉降率测定仪结构示意

1. 光源　多采用红外光源或激光。

2. 沉降管　即血沉管,为透明的硬质玻璃管或塑料管。

3. 检测系统　一般仪器采用光电阵列二极管,其作用是进行光电转换,把光信号转变为电信号。

4. 数据处理系统　由放大电路、数据采集处理软件和打印机组成。其作用是将检测系统的检测信号,经计算机处理后,驱动智能化打印机打印出结果。数据采集处理软件设有数据采集、数据分析、数据库、打印等模块。

微课:红细胞沉降测定仪工作原理和结构

二、红细胞沉降率测定仪的使用、维护与常见故障处理

(一)红细胞沉降率测定仪的使用

红细胞沉降率测定仪的使用较为简单,其基本的操作流程如图 4-31 所示。

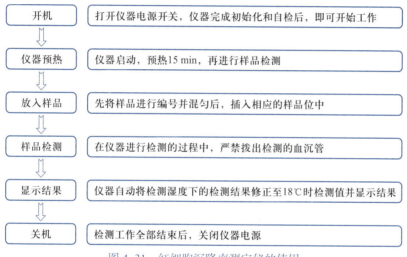

开机	打开仪器电源开关,仪器完成初始化和自检后,即可开始工作
仪器预热	仪器启动,预热15 min,再进行样品检测
放入样品	先将样品进行编号并混匀后,插入相应的样品位中
样品检测	在仪器进行检测的过程中,严禁拔出检测的血沉管
显示结果	仪器自动将检测湿度下的检测结果修正至18℃时检测值并显示结果
关机	检测工作全部结束后,关闭仪器电源

图 4-31　红细胞沉降率测定仪的使用

(二)红细胞沉降率测定仪的维护

本仪器维护很简单,同时部件也不需要特别维护,最敏感的部件是红外线发射接收管,也在仪器内部。一般性维护包括:① 应安装在清洁、通风处,室内温度应在 15~32℃,相对湿度应 ≤ 85%,避免潮湿。② 应安装在稳定的水平实验操作台上,禁止安装在高温、阳光直接照射处,应远离高频、电磁波干扰源。③ 使用过程中,要避免强光的照射,否则会引起检测器疲劳,计算机采不到数据。④ 使用前要按程序清洗仪器,同时要定期彻底清洗并进行定期校检。⑤ 注意仪器的测试孔位,仪器不使用时用防尘罩盖好,水或固体物质进入孔内会对仪器造成一定的危险。

(三)红细胞沉降率测定仪的常见故障处理

1. 仪器通电后没有显示　检查用户电源是否正常,如果电源没有问题,建议通知工

程师来维修。

2. 仪器自检出错,显示"ERR1",仪器不能继续运行　检测板的红外检测器出现故障,建议通知工程师来维修。

3. 感应错误　未插入血沉测试管时,仪器却显示有测试管,可能故障为红外检测器已坏或有较厚的灰尘、油污,建议通知工程师来维修。

4. 测试位显示"×"　放入血沉测试管,仪器一个测试周期后显示"×",提示血沉管血液液面高出仪器测量范围,或有其他不透光器械插入。

5. 仪器出现异响　可能故障为电机在测量时转不停,出现电机抖动发出的冲击声,建议通知工程师来维修。

6. 测试错误　可能原因常见的有检测样本凝集、检测样本有气泡、检测样品采集超过 3 h、检测时未充分混匀等。

三、红细胞沉降率测定仪的临床应用

1. 红细胞沉降率是诊断某些疾病常用的参考指标,从 1988 年起,血沉与血浆黏度等作为监测急性期反应的手段之一,已纳入血液流变学范畴。

2. 自动红细胞沉降率测定仪可同时检测数十个样品,自动完成检测的全过程,其检测结果与国际血液学标准化委员会推荐的魏氏法检测结果相吻合,因此在临床上得到了广泛应用。

动画:红细胞的沉降

3. 红细胞沉降过程为悬浮、聚集、快速和缓慢沉降四个阶段,自动红细胞沉降率测定仪实现了红细胞沉降的动态结果分析,为监测血沉全过程、研究红细胞沉降的机制等提供了新的数据。

第五节　血型分析仪

经典的试管离心方法目前仍被认为是最可信赖的 ABO 定型方法,但其操作费时,且易出现人为差错,故不适合大批量样品的检测。临床上的血型分析仪多为自动血型分析仪,其采用国际公认的梯形微板法和现代 CCD 数码成像技术,通过仪器软件的控制进行结果判读,使判读结果有统一的标准,自动化程度大大地提高,减低了人为因素所造成的影响。正、反定型和 Rh(D)血型在同一块板上,结果判断更直观,核对结果更方便。结果通过电脑打印原始记录留底,使血液检验结果的资料更完整。该仪器还可以通过扫描仪扫描记录每孔的反应图像,便于更好地分析结果。

一、自动血型分析仪工作原理与基本结构

(一)自动血型分析仪工作原理

自动血型分析仪(图 4-32)的梯形微板法技术是利用孔壁呈阶梯状的特殊 V 形微孔板,当相应的抗原(血细胞)、抗体(血清)发生凝集反应时,彼此粘挂在阶梯上,均匀地分布

于孔壁,未发生抗原抗体反应的红细胞沿阶梯滚落于孔底中央,形成实心圆点(图4-33)。再运用现代CCD数码成像技术和电脑数据处理系统判断血型。

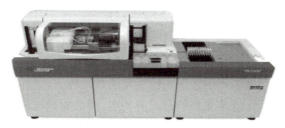

图4-32 自动血型分析仪

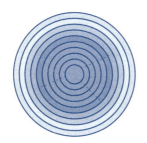 

均匀分布孔壁,发生凝集反应　　红细胞沉入孔底中央,未凝集

图4-33 凝集与非凝集对比

(二)自动血型分析仪的基本结构

自动血型分析仪由样本处理部分、检测分析部分和数据处理部分组成。

1. 样本处理部分

(1)进样单元:该单元用来安装待检样本架。

(2)样品加样单元:该单元通过加样器将样本架上样品管中的细胞或血浆转移到稀释杯中。共有两个样品加样器,分别用于细胞加样和血浆/血清加样,并且包括一个洗涤室用于洗涤这些加样器。

2. 检测分析部分

(1)稀释液加样单元:该单元用于加稀释液,包括5个稀释液加样器,用来将稀释液加到不同的稀释杯中。

(2)稀释杯传送单元:该单元负责将稀释杯传送到样品加样处、稀释液加样处和随后的稀释样品加样处。

(3)稀释样品加样单元:该单元用加样器将稀释后的样品加到微孔板上。该单元一共包括5个稀释样品加样器,还有一个洗涤室用于洗涤这些稀释样品加样器。

(4)稀释杯洗涤单元:该单元用于洗涤稀释杯。

(5)试剂加样单元:该单元用加样器将试剂单元的试剂加到各个微孔板的孔中。一共包括16个试剂加样器,还有一个用于洗涤这些试剂加样器的洗涤室。

(6)试剂单元:该单元可装配16个试剂瓶。为了防止试剂成分产生沉淀,整个试剂单元在使用时始终保持摇动状态。

(7) 稀释液单元:该单元装配有 5 个装有稀释液的稀释液瓶。

(8) 微孔板装载单元:该单元用于装载微孔板。

(9) 微孔板传送单元:该单元用于将微孔板传送到稀释样品加样处和试剂加样处。

(10) 孵育单元:该单元用于在特定温度下孵育微孔板。

(11) 光度计 / 成像单元:该单元用于获取微孔板微孔中的混合物图像。

(12) 微孔板仓单元:该单元用于取回检测完的微孔板。

(13) 系统液装载单元:该单元装载有去离子水、清洁液和稀释清洁液。

(14) 供水 / 排水单元:该单元用于连接水源水管和废水排放管。

(15) 便携扫描器:该便携扫描器用作条形码读码器,用于读取稀释瓶上的条形码。

3. 数据处理部分　是指一台用于处理数据的计算机。

微课:自动血型分析仪的工作原理和结构

二、血型分析仪的使用、维护与常见故障处理

(一) 血型分析仪的使用

以 PK7300 自动血型分析仪为例(图 4-34)。

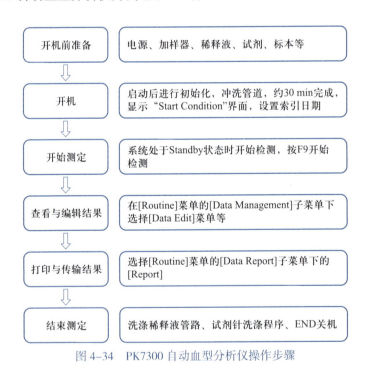

开机前准备	电源、加样器、稀释液、试剂、标本等
开机	启动后进行初始化,冲洗管道,约30 min完成,显示"Start Condition"界面,设置索引日期
开始测定	系统处于Standby状态时开始检测,按F9开始检测
查看与编辑结果	在[Routine]菜单的[Data Management]子菜单下选择[Data Edit]菜单等
打印与传输结果	选择[Routine]菜单的[Data Report]子菜单下的[Report]
结束测定	洗涤稀释液管路、试剂针洗涤程序、END关机

图 4-34　PK7300 自动血型分析仪操作步骤

1. 仪器常用试剂配制方法　见表 4-6。

2. 准备标本

(1) 样品为全血,储存温度应合适(4~8℃),储存时间小于 3 天。

(2) 样品中无脂血,无凝血,无溶血,无污染,无纤维蛋白。

表 4-6 仪器常用试剂配制方法

试剂位置	项目名称	试剂代码	中文名称	浓度	配制方法
1	RH 对照	REF	盐水对照	1∶40	0.9% 盐水
2	RH	-D	抗 D	1∶40	20 mL 盐水 +0.5 mL
3	ABO 正定	-A	抗 A	1∶40	20 mL 盐水 +0.5 mL
4	ABO 正定	-B	抗 B	1∶40	20 mL 盐水 +0.5 mL
5	ABO 反定	AC	A 细胞	1.7%	浓度计
6	ABO 反定	BC	B 细胞	1.7%	浓度计

（3）测定时的温度应适宜。

（4）样品 ID 标签的下缘距样品管底部 ≥ 7 mm。倾斜角度小于 5°。

（5）样品应事先离心（表 4-7）。

表 4-7 样品离心条件

转子半径	转速	离心时间
15 cm	3 000 r/min	5 min
20 cm	2 500 r/min	5 min
30 cm	2 000 r/min	5 min

（二）血型分析仪维护

自动血型分析仪的保养分为每日维护、每周维护、每月维护、每季度维护、每半年维护和定期检查。

1. 每日维护

（1）检查样品加样器、试剂加样器、稀释液加样器和稀释样品加样器是否漏液。

（2）检查和清洁样品针、试剂针，稀释液进样针和稀释样品针。检查各针的吐水情况。

（3）检查稀释杯有无残留液，检查各杯情况。

（4）检查和添加洗液。

（5）检查微孔板、打印机和打印纸。

（6）清洗稀释液管路及稀释液瓶。

（7）清洗微孔板，有效氯离子浓度为 0.3% 的次氯酸溶液浸泡 1 h 以上，超声波将会导致微孔板霜结或磨损。

（8）清洗浓度计检测池（选配）。

2. 每周维护

（1）每周对光散射器进行检查，在对光散射器进行清洁时要小心，以免划伤光源。

（2）清洁稀释液进样针，如果在稀释液进样针外部有污渍或结晶，加样会出现异常，使用蘸有酒精的棉签擦拭。

（3）自动洗涤管路，如果在各种液体流经的管路和软管中存在污染，会形成管型和阻塞，每周对管线的内壁进行清洁。

在［Maintenance］菜单，选择［ANL Maintenance］，选择"Auto Tube-Line Wash"按钮，点击"Yes"按钮，系统会把洗液自动加到去离子水桶中洗涤软管和管路，洗涤管路需要大约 1 h。

3. 每月维护

（1）用超声波或毛刷清洁去离子水过滤器。

（2）清洁样品针冲洗池、稀释样品针冲洗池和试剂针冲洗池。

（3）清洁湿度调节用水托盘。

（4）清洁空气滤器。

（5）检查吹气混匀出口是否阻塞。

4. 每季度维护　每季度清洁去离子水水桶。

5. 每半年维护

（1）更换去离子水和样品针过滤器。

（2）更换稀释杯。

（3）使用 NaOH 洗涤微孔板，将微孔板正面向上浸入 NaOH 溶液（约 2.5 mol/L）中浸泡 12 h 以上，取出浸泡的微孔板并用自来水充分洗涤，直至 NaOH 溶液无残留。再用去离子水充分洗涤微孔板，低于 60℃干燥。

6. 定期检查

（1）肉眼检查系统状态。

（2）光度计检查，使用光度计检查盘，确定光度计功能正常。

（3）联合样品加样检查，确定样品的加样精度。

（4）联合试剂加样检查，确定试剂的加样精度。

（5）血细胞加样检查，确定血细胞的加样精度。

（6）样品加样检查，在联合样品加样检查结果异常时检查此项。

（7）稀释液加样检查，在联合样品加样检查结果异常时检查此项。

（8）稀释样品加样检查，在联合样品加样检查结果异常时检查此项。

（9）试剂加样检查，在联合试剂加样检查结果异常时检查此项。

（10）孵育温度检查。

（11）根据需要对各加样系统进行压力校正。

（三）血型分析仪的常见故障处理

PK7300 自动血型分析仪具有自动监控和报警功能，操作者可根据报警提示，查找报警原因并进行相应处理。常见故障及处理方法如下。

1. 微孔板安装方向不正确　安装微孔板时务必使其板孔向上，封膜标记位于微孔板安装单元的右前方。微孔板安装方向不正确是导致仪器运行被意外终止的最常见原因之一。如果发生因微孔板安装方向不正确导致仪器运行被意外终止,操作者需取出停留在成像分析仓内的微孔板并重新初始化仪器。操作者在安装微孔板时养成良好的习惯并在安装后检查确认微孔板的方向是否正确,可以有效地避免此类故障的发生。

2. 因样本加样针脱出移位导致仪器不能正确地完成取样及检测过程 如果发生样本加样针触碰到样本管壁等情况,红细胞或血浆加样针则可能向上脱出移位。多数情况下,红细胞或血浆加样针脱出移位程度较大,导致仪器不能正确地感应稀释清洗液的浓度,则仪器会发出"DILUTED DETERGENT DENSITY ERROR"的报警提示;少数情况下,红细胞或血浆加样针脱出移位程度不大,仪器尚能正确地感应稀释清洗液的浓度,仪器不会发出上述报警提示。无论红细胞或血浆加样针发生何种程度的移位,仪器是否发出报警提示,仪器均可继续运行(即不会自动转换到 PAUSE 或 STOP 状态),但不能正确地完成取样及检测过程,因此需要操作者对仪器予以暂停运行并将红细胞或血浆加样针进行复位后再运行。

三、血型分析仪的临床应用

当下,医院手术的数量不断增多,有着非常大的用血需求,使得临床血型鉴定工作面临着较大的压力。传统试管法无法充分满足该需求,容易出现偏差,导致较为严重的后果。自动血型分析仪为实验室的血型鉴定工作提供了重要的帮助,使其朝着自动化和标准化的方向发展,并将最优秀的实验参数作为重要依据,对孵育和判读等过程进行设定,可以在一定程度上降低工作人员的劳动强度,避免出现人为错误。自动血型分析仪有着比较高的精度,在此条件下,能够为实验结果的重复性提供重要的保障,并且有原始血型结果图像,其可靠性比较高。

第六节   流式细胞分析仪

流式细胞分析仪(flow cytometry,FCM)是利用流式细胞术进行分析的仪器,能够高速分析上万个细胞,获得检测细胞的多个参数。流式细胞术是对处在快速直线流动状态中的单个细胞或其他生物微粒进行多参数、快速定量分析和分选的一门技术,是现代医学研究先进的分析技术之一。流式细胞术是将光学、细胞化学、电子学、流体力学、免疫学、光学和电子信息技术等多门学科综合为一体的技术,具有检测速度快、响应灵敏、结果精确、测量指标多、分析全面等优点。

一、流式细胞分析仪的分类和工作原理

(一)流式细胞分析仪的类型

流式细胞分析仪根据其功能和用途分为分析型和分选型两种。分析型流式细胞仪,结构简单,只具有分析功能而没有分选功能。分选型流式细胞仪,自动化程度高,既有分析功能也有分选功能,能够快速将需要的细胞分选出来,并且将单个或指定个数的细胞分

选到特定的容器中。

(二)流式细胞分析仪的工作原理

1. FCM 分析的原理　FCM 检测的是带有标记的、快速流动的单个细胞,因此需要制备高质量的单细胞悬液、对样品进行特异荧光素染色处理。保证液流以单细胞快速通过检测区是该技术的关键。这一关键是利用流体力学的原理,通过层流技术实现的。流体力学是运用基本数学进行分析,研究流体自身静止状态和运动状态,以及流体与固体界壁之间的相对运动时产生的相互作用及运动规律。

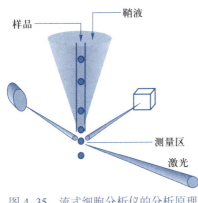

图 4-35　流式细胞分析仪的分析原理

在样品泵气体压力的作用下,样品管中的单细胞悬液经管道进入流式细胞分析仪的流动室,沿流动室的轴心向下流动形成样品流。同时,鞘液泵驱使鞘流液进入流动室轴心至外壁之间向下流动,形成包绕样品流的鞘液流。鞘液流和样品流在临近喷嘴组成一个圆柱形层流束,自喷嘴喷出,被水平方向的激光束垂直照射,照射相交点即为测量区,如图 4-35 所示。

在测量区,受激光照射细胞表面的荧光素产生特定波长的荧光,同时产生光散射。这些信号分别被光电倍增管和光电二极管接收,并转换为电子信号,再经过模数转换为数字信号,计算机通过相应的软件储存、计算、分析这些数字化信息,就可得到细胞的大小、核酸含量、酶和抗原的性质等信息。

2. FCM 分选的原理　要分选细胞,首先要知道样品中细胞类型及目标细胞分选出来的条件,因此需要以 FCM 的分析为基础,再将符合需求的细胞选择出来就是分选。

根据实际需要,分选型流式细胞仪分选出来的细胞还要进行后续的研究,因此分选环境必须为无菌,并且一直保持细胞活性。分析型流式细胞仪基本只做定性分析,检测后的样品无须保存,直接丢弃,因此不需要无菌环境,同时对细胞活性的要求没有分析分选型那么严格,这是分选型和分析型流式细胞仪的主要区别。

单细胞悬液经过 FCM 分析,将细胞信息存储在系统中,以此从存储细胞中判断出哪些细胞是需要分选的目标细胞,目标细胞依据实验目的的不同,可以是一种细胞或几种细胞。细胞的分选这一技术是通过流动室振动和液滴充电实现的。

在流动室上方的压电晶体上加上一定频率(如 30 kHz)的振荡信号,产生相同频率的机械振荡,带动流动室振荡,使通过测量区的连续液柱振荡断裂成一串均匀的液滴。由于各种细胞的特性信息在测量区已被分析,并储存在计算机中,当液滴中包含符合分选条件的目标细胞时,流式细胞仪就对其充不同电荷,而不符合分选条件的含细胞液滴和不含细胞的空白液滴不被充电。带有电荷的液滴向下落入偏转电极板所产生的静电场中,根据带电荷的不同分别向左偏转或向右偏转,落入下方指定的收集容器中。不带电的液滴不发生偏转,垂直落入废液槽中,实现细胞分选收集的目的,如图 4-36 所示。

动画:
测量区

动画:细胞
分选

二、流式细胞分析仪的基本结构

以分选型流式细胞分析仪为例,其基本结构由液流系统、光源激发系统、光学收集系统、信号检测与分析系统、细胞分选系统等组成。

(一)液流系统

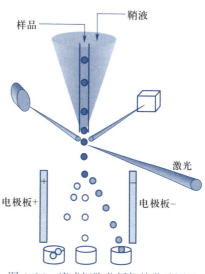

图 4-36 流式细胞分析仪的分选原理

液流系统包括鞘液流和样品流,含有特异荧光染色的单细胞悬液的样品,从样品管在压力的作用下经过特定的管道进入流动室,同时鞘液在压力作用下,从鞘液管经过另外一个管道进入流动室。鞘液流和样品流,两种液流汇聚于流动室。在流动室轴心形成样品流,轴心至外壁形成鞘液流,鞘液流环抱样品流形成层流。通常样品流使用的压力大于鞘液流使用的压力,形成稳定的层流。流动室是流式细胞仪的重要部件,其主要功能是在喷嘴处形成细的液流,使样品形成单个细胞流,快速直线通过检测区。流动室大多使用石英材料制成,顶端开有一个孔径很小的长方形孔,让细胞单个流过。检测区在该孔的中心或下方,被测样品在此与激光束垂直相交。由石英制成的流动室光学特性良好,可收集的细胞信号光通量大,配上广角收集透镜,可获得很高的检测灵敏度和测量精密度。鞘液流的作用是使样品维持直线方向,使样品流不会脱离液流的轴线方向,保证每个细胞经过激光照射区时,位置正确且时间相等,从而保证获得准确的光信号。如图 4-37 所示。

空气泵装置对鞘液施加一个恒定的压力,使鞘液和样品液以匀速运动流过流动室,按照设定好的程序在整个仪器运行中流速不变。检测区激光聚集汇焦的点的能量呈正态分布,中心处能量最高,向两边逐渐降低。如果为了加快检测速度而将样本流动速率提到高速时,位于样本流束不同位置的细胞或颗粒,受激光照射的能量不均匀,导致被激发出的荧光强度有差异,可能引起测量误差。因此,实际使用中,当要求高检测分辨率时,进样速率应设置低速进样。当要求提高采样分析的速度时,可以通过缩短细胞间的距离,使单位时间内流经激光检测区的细胞数增加,并不是单纯提高样本流的流动速度。

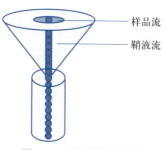

图 4-37 液流系统示意

(二)光源激发系统

光源激发系统的激光光源能发出单波长、高强度和高稳定性的光,所以激光是快速分析细胞微弱荧光的理想光源。激光光束在到达流动室前,先经过透镜聚焦,聚焦成几何尺寸约为 22 μm × 66 μm 光斑,较大于细胞直径,能够达到足够的光照强度。综合分析检测速度和检测分辨率,考虑到由于检测中的细胞快速流动,每个细胞经过光照检测区的时间仅为 1 μs 左右,而且激发出的荧光染色细胞的荧光信号的强弱,与在检测区被照射的时间和受到激发光照射的强度有关,因此光源必须达到足够的光照强度。

多数流式细胞分析仪采用氩离子气体激光器,可以产生 488.0 nm 和 514.5 nm 两种波长的激发光,可以激发藻红蛋白和异硫氰酸等荧光素。有些仪器可增配小功率半导体激光器(波长 635 nm),可拓宽荧光染料的应用范围。

(三) 光学收集系统

流式细胞分析仪的光学收集系统由若干组透镜、滤光片和小孔组成,作用是将测量区产生的不同类型的光信号进行分离、聚集,然后送入不同的检测系统进行光电转换和显示。

滤光片是主要的光学处理元件,可以分为三类:长通滤光片、短通滤光片和带通滤光片。

长通滤光片:只允许特定波长以上的光通过,特定波长以下的光不能通过(全部截止),用 LP 表示。如 LP400 滤光片,让 400 nm 以上波段的光全部通过,400 nm 以下的光不能通过。

短通滤光片:与长通滤光片相反,只允许特定波长以下的光通过,特定波长以上的不能通过(全部截止),用 SP 表示。如 SP400 滤光片,让 400 nm 以下波段的光全部通过,400 nm 以上的光不能通过。

带通滤光片:只允许一定波长范围内的光通过,规定范围以外的波长不能通过(全部截止),用 BP 表示。如 BP400/50 滤光片,有两个数值,400 为允许通过波长的中心值,50 为允许通过光波段的范围,即表示允许 375~425 nm 波长的光通过。

(四) 信号检测与分析系统

流式细胞分析仪收集和分析的光信号包括激光信号和荧光信号,其光电转换元件主要是光电倍增管和光电二极管,能将这些光信号转换成电信号,电信号输入到放大器进行放大,最后显示结果。

鞘液包绕的样品流中的细胞经激光照射会产生各个方向的散射光和荧光信号,流式细胞仪采集和分析的光信号主要是前向角散射光信号、侧向角散射光和侧向荧光信号,分别被不同的检测器所接收。

1. 前向角散射光信号(FS) 来自激发光源,波长与激发光相同,是与激光光源方向同一水平面相同角度方向的散射光信号,是细胞的物理参数,反映细胞的大小,与细胞直径的平方密切相关。

2. 侧向角散射光(SS) 来自激发光源,波长与激发光相同,是与激光光源方向在同一水平面并垂直于激光成 90° 方向的散射光信号,是细胞的物理参数,对细胞膜、细胞质、核膜的折射率很敏感,可以反映细胞的颗粒性质及内部结构复杂程度,表面的光滑程度。

检测时采用这两个光参数信息组合,在裂解红细胞中区别外周血白细胞中淋巴细胞、单核细胞和粒细胞等细胞群体,或者在未进行裂解红细胞处理的全血样品中区别血小板和红细胞等细胞群体。

动画:散射
光信号

3. 侧向角荧光信号（FL） 荧光信号分为两种，一种是细胞自身在激光照射下发出的微弱的荧光信号，称为自发性荧光（是非检测信号，作为干扰信号）；另一种是细胞经过荧光标记，特异荧光素受激光激发而激发发出的检测荧光信号。侧向角荧光信号，是与激光光源方向同一水平面并垂直于激光呈90°方向的荧光信号，反映细胞染色数量和生物颗粒的情况。根据 FCM 仪器配置不同，能够检测多种荧光信号和多种处理方式，得到更多的细胞信息。

如 FCM 常配置的激光器的波长为 488 nm，对应的常规荧光的染料有异硫氰酸荧光素（FITC）、藻红蛋白（PE）、多甲藻素叶绿素蛋白（PerCP）、碘化丙啶（PI）和五甲川菁（Cy5）等。如果 FCM 配置了半导体激光器，其激发波长为 635 nm，对应的荧光的染料有 APC、To-Pro3 等染料，拓宽了 FCM 的应用范围。

（五）细胞分选系统

大型流式细胞分析仪还配有细胞分选系统，由液滴形成、液滴充电和液滴偏转三部分组成。

1. 液滴形成 压电晶体安装在流动室的上部，带动流动室一起振荡，自流动室喷嘴喷出的流束振荡形成液滴。连续流束从喷嘴出来以后，需要经过一段距离才形成水滴，这段距离为 10~20 个波长。测量区应尽量靠近喷嘴以避免受振荡干扰。喷嘴的振荡频率与每秒产生液滴的数目有关。

2. 液滴充电 分选细胞的时候，细胞在经过测量区时，细胞信息被流式细胞仪记录保存，并迅速判断出这个细胞是否满足了分选的条件，并产生一个逻辑信号。逻辑信号驱动充电脉冲发生器，在满足分选条件的细胞将要形成水滴时，充电脉冲正好对它进行充电。需要注意的是充电脉冲在分选细胞将要形成液滴时充电，而不是对已经形成液滴的细胞充电。

3. 液滴偏转 当液滴从连续流束上将要断开时，充电脉冲对这个将形成的液滴充电，则液滴从连续流束上断开后便带有电荷。如果在液滴与连续流束将分离时，未被充电脉冲充电，则离开流束的液滴不带电荷。下落的液滴通过下方的一对平行板电极时（平行板电极能够形成静电场），带正电荷的液滴向带负电的电极板偏转，带负电荷的液滴向带正电的电极板偏转，不带电的液滴垂直下落，用不同容器分别收集各种类型的液滴，即可得到分选细胞。

三、流式细胞分析仪的使用、维护与常见故障处理

（一）流式细胞分析仪的使用

1. 流式细胞分析仪的分析流程，如图 4-38 所示。

（1）制备单细胞悬液样品：流式细胞分析仪测定的检测样品是单细胞悬液标本，无论是外周血细胞、悬浮细胞还是组织细胞，首先要制备成单细胞悬液。制备高质量的单细胞悬液是保证结果真实性

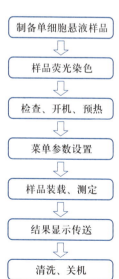

制备单细胞悬液样品

⇩

样品荧光染色

⇩

检查、开机、预热

⇩

菜单参数设置

⇩

样品装载、测定

⇩

结果显示传送

⇩

清洗、关机

图 4-38 流式细胞分析仪的分析流程图

的关键一步。

（2）样品荧光染色：荧光信号是流式细胞仪接收处理的重要信号，因此使用合适的荧光染料和正确标记样品也是保证结果真实性的关键技术。检测样品制备成单细胞悬液后，先进行荧光染色，才能上机进行检测。

（3）检查、开机、预热：检查电源稳定性，检查废液桶、储液桶、鞘液桶和所有管路，然后开机，预热 10 min 左右。

（4）菜单参数设置：打开设定好的模式文件，设置对照，选择分析存储的细胞类型、参数，分选的细胞类型等。

（5）样品装载、测定：按样品标号放到测试位置。

（6）结果显示传送：根据得到的数据或图像，进行综合分析，提示生物学意义，显示结果。

（7）清洗、关机：所有样品检测完毕，计算机退出软件。用稀释的漂白水和纯化水依次进行清洗，等待 10 min 后，依次关掉计算机、打印机、主机、仪器电源，以延长激光管寿命。

2. 流式细胞分析仪的数据显示

（1）单参数直方图：荧光或散射光信号作为横坐标，细胞计数作为纵坐标，反映荧光染色细胞数量，用于定性和定量分析。

（2）双参数散点图：横坐标和纵坐标表示细胞的两个测量参数（前向角散射光、侧向角散射光和荧光两两组合），反映在两个参数上的细胞分布情况。

（3）多参数分析：用于多色荧光标记，检测信号为三个或三个以上，提高分析准确度。

（二）流式细胞分析仪的维护

流式细胞分析仪是精密仪器，一些不正确的操作可能引起误差，为保证仪器测定结果准确可靠，应按操作规程使用与维护保养，并及时记录使用情况。常用维护贯穿使用前、中、后，措施如下。

1. 稳定电源　使仪器处于稳定的电工作环境，加保护装置，加稳压器，避免光源波动，安装可靠地线等。

2. 仪器应放置于适宜的工作环境　温度保持在 18~24 ℃；室内相对湿度不大于85%，防止受潮、生锈造成结果误差；仪器使用时放在稳固的工作台上，周围不应该有强烈震动源，不宜经常搬动；周围禁止有强电磁干扰、有害气体及腐蚀性气体。

3. 冷却装置　冷却水必须使用过滤器，并注意压力和流量，以避免水道阻塞造成激光源的损坏。

4. 定期维护　样品管和鞘液管道每周用漂白粉液清洗，避免微生物生长，保持洁净。

5. 管理　流式细胞分析仪的室内应注意避免阳光直射，应防尘、防潮等。

6. 建立规范使用流程　注意使用人员的培训与管理。

（三）流式细胞分析仪常见故障处理

流式细胞分析仪使用的时候，由于操作不规范、仪器长时间放置不使用等原因常常会出现一些故障,需要排除故障才能继续使用。流式细胞仪的常见故障有:鞘液流使用故障、清洗液量不足、数据处理速率错误、激光器开启错误、样品压力错误和设置参数太多等,可以按照使用说明书一一对照,逐个排除。

(四) 流式细胞分析仪性能指标

仪器性能指标是衡量流式细胞仪质量好坏的主要依据。一台流式细胞仪安装调试使用是否合格都需要通过性能指标测试进行判断。流式细胞仪的性能指标分为分析指标和分选指标,分析指标包括灵敏度、分辨率和分析速度等,分选指标包括分选速度、分选纯度和收获率等。

1. 分析指标

(1) 灵敏度是衡量流式细胞仪检测微弱荧光信号能力的指标,包括荧光检测灵敏度和前向角散射光检测灵敏度。

(2) 分辨率是衡量仪器测量精度的指标。

(3) 分析速度以每秒分析的细胞数来表示。

2. 分选指标

(1) 分选速度是每秒可得到分选细胞的数目。一般 FCM 的分选速度为 300 个 /s,高性能的流式细胞仪可达每秒上万个细胞。

(2) 分选纯度是流式细胞仪分选的目的细胞占分选总细胞百分比。一般 FCM 的分选纯度能达到 99% 左右。

(3) 分选收获率是分选总细胞占原来样品溶液中该细胞的百分比。

通常情况下,分选纯度和分选收获率是矛盾的,是 FCM 的两种模式选择,具体根据实验要求选择高纯度还是高收获率。

四、流式细胞分析仪的临床应用

流式细胞术检测速度快、灵敏度高、特异性强,能够被各种检测仪器联合使用。流式细胞分析仪在免疫学、细胞生物学、血液学等领域使用,既可以完成分析细胞又可以完成分选细胞,广泛地应用于医学检验和临床诊断等。

(一) 医学检验

FCM 能够测定细胞体积和细胞结构,通过测定每个白细胞的光散射强度。光信号与细胞体积、细胞膜结构、细胞核形状、细胞质和染色体等有关,用于白细胞分类,可得到中性粒细胞、单核细胞、淋巴细胞等。FCM 对淋巴细胞及其亚群分析,可得到每微升全血中 T 淋巴细胞亚群的绝对计数。这种细胞分析速度快、结果准确,提高了检验实验室的工作效率。

(二) 临床诊断中

FCM 检测急性白血病细胞表面抗原的表达,为临床诊断、治疗检测和预后提供有力依据。FCM 分析细胞周期 DNA 含量分布,应用于肿瘤诊断。

思 考 题

1. 当观察样品的时候,低倍镜下物像清晰,但一旦转为高倍镜,则不能观察到物像,排除显微镜本身的原因,请问故障在哪里?

2. 简述普通光学显微镜的基本结构和各部分的作用。

3. 简述电阻抗法(库尔特)血细胞分析仪检测的原理。

4. 简述联合检测型血细胞分析仪中白细胞分类计数的原理。

5. 三分群血细胞分析仪检测中三分群指的是什么?

6. 五分群血细胞分析仪检测中五分群指的是什么?

7. 简述血液凝固分析仪的临床应用。

8. 简述血液凝固分析仪的光学法工作原理。

9. 简述血型分析仪梯形微板法工作原理及结果判读方法。

10. 简述流式细胞分析仪的分析原理和分选原理。

11. 简述流式细胞分析仪的基本结构。

12. 简述流式细胞分析仪使用的技术要点。

第四章
练一练

(梁 樑 曾镇桦 李 南 王凤玲)

第五章　临床尿液检验仪器

学习目标

1. 掌握尿液化学分析仪、尿沉渣分析仪的分类和工作原理。
2. 熟悉尿液化学分析仪、尿沉渣分析仪的基本结构和操作使用。
3. 了解尿液化学分析仪、尿沉渣分析仪的临床应用、维护与常见故障处理。

尿液分析仪是检测尿液中某些化学成分及有形成分含量的专用设备。有形成分的分析仪是指尿沉渣分析仪和流式尿沉渣分析仪，化学成分的分析仪可分为干式尿液化学分析仪和湿式尿液化学分析仪。本章重点介绍尿液化学分析仪和尿沉渣分析仪的原理、基本结构、使用、维护、故障处理及临床应用。

第五章
思维导图

第一节　尿液化学分析仪

尿液化学分析仪（图 5-1）是测定尿液中某些生物化学成分的自动化仪器，是在计算机的控制下通过收集、分析试带上各种试剂块的颜色信息，并经过一系列信号转化，最后输出测定的尿液中化学成分含量。尿液化学分析仪是现代医学实验室尿液自动化检查的重要工具，具有操作简单、快速等优点。

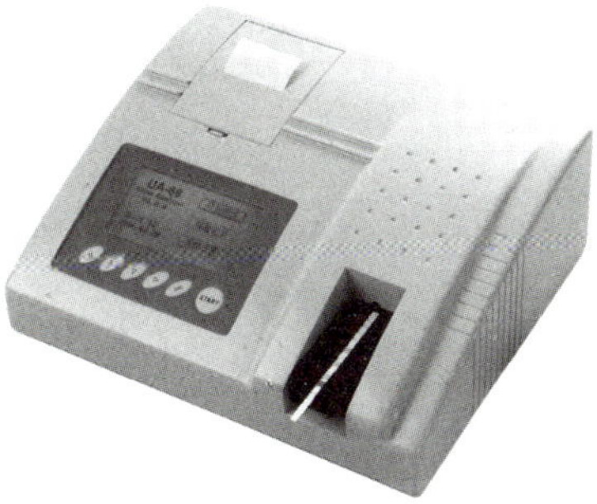

一、尿液化学分析仪的分类和工作原理

（一）尿液化学分析仪的分类

图 5-1　尿液化学分析仪

1. 按工作方式分类　尿液化学分析仪按工作方式可分为湿式尿液化学分析仪和干式尿液化学分析仪。其中湿式尿液化学分析仪属于分立式生化分析仪一类，实际上是机械化了的试管法；干式尿液化学分析仪是在尿液干化学分析试带的基础上发展的，主要着眼于自动评定干试纸法的测定结果，因其结构简单、使用方便，目前临床普遍使用，本节重点介绍的也是干式尿液化学分析仪。

2. 按测试项目分类

（1）8 项尿液分析仪　检测项目为尿蛋白（PRO）、尿糖（GLU）、尿 pH、尿酮体（KET）、尿胆红素（BIL）、尿胆原（URO）、尿潜血（BLD）和尿亚硝酸盐（NIT）。

（2）9 项尿液分析仪　检测项目为 8 项 + 尿白细胞（LEU）。

（3）10 项尿液分析仪　检测项目为 9 项 + 尿比重（SG）。

（4）11 项尿液分析仪　检测项目为 10 项 + 维生素 C。

（5）12 项尿液分析仪　检测项目为 11 项 + 颜色或浊度。

3. 按自动化程度分类　尿液化学分析仪按自动化程度可分为半自动尿液分析仪和全自动尿液分析仪。

（二）尿液化学分析仪的工作原理

尿液化学分析仪测试原理的本质是光的吸收和反射。将尿液样品直接加到已固化不同试剂的多联试剂带上，尿液中相应的化学成分使多联试剂带上各种含特殊试剂的模块发生颜色的变化，颜色的深浅与尿样中特定化学成分浓度成正比关系。将多联试带置于尿液分析仪比色进样槽，各模块依次受到仪器光源照射并产生不同的反射光，仪器接收不同强度的光信号后将其转换为相应的电信号，再经微处理器计算出各测试项目的反射率，然后与标准曲线比较后校正为测定值，最后以定性或半定量方式自动打印出结果。另外，为了消除背景光和其他杂散光的影响，仪器常使用双波长，一个为测定光波长，另一个为对被测试剂块不敏感的光作为参考波长；为了消除尿液本身的颜色及试剂块分布状态的不均匀所产生的测试误差，试剂带上设有一个空的模块作为参考块。

二、尿液化学分析仪的结构与功能

尿液化学分析仪一般由试带、机械系统、光学系统、电路系统、排尿液系统和输入输出系统等部分组成，如图 5-2 所示。

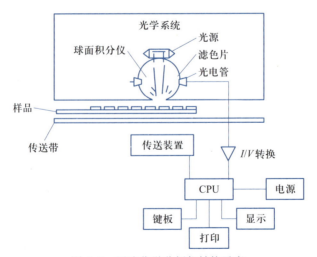

图 5-2　尿液化学分析仪结构示意

(一) 试带

单项试带是干化学发展初期的一种结构形式。它是以滤纸为载体,将各种试剂成分浸渍后干燥,作为试剂层,再在其表面覆盖一层纤维素膜作为反射层。一般把这样一条上面附有试剂块的塑料条称为试带。尿液浸入试带后,与试剂发生反应,产生颜色变化。

多联试带是将多种检测项目的试剂块按一定间隔和顺序固定在同一条带上的试带,浸入一次尿液可同时测定多个项目。试带上一般有数个含有各种试剂的试剂垫,各自与尿中的相应成分进行独立反应后可呈现不同颜色,颜色的深浅与尿液中待测成分成比例关系。不同类型的尿液化学分析仪开发有适合自己使用的配套专用试带,且测试项目试剂块的排列顺序是不相同的。

多联试带的基本结构如图5-3所示,采用多层膜结构:第一层是尼龙膜,起保护作用,防止大分子物质对反应的污染,保证试带的完整性。第二层是绒制层,包括过碘酸盐区(有些试剂模块没有此区,但相应增加了一块检测维生素C的试剂块,以进行某些项目的校正)和试剂区,过碘酸盐区可破坏维生素C的干扰物质,试剂区含有试剂成分,主要与尿液待测成分发生化学反应,产生颜色变化。第三层是固有试剂的吸水层,可使尿液均匀快速渗入,并能抑制尿液流到相邻反应区。最后一层选取尿液不浸润的塑料片作为支持体。

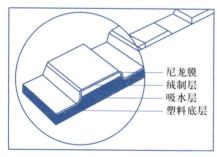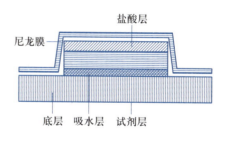

动画:尿液化学分析仪——多联试纸条

图 5-3　多联试带的基本结构

各试剂块与尿液中被测定成分反应而呈现不同的颜色(图5-4)。通常情况下,试带上的试剂块要比测试项目多一个空白块,有的甚至还有参考块,也称为固定块。空白块的作用是为了消除尿液本身的颜色在试剂块上分布不均等所产生的测试误差,以提高测试准确性。固定块的作用是在测试过程中,使每次测定试剂块的位置准确,避免由此而引起的误差。

(二) 机械系统

机械系统由机械传输装置组成,主要功能是将待检的试带和待检标本传送到检测区,分析仪检测后将试带排送到废物盒。不同型号的仪器采取不同的机械装置,如齿轮组合、传输胶带、机械臂、吸样针、样本混匀器等。

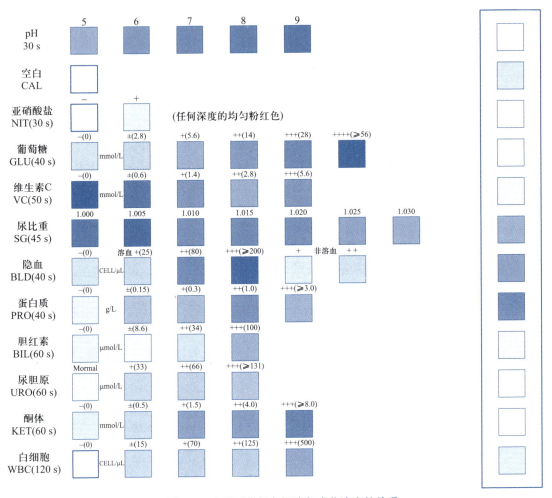

图 5-4　多联试带颜色深浅与成分浓度的关系

　　半自动尿液化学分析仪的机械系统比较简单,主要有以下两类:一类是试纸条架式,将试纸条放入试纸条架的槽内,传送试纸条架到光学系统进行检测或光学驱动器运动到试纸条上进行检测后自动回位,这类分析仪测试速度缓慢;另一类是试纸条传送带式,将试纸条放入试纸条架内,传送装置或机械手将试纸条传送到光学系统内进行检测,检测完毕将试纸条送到废料箱,这类分析仪测试速度较快。

　　全自动尿液化学分析仪的机械系统比较复杂,也主要包含以下两类:一类是浸式加样,由试纸条传送装置、采样装置和测量测试装置组成。这类分析仪首先由机械手取出试纸条后,将试纸条浸入尿液中,再放入测量系统内进行检测,特点是需要足够量的尿液。另一类是点式加样,即由试纸条传送装置、采样装置、加样装置和测量装置组成。这类分析仪首先由加样装置吸取尿液标本,同时由试纸条传送装置将试纸条送入测量系统后,加样装置将尿液加到试纸条上,再进行检测,特点是需要的尿液量少。

(三)光学系统

光学系统一般包括光源(包括卤灯或卤钨灯、发光二极管和高压氙灯)、单色处理器和光电转换三部分。光线照射到反应物表面产生反射光,反射光的强度与各个项目的反应颜色成比例关系。不同强度的反射光在经光电转换器转换为电信号并送到放大器进行处理。不同生产厂家,尿液化学分析仪的光学系统不尽相同,通常有以下三种:发光二极管(light emitting diode,LED)系统、滤光片分光系统和电荷耦合器件(charge coupling device,CCD)系统。

1. 发光二极管系统 采用可发射特定波长的发光二极管作为检测光源,2 个检测头上都有 3 个不同波长的 LED,对应于试带上特定的检测项目分为红、橙、绿单色光(波长分别为 660 nm、620 nm、555 nm),它们相对于检测面以 60° 照射在反应区上。作为光电转换的光电二极管垂直安装在反应区的上方,在检测光照射的同时接收反射光,如图 5-5 所示。由于光路近,不需要光路传导,所以无信号衰减,因此使用光强度较小的 LED 也能得到较强的光信号。以 LED 作为检测光源,具有单色性好、灵敏度高的优点,目前大部分仪器都采用这类检测器。

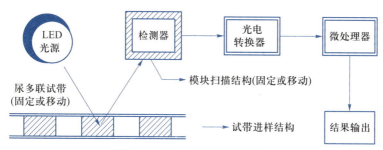

图 5-5 发光二极管系统结构

2. 滤光片分光系统 采用高亮度的卤钨灯作为光源,以光导纤维传导至 2 个检测头。每个检测头有包括空白补偿的 11 个检测位置,入射光以 45° 照射在反应区上。反射光通过固定在反应区正上方的一组光纤传导至滤光片进行分光处理,从 510 至 690 nm 分为 10 个波长,单色化之后的光信号再经光电二极管转换为电信号,如图 5-6 所示。

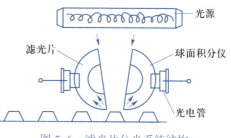

图 5-6 滤光片分光系统结构

3. 电荷耦合器件系统 通常采用高压氙灯或发光二极管作为光源,如图 5-7 所示。采用电荷耦合器件技术进行光电转换,把反射光分解为红、绿、蓝(610 nm、540 nm、460 nm)三原色,又将三原色中的每一种颜色细分为 2592 色素,这样整个反射光分为 7776 色素,可精确地分辨颜色由浅到深的各种微小变化。CCD 具有良好的光电转换特性,其光电转换因子可达 99.7%,光谱响应范围为 0.4~1.1 μm,即从可见光到近红外光。CCD 系统的发光光源接近日光,发光效率高,检测灵敏度较 LED 系统高 2000 倍,但此系统价格高,并且维修复杂,一般用于高档全自动仪器。

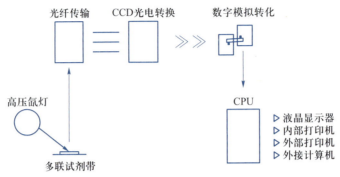

图 5-7 电荷耦合器件系统结构

(四) 电路系统

电路系统由电源、光电转换系统、电流 / 电压转换器、中央处理器(CPU)等部件构成。电路系统提供仪器工作所需的直流恒定电流,将光电转换后的电信号放大,经模 / 数转换后送至中央处理器进行处理,计算出最终检测结果,然后将结果输出到屏幕显示并送打印机打印。CPU 的作用不仅是负责检测数据的处理,而且要控制整个机械系统和光学系统的有机运行,并通过软件实现多种功能。

(五) 排尿液系统

有的仪器具有自动去除试带上多余尿液的真空吸引装置,或采用特殊的棉垫吸除多余尿液,以免残余尿液影响试带上相邻试剂垫之间的反应,或使某些化学成分的反应过度,导致结果不准确。

(六) 输入输出系统

微课:尿液化学分析仪的结构与功能

输入输出系统由显示器、面板、打印机等部件组成,主要用于操作者输入标本信息、观察仪器工作状态、打印报告单等。

三、尿液化学分析仪的使用、维护与常见故障处理

(一) 尿液化学分析仪的使用

1. 尿液化学分析仪的操作方法　良好的工作环境能确保仪器检测的准确性和稳定性,因此,尿液化学分析仪在使用过程中要远离高频电磁波干扰源、热源等地方,要避免阳光直射,操作时环境温度保持在 10~30℃,相对湿度 ≤ 80%,电源电压要保持稳定,工作台面要干燥通风。尿液化学分析仪在安装或维修之后需要对仪器的技术性能进行调校和评价。不同型号的尿液化学分析仪操作程序可能会有所不同,操作人员要严格按照仪器的

操作说明书进行操作。尿液化学分析仪的一般使用操作流程如下。

（1）接通仪器电源，观察仪器自检有无异常，预热数分钟。

（2）选择要求的几联试带通路。

（3）将质控试带（随机配件）放入检测槽内，启动运行键，仪器片刻即打印出质控结果，与试带盒上的标准值比较应相符，将质控带取出收存。如果仪器出现故障，会打印"TROUBLE"字样，根据提示查找相对应的故障表并排除故障。

（4）将欲测试带浸入随机尿液标本内，浸入时间按试带说明书执行。取出时试带下端应紧贴标本杯内壁，除去多余尿液。

（5）在规定时间内将试带放入检测槽内，观察打印结果。

2. 尿液化学分析仪的使用注意事项

（1）保持仪器的清洁，并保证使用干净的取样杯。

（2）使用新鲜的混合尿液，标本留取后，一般应在 2 h 内进行检验。

（3）不同类型的尿液分析仪使用不同的尿试带，在试带从冷藏温度变成室温时，不要打开盛装试带的瓶盖。每次取用后应立即盖上瓶盖，防止试带受潮变质。

（4）试带浸入尿样的时间为 2 s，过多的尿液标本应用滤纸吸走，所有试剂块包括空白块在内都要全部浸入尿液中。

（5）仪器使用最佳温度应是室温 20~25℃，尿液标本和试带最好也维持在这个温度范围内。

（6）在报告检测结果时，由于各类尿液分析仪设计的结果档次差异较大，不能单独以符号代码结果来解释，要结合半定量值进行分析，以免因定性结果的报告方式不够妥当，引起临床解释混乱。

（7）试带应贮存在干燥、不透明、有盖的容器中，放置阴凉、干燥的地方保存，禁止放入冰箱或暴露于挥发性烟雾中。

（二）尿液化学分析仪的维护

尿液化学分析仪是一种精密的电子光学仪器，在使用中必须要规范操作和精心维护，否则可能会因使用不当或仪器故障而影响实验结果。

1. 日常维护

（1）操作尿液化学分析仪之前，应仔细阅读仪器及尿试带使用说明书；每台尿液化学分析仪应建立操作程序，并按其规定操作程序进行操作。

（2）对尿液化学分析仪要有专人负责并建立专用的仪器登记本，对每日仪器操作的情况、出现的问题以及维护、维修情况逐项登记。

（3）每日测定开机前，要对仪器进行全面检查（各种装置情况、打印纸情况等），确认无误后才能开机。检测完毕，要对仪器进行全面地清理和保养。

2. 日常保养

（1）每日保养：每日测试完毕后，用柔软干布或蘸有温和去污剂的软布擦拭仪器表面，保持仪器清洁。试带托盘、传送带和废物装置等部件每日要用水清洗干净。

（2）每周或每月保养：各类尿液化学分析仪要根据仪器的具体情况进行每周或每月

保养,定期对仪器内部和光学部分进行清洁。

(三) 尿液化学分析仪的常见故障处理

尿液化学分析仪在使用过程中可能会因为仪器各种零部件的性能和结构发生老化,或者受外界条件的影响而出现突发质变,导致仪器无法进行正常的工作。因此,在仪器发生故障时应首先排除维护和使用不当以及外界条件的影响,然后根据故障现象检查相应的零部件,找到故障原因,最后排除故障。尿液化学分析仪常见的故障和排除方法见表5-1。

表5-1　尿液化学分析仪常见的故障和排除方法

常见故障	原因	排除方法
打开电源但仪器不启动;电源指示灯不亮	电源连接部分松动;保险丝断裂	重新连接电源连接部位;更换保险丝
检测结果无法打印	热敏打印纸位置不对;打印机开关没有打开;打印环境设置为"关"状态	更换或重新定位热敏打印纸;打开打印机开关;设置打印环境为"开"状态
打印字体不清楚	打印机状态不良;没使用标准打印纸	更换打印机;更换打印纸
只能打印部分结果	打印机热敏传导部分局部受损	报经销商,由维修人员维修
检测结果远离靶值	试带变质;试带项目与定标项目不一样;试带与定标试带批号不同;定标试带污染或蒸馏水变质	更换试带;确认检测批号与项目的一致性后重新定标;用质控品检测,重新定标
检测结果不准确	使用因潮湿或被阳光直接照射而变质的试带;试带被污染;试带上残留尿液过多	更换试带,重新定标;清除试带托架上污染物;彻底清洗试带托架;用软纸吸干多余尿液后测定
试带在测定位卡住	试带状态不良,如弯曲等;试带在平台上位置不当	更换试带;放好试带后重新测定
校正失败	试带被污染;试带弯曲或倒置;试带位置不当;光纤受损;照明灯受损	更换试带后重新测定;确认试带位置后重新测定;报经销商,由维修人员维修
无试带废物箱	试带废物箱位置不当	确认试带废物箱位置正确

四、尿液化学分析仪的临床应用

通过尿液化学检查可以了解人体泌尿系统的生理功能、病理变化,可间接反映人体全身多脏器及系统的功能。

1. 泌尿系统疾病的诊断与疗效观察　如炎症、结核、结石、肿瘤。
2. 协助其他系统疾病的诊断　如糖尿病、胰腺炎、黄疸、重金属中毒、库欣病、嗜铬细胞瘤。
3. 安全用药监护。
4. 产科及妇科疾患的诊断　如妊娠、绒毛膜癌、葡萄胎。

第二节　尿沉渣分析仪

尿沉渣分析仪(图 5-8)是对尿沉渣检查中能够看到的有形成分以及尿液中各种结晶物质进行分析的仪器。过去对人体尿液中有形成分的检查和识别一般是使用光学显微镜,检查比较麻烦和费时,且结果误差也比较大。随着现代医学科学技术的发展,电子技术及计算机技术的应用,各类尿沉渣全自动分析仪相继问世,为尿沉渣检查的自动化提供了可靠的手段。

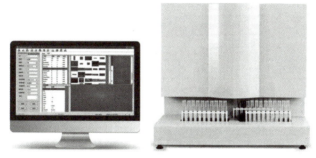

图 5-8　尿沉渣分析仪

尿沉渣分析仪目前大致可分为以下两类:一类是以流式细胞术为基础,联合多种检测技术进行尿沉渣自动分析的流式细胞式尿沉渣分析仪;另一类是通过尿沉渣直接镜检再进行显微影像分析,进而得出相应的技术资料与实验结果的影像式尿沉渣自动分析仪。

一、流式细胞式尿沉渣分析仪

(一) 流式细胞式尿沉渣分析仪的工作原理

流式细胞式尿沉渣分析仪对尿液中有形成分的检测分析主要应用了流式细胞技术和电阻抗分析的原理(图 5-9)。尿液中的细胞等有形成分经荧光色素(菲啶或羰花青)染色后,靠液压作用通过鞘液流动室,在鞘流液的作用下,形成单个、纵列细胞流,快速通过氩激光检测区,仪器检测荧光、散射光和电阻抗的变化;当仪器在捕获了荧光强度(fluorescent light intensity,FI,反映细胞染色质的强度)、前向荧光脉冲宽度(forward fluorescent light intensity width,FLW,反映细胞染色质的长度)、前向散射光强度(forward scattered light intensity,FSC,反映细胞大小)、前向散射光脉冲宽度(forward scattered light intensity width,FSCW,反映细胞长度)、电阻抗信号(反映细胞体积)后,综合识别和计算得到了相应细胞的大小、长度、体积和染色质长度等资料,并做出红细胞、白细胞、细菌和管形等的直方图、散点图及定量报告,通过软件分析即可区分每个细胞,并得出有关细胞的形态。

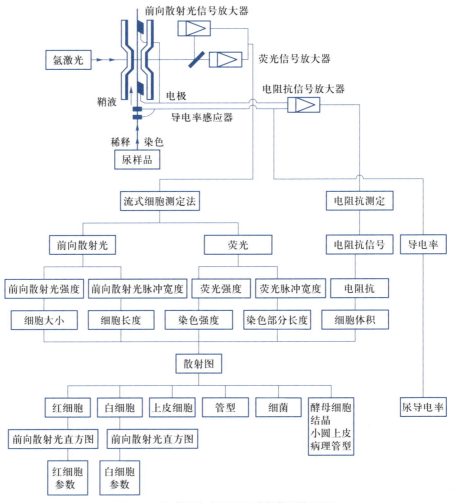

图 5-9 流式细胞式尿沉渣分析仪测定原理

微课:流式
细胞式尿沉
渣分析仪的
工作原理

(二)流式细胞式尿沉渣分析仪的结构

流式细胞式尿沉渣分析仪的结构如图 5-10 所示,一般由光学检测系统、液压(鞘液活动)系统、电阻抗检测系统和电路系统四个部分组成。

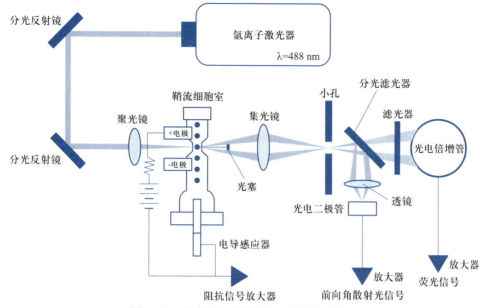

图 5-10 流式细胞式尿沉渣分析仪结构示意

1. 光学检测系统 一般由激光源(氩激光,波长为 488 nm)、激光反射系统、流动室、前向光采集器和前向光检测器等组成。光学检测系统激光源发出的激光,经双色镜直角反射,由聚光镜系统收集,形成光束点。该光束点聚焦照射在通过流动室的每个细胞上,产生前向光信号,由聚光区收集,并直接送到光电检测区。被收集的前向光由双色滤光片分离成前向散射光和前向荧光,前向散射光由光电二极管转换成电信号,前向荧光由光电倍增管转变成电信号,转换后的电信号输送到计算机系统处理,如图 5-11 所示。

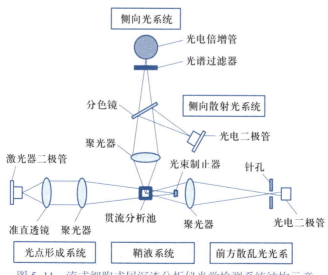

图 5-11 流式细胞式尿沉渣分析仪光学检测系统结构示意

从样品细胞中得到的前向散射光很强,不需要高敏感光电检测器,用光电二极管就能够直接将光信号转变成电信号;从样品细胞中得到的前向荧光很弱,需要使用极敏感的光电倍增管用作光电检测器,光电倍增管吸收光电表面(阴极)的光子能量,再应用金属的光电效应发射光电子,发射的光电子被外加的电压加速,并产生许多二次电子,结果产生放大作用,前向荧光经放大后被转换成电信号;在流动室中被检测的电阻抗信号也由专门的放大电路放大。这些被放大的电信号先由波形处理器进行测量和处理,然后由微处理器进行分析和储存,把一个样品各种参数(散射光强度和脉冲宽度、荧光强度和脉冲强度、电阻抗值)结合起来,并在二维坐标上标出,画出散点图(图5-12)。将散射光和荧光强度同分类的颗粒数量结合起来,便可显示直方图,通过软件计算就可以得出样品中各种细胞数目和形态。

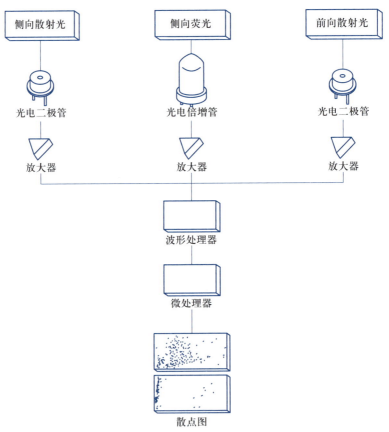

图5-12 流式细胞式尿沉渣分析仪光电检测及信号处理

2. 液压(鞘液流动)系统 真空装置将反应池中被染色的标本吸入流动室(图5-13)。为了使尿液细胞进入流动室不凝固成团发生堵塞,而是一个接一个通过流动室中央受到激光照射,需要将增压的鞘流液引入流动室,使得流动室内充满鞘液流。鞘液在压力作用下形成一股液涡流,样品流在鞘液流的环包下形成流体聚焦,使被染色的样品从流动室的中心通过并排成单个的纵列。鞘液和样品液不相混合,可以保证尿液细胞永远在鞘液中心通过,若样品液中存在大的颗粒,因受鞘液的包绕,流动室也不可能发生堵塞。这种鞘流机制提高了细胞计数的准确性和重复性,防止错误脉冲的发生,减少了流动室受污染的可能。

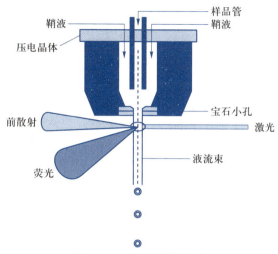

图 5-13　流动室结构示意

3. 电阻抗检测系统　包括测定细胞体积的电阻抗系统和测定尿液电导率的传导系统。电阻抗测定的方法是:当尿液细胞通过流动室(流动室前后有两个电极维持恒定的电流)小孔时,在电极之间产生的阻抗使电压发生变化。尿液细胞通过小孔时,细胞和稀释液之间存在着较大的传导性或阻抗的差异,阻抗的增加引起电压之间的变化,它与阻抗改变成正比。尿液电导率的测定采用电极法,样品进入流动室之前,在样品两侧各个传导性传感器接收尿液样品中的电导率电信号,并将电信号放大直接送到微处理器,这种传导性与临床使用的尿渗量密切相关。

部分尿液标本可在低温时含有某些结晶,影响电阻抗测定的敏感性,导致不正确的分析结果。为了保证尿液标本电导率测定的准确度,可以采取下列措施。

(1)用稀释液稀释尿液标本。由于稀释液中含有 EDTA 盐化合物,可除去尿中所含的非晶型磷酸盐结晶。

(2)尿液标本在染色过程中,仪器将尿液和稀释液混合液加热到 35℃,加热可以溶解尿标本中的尿酸盐结晶,除去尿中结晶在电阻抗测定时引起的误差。

4. 电路系统　主要由微机控制系统(包括外围受控部件)、检测模块、信号处理模块等组成,如图 5-14 所示。主机中的微处理器控制着液路系统、电磁阀、主阀和电机,从而可以控制样本、试剂以及废液在液路系统中的流动。来自检测器模块的信号在模拟单元处理后被发送至波形处理微机,然后微机将模拟信号转换为数字信号,并计算出结果。

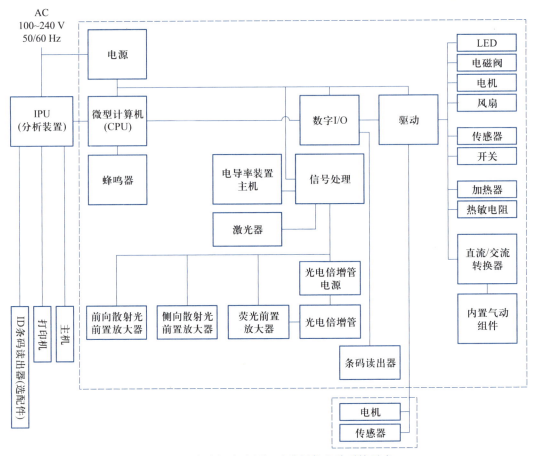

图 5-14　流式细胞式尿沉渣分析仪电路系统示意

(三) 流式细胞式尿沉渣分析仪的检测项目

1. 红细胞　出现在第一个和第二个散射图的左侧。由于红细胞直径大约为 8.0 μm，没有细胞核和线粒体，所以红细胞荧光强度（FI）很弱。另外，红细胞在尿液标本中大小不均，且部分溶解成小红细胞碎片，同时在肾脏疾患时排出的红细胞也大小不等，因此红细胞前向散射光强度（FSC）差异较大。一般来说，FI 极低和 FSC 大小不等都可视为红细胞。

流式细胞式尿沉渣分析仪除了能够给出尿红细胞数量（每微升的细胞数和每高倍视野的平均红细胞数）参数外，还可以给出尿红细胞其他参数，如均一性红细胞的百分比、非均一性红细胞的百分比、非溶血性红细胞的数量和百分比、平均红细胞前向散射光强度和红细胞荧光强度分布宽度等。

2. 白细胞　在尿液的分布直径约为 10 μm，比红细胞稍大，因此前向散射光强度也比红细胞稍大一些。但白细胞有细胞核，因此有高强度的前向荧光，据此就能将红细胞和白细胞区分开来。白细胞出现在散射图的正中央。

流式细胞式尿沉渣分析仪除了能够给出白细胞数量(每微升的细胞数和每高倍视野的平均白细胞数)参数外,还可以测出尿液中白细胞的平均前向散射光强度。尿液中白细胞可以有多种形态存在,当其存活时,白细胞呈现出的前向散射光强和前向荧光弱;而当其受损或死亡时,呈现的前向散射光弱和前向荧光强,因此可以通过仪器提供的白细胞平均前向散射光强度指标,对尿液中白细胞的状态有所了解。

3. 上皮细胞 由泌尿道的上皮细胞脱落而来,种类多且大小不等。由于上皮细胞胞体大,散射光强,且都含有细胞核、线粒体等,所以荧光强度也比较强。一般来说,大的鳞状上皮细胞和移行上皮细胞分布在第二个散射图的右侧。

流式细胞式尿沉渣分析仪除了能够给出上皮细胞数量参数外,还可以标出肾小管上皮细胞,并在第二个字幕上显示出每微升细胞数。小圆上皮细胞是指细胞大小与白细胞相似或略大、形态较圆的上皮细胞,包括肾小管上皮细胞、中层或底层移行上皮细胞,这些细胞散射光、荧光及电阻的信号变化较大,仪器不能够将这些细胞完全准确地区分开。因此,当仪器标出这类细胞的细胞数达到一定浓度时,还需要通过离心染色镜检才能得出准确的结果。

4. 管型 由于管型种类较多,且形态各不相同,仪器不能完全区分这些管型的性质,只能检测出透明管型和标出有病理管型的存在。透明管型由于管型体积大和无内含物,有极高的前向散射光脉冲宽度和微弱的荧光脉冲宽度,出现在第二个散射图的中下区域。病理管型(包括细胞管型)的体积与透明管型相等,但有内含物(如线粒体、细胞核等),所以有极高的前向散射光脉冲宽度和荧光脉冲宽度,出现在第二个散射图的中上区域。借助于荧光脉冲的宽度,就可以区分出透明管型和病理管型。

当仪器标明出现病理管型时,由于仪器只能起到过筛作用,不能完全判定就是病理管型,须进一步通过离心镜检进行准确分类,确认是哪一类管型,这样才会对疾病的诊断起到真正的帮助。

5. 细菌 由于细菌体积小并含有 DNA 和 RNA,所以前向散射光强度比红细胞、白细胞的要弱,但荧光的强度比红细胞要强,又比白细胞要弱。因此,细菌分布在第一个散射图红细胞和白细胞之间的下方区域。

仪器可定量报告细菌数量,但不能鉴别细菌种类,如果需要进一步明确感染细菌,还需进一步做细菌培养和鉴定。

6. 电导率 与渗透量有着密切的关系。电导率代表溶液中溶质的质点电荷,与质点的种类、大小无关;渗透量代表溶液中溶质的质点(渗透活性粒子)数量,而与质点的种类、大小及所带的电荷无关。因此,电导率与渗透量既有关系又有差异,如溶液中含有葡萄糖时,由于葡萄糖是无机物,没有电荷,与导电无关,但与渗透量有关。

7. 其他 流式细胞式尿沉渣分析仪除了能够检测上述参数外,还能标记出类酵母细胞、结晶、精子细胞等,并能够给出定量值。结晶的种类比较多,其分布区域可能与红细胞有所重叠(如尿酸盐),但是因结晶的中心分布不稳定,仪器可据此将它与红细胞区分。当尿酸盐浓度增高时,部分结晶可能会对红细胞的计数产生影响。因此,当仪器提示有酵母细胞、精子细胞和结晶时,都应该进行离心镜检。

二、影像式尿沉渣自动分析仪

(一) 影像式尿沉渣自动分析仪的工作原理

影像式尿沉渣自动分析仪是以影像系统配合计算机技术的尿沉渣自动分析仪,对尿液中有形成分的分析是基于影像式流式细胞术。仪器自动将未离心的尿液吸入,经过粗网滤去黏液等较大的颗粒,被结晶紫染料染色后进入平板式流动室内做层状流动,当尿液中的颗粒通过智能显微镜时被闪光灯照亮,由高分辨率的电视摄像机取得数百幅图像,由计算机进行数字化影像处理和重排,然后由实验人员根据内存中红细胞、白细胞、上皮细胞、管型和各种有形成分的信息进行判断,并将结果存储、计算和打印出来。结果定量是由恒定的图像容量决定的,图像容量等于低倍镜或高倍镜的摄影面积乘以尿沉渣的流层厚度。根据图像容量中各有形成分的数量,就可以计算出每微升尿液中各种颗粒的数目。

(二) 影像式尿沉渣自动分析仪的结构

影像式尿沉渣自动分析仪的基本结构一般由光源、流动室、高分辨率显微电视摄像机和计算机等组成。

1. 光源　通常采用闪光灯,用于照亮尿液样品中的有形成分。

2. 流动室　是使尿液在鞘液作用下做层状流动,通过精确地压力控制,使样品中的所有不对称颗粒以稳定的最大横截面方向流动,也称为平板式流体动力学装置,与流式细胞术的轴向流动相反。

3. 高分辨率显微电视摄像机　大约捕捉 500 帧图像,每帧图像由 65 000 像素组成,每个颗粒可获得大量数据,每个样品分析 500~1 500 张照片。

4. 计算机　对每个颗粒的大量数据进行软件处理,并按照细胞大小分成 7 组图像,分别为 88~105 μm、61~87 μm、30~60 μm、16~29 μm、10~15 μm、5~9 μm 和 2~4 μm,由实验人员按屏幕上显示的图像进行结果分析。

(三) 影像式尿沉渣自动分析仪的检测项目

影像式尿沉渣自动分析仪能够检测尿液中的有形成分,包括红细胞、白细胞、上皮细胞、管型、酵母菌、细菌和结晶等。其自动化的检测能够避免人工显微镜检查由于个体差异所引起的误差,且直观、方便、快速。尿液样品经染色等处理后,在屏幕上显示的沉渣成分形态清晰,储存的图像便于核查,用于教学也非常方便。

三、尿沉渣分析工作站

(一) 尿沉渣分析工作站的工作原理

尿液标本经离心沉淀浓缩、染色后,由微电脑控制,利用动力管道产生吸引力的原理,蠕动泵自动把已染色的尿沉渣吸入,并悬浮在一个透明、清晰、带有标准刻度的光学流动计数池,通过显微镜摄像装置,操作者可在显示器屏幕上获得清晰的彩色尿沉渣图像,按规定范围内识别、计数,最后通过计算机计算出每微升尿沉渣中有形成分的数量(图5-15)。

尿沉渣分析工作站对尿液中有形成分进行定量分析,采用光学流动计数池,体积准确恒定,视野清晰,人工识别容易,且管道密闭,标本不污染工作环境,安全性好。该法虽仍需要人工进行离心沉淀,但是有利于尿沉渣定量分析的标准化和规范化,目前已在国内推广使用。

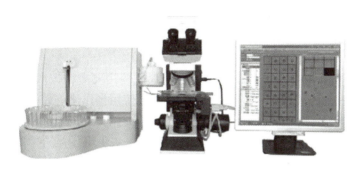

图5-15 尿沉渣分析工作站

(二)尿沉渣分析工作站的结构与功能

尿沉渣分析工作站的结构一般包括标本处理系统、双通道光学计数池、显微摄像系统、计算机及打印输出系统和尿液干式尿液化学分析仪等几部分组成。

1. 标本处理系统 内置定量染色装置,在计算机指令下自动提取样本,完成二次定量、染色、混匀、冲池、稀释、清洗等主要工作步骤。

2. 双通道光学计数池 由高性能光学玻璃经特殊工艺制造,池内腔高度为0.1 mm,池底部刻有标准计数格。

3. 显微摄像系统 标准配置是光学显微镜、专业摄像头接口和摄像头,作用是将采集到的沉渣图像的光学信号转换为电子信号输入计算机进行图像处理。

4. 计算机及打印输出系统 主要功能是对主机及摄像系统进行控制,并编辑出检测报告模式,包括主机控制软件、尿沉渣图像采集处理软件、病例图文数据库管理软件、尿液综合检验图文报告软件、干化学分析数据通信接口软件、医院局域网图文数据传输处理软件等。

5. 干式尿液化学分析仪 干式尿液化学分析仪通过接口与电脑主机相连。干式尿液化学分析仪对尿液样品进行干化学分析并将结果传送到计算机中,再对离心后的尿沉渣用显微镜进行检查,显微镜的图像传送到计算机中,在屏幕上显示出来。只要识别出尿沉渣成分,输入相应的数目,标准单位下的结果就会自动换算出来。

(三) 尿沉渣分析工作站的检测操作

1. 按操作要求,对待检尿液样本进行前处理。

2. 按系统程序输入样本编号,确定无误后进行尿沉渣分析,实时显示显微视野尿沉渣图像。

3. 根据自动分析及实时图像检查结果,在相应项目下输入数据。

4. 完成后保存数据及尿沉渣图像,输出结果至打印机。

四、尿沉渣分析仪的使用、维护与常见故障处理

(一) 尿沉渣分析仪的使用

1. 尿沉渣分析仪的操作流程　尿沉渣分析仪的使用要严格按照仪器的操作说明书进行操作。以流式细胞式尿沉渣分析仪为例,其一般使用操作流程如下。

(1) 开机前准备:检查试剂是否充足,检查压力单元的防逆流容器及其废液容器是否存有废液,确认管道有无受折现象,电源线是否已连接,电源电压是否稳定等。

(2) 开机:顺次打开打印机、变压器、主机电源、激光电源、压缩机、主机,仪器开始自检,自检通过后进行自动清洗及空白校验,仪器进入准备测试状态。

(3) 质控测试:根据实验室操作规程,按说明书要求,执行质控,分析完成后确认符合检测条件。

(4) 样本装载:将盛有尿液样本的试管插入自动进样的架子里,条码对外放正,再把架子放入自动进样器。

(5) 样品测定:当仪器准备完毕后,在进样界面输入样品号、试管架编号及试管位置编号并按确定键检测。

(6) 结果输出:分析结束后,结果将显示在主机屏幕上,若设置自动打印功能,将自动从打印机输出结果。

(7) 关机:按说明书要求,将清洗剂放在进样口下,按开始键进行清洗,清洗结束后按顺序关闭主机电源、激光电源、变压器、打印机。

2. 尿沉渣分析仪的使用注意事项

(1) 仪器需要放在清洁、无强电场干扰的工作场所,检查工作台及周围环境以保证仪器的运行和操作不受妨碍。

(2) 仪器应避免放在阳光直射以及潮湿的地方。

(3) 220 V 交流电源系统必须有可靠的接地措施,电压允许波动范围为 220 ± 22 V。

(4) 设备运行时禁止搬动仪器,以免结构部件损伤。

(5) 在使用操作仪器时,禁止更改仪器配置和添加无关软件,以免影响程序运行。

(6) 当采图不清时应重设初始坐标。

(7) 工作过程中要插入急诊时,应转入图像窗口操作。

(8) 若遇到系统出错自动退出时,重进系统要反复进入两次,使平台初始化后焦距准确。

(9) 安装的新仪器或维修之后的仪器,必须由仪器制造公司的工程师对仪器技术性能进行调试和鉴定,从而保证仪器的检验质量。

(10) 当标本出现下列情况时禁止上机检测:① 尿液标本中血细胞数 >2 000/μL 时,会影响下一个标本的测定结果。② 尿液标本使用了有颜色的防腐剂或荧光素,可降低分析结果的可靠性。③ 尿液标本中有较大颗粒的污染物,可能引起仪器阻塞。

(二) 尿沉渣分析仪的维护

尿沉渣分析仪是一种自动化和智能化的电子光学仪器,在使用中需要规范操作和精心维护,保证仪器检测结果的准确性。

1. 日常维护

(1) 操作尿沉渣分析仪之前,应仔细阅读使用说明书,建立操作程序,并按其规定操作程序进行操作。

(2) 对尿沉渣分析仪要有专人负责并建立专用的仪器登记本,对每日仪器操作的情况、出现的问题,以及维护、维修情况逐项登记。

(3) 每日测定开机前,操作者要对尿沉渣分析仪进行全面检查(仪器的试剂、打印机、配件、取样器和废液装置等),确认无误后才能开机。开机时仪器先进行自检,自检通过后,仪器再进行自动冲洗并检查本底。本底检测通过后,还要进行仪器质控检查。自检通过后,方可进行样品检测。检测完毕后,要对仪器进行全面地清理和保养。

2. 日常保养

(1) 每日保养:全自动尿沉渣分析仪的许多功能都是自动设置的,只需按照操作程序执行即可。每日工作完毕后,应做如下保养。① 用清水或中性清洗剂擦拭干净仪器表面。② 倒净废液并用水清洗干净废液装置。③ 关机前或连续使用时,每 24 h 应用清洗剂清洗仪器(清洗剂为 5% 过滤次氯酸钠溶液,是一种强碱性溶液,使用时必须小心)。④ 检查仪器真空泵中蓄水池内的液体水平,如果有液体存在,应排空。

微课:尿沉渣分析仪的使用方法及维护

(2) 每月保养:尿沉渣分析仪在每月工作之后,应由仪器制造公司的专业人员对仪器的标本转动阀、漂洗池等部件进行清沈,为避免生物危害,在清洗过程中必须戴手套。

(3) 每年保养:根据尿沉渣分析仪生产厂商的要求,每年需要对仪器的激光设备、光学系统等部件进行检查,以确保仪器检测的准确性。

虚拟仿真:尿沉渣分析仪的使用

(三) 尿沉渣分析仪的常见故障处理

尿沉渣分析仪的自动化、智能化不仅方便了用户使用,也方便了操作人员对仪器的维护及故障排除。使用操作人员可以根据故障代码及故障部位、原因了解对应的处理方法,以便顺利修复仪器。尿沉渣分析仪常见的故障和排除方法见表5-2。

表5-2　尿沉渣分析仪常见的故障和排除方法

常见故障	原因	排除方法
质控时细菌和总数结果偏高	管道等试剂流经的部分有碎屑或气泡	清洗至结果到正常范围
开机后提示温度错误	温度超出仪器所需的温度范围	使环境保持一定的温度(25℃)、一定的湿度(65%)。开机30 min后,还未稳定到仪器所需的温度范围则找工程师维修
鞘液温度错误	开机鞘液温度高	让代理商调整电路板
压力和负压错误	仪器压力超出所要求的范围	按[more]键,再按[Status]键,显示压力、负压读数。如其读数偏低,松开主机左侧负压调节的螺帽,顺时针慢慢转动调节器直到负压达到所要求的范围,反之,逆时针调节。调节好后,拧紧锁定螺帽
管架操作错误	样本架放置不正确;试管架送入感应器受污染;试管架送入槽内有异物或移动轴移动不顺畅	重新放架子,重新检测标本;用无水酒精清洗试管架送入感应器;用软刷清除移动轴上的灰尘,再用机油润滑移动轴
激光错误	电压低于或高于仪器要求范围;部件损坏,激光振幅不正常	打开激光电源、安装稳压装置;部件损坏找代理商解决
分析错误	噪声灵敏度异常,在灵敏度感应器中有气泡、灵敏度感应器线未被连接	按[more]、再按[A.Rinse]键,检查灵敏度感应器线是否已连接上
空白错误	试剂管道中有空气泡;试剂被污染或失效	按[more]、再按[A.Rinse]键以便排除试剂管道中有空气泡;按[Rep.Reag]更换试剂
进样错误	标本混浊、标本留置时间过长,结晶析出	重做或重新留标本
HC通信错误	电脑开关被切断、电脑未连接或连接不当	首先检查电脑电源和系统状态、检查主机与电脑之间的连线有无差错;在主菜单中按[Stored],按"∧、∨"挑选所需的编号,按[Mark]进入标记界面、再按[output]、[Marked]进入输出界面,最后按[HC],传递完毕,返回主菜单
RBC、WBC、EC、CAST、BACT 显示"？？"	结果异常;进样阀堵塞;流动池污染	重新检测标本或重留标本;新生儿标本,由于其电导率过低,UF往往不能提供正常测定状态的结果;清除堵塞物,用Cellclean泡进样阀;清洗流动池;按[More], 按[Maint] 键, 选[Clean Flow Cell]完成清洗

五、尿沉渣分析仪的临床应用

尿沉渣分析仪是专门对人体尿液中的有形成分,如红细胞、白细胞、细菌、上皮细胞等进行分析的仪器,对人体肾脏和尿路疾病的诊断、鉴别诊断以及疾病的严重程度和预后判断有着重要的意义。

思 考 题

1. 简述尿液化学分析仪试剂带的结构。
2. 尿液化学分析仪的检测项目有哪些?
3. 简述尿液化学分析仪的检测原理和结构。
4. 简述流式细胞式尿沉渣分析仪的结构及工作原理。
5. 简述尿液化学分析仪的安装和使用注意事项。
6. 简述尿沉渣分析仪的安装和使用注意事项。

第五章
练一练

（胡希伖）

第六章　临床生物化学检验仪器

1. 掌握分立式自动生化分析仪、干化学式自动生化分析仪、即时检测仪器的工作原理。

2. 熟悉分立式自动生化分析仪、干化学式自动生化分析仪、即时检测仪器的基本结构、使用、维护与常见故障处理。

3. 了解分立式自动生化分析仪、干化学式自动生化分析仪、即时检测仪器的临床应用。

第六章
思维导图

　　临床生物化学检验是利用物理学、化学、生物学、病理学、遗传学、免疫学、生物化学等学科的理论与技术,探讨疾病的发病机制,研究疾病病理过程中特异性化学标志物或体内特定成分改变的一门学科和技术。它包括血清酶学检查、血脂检查、电解质检查、肝功能检查、心肌标志物检查等,对疾病的鉴别、诊断、治疗和预后判断等方面有指导意义。本章主要介绍自动生化分析仪、即时检测(Point of care testing,POCT)仪器的有关知识及技能学习。

　　通过本章的学习,对临床生物化学检验仪器有一个系统的认识与了解,理解其工作原理,学会基本操作方法,能够进行仪器的校准、维护和简单故障的排除。

第一节　自动生化分析仪

　　自动生化分析仪(automatic biochemical analyzer)由电脑控制,将生化分析中的取样、加试剂、混匀、保温反应、检测、结果计算、可靠性判断、显示和打印,以及清洗等步骤组合在一起自动操作。计算机不但用来控制自动生化分析仪,也用来安排测试要求和打印结果。自动生化分析技术提高了临床生化检验质量和速度,可减轻检验人员的劳动强度,节约样品和试剂,增加检验项目,提高检测精密度,减少实验误差,有利于临床检验标准化的实现。

一、自动生化分析仪的类型和特点

　　自动生化分析仪根据自动化程度可分为全自动和半自动。全自动生化分析仪从取样至出结果的全过程都自动完成。操作者只要把样品放进分析仪,输入要测定的项目代号,仪器就会根据分析程序自动进行操作,并打印出检测结果。半自动生化分析仪则相当于一台连续流动式比色计,其流动式管道即为比色杯,优点是结构简单、价格便宜。

自动生化分析仪根据结构原理不同,可分为管道式(连续流动式)、离心式、分立式和干片式四类。

(一)管道式自动生化分析仪

世界上第一台自动生化分析仪属于管道式自动生化分析仪,其特点是测定项目相同的各待测样品与试剂混合后的化学反应,是在同一管道中经流动过程完成的。这类仪器一般可分为空气分段系统式和非分段系统式。空气分段系统是指在吸入管道的每一个样品、试剂以及混合后的反应液之间,均由一小段空气间隔开;而非分段系统是靠试剂空白或缓冲液来间隔每个样品的反应液。在管道式分析仪中,以空气分段系统式最多且较典型,整套仪器是由样品盘、比例泵、混合管、透析器、恒温器、比色计和记录器组成。管道内的圆圈表示气泡,气泡可将样品及试剂分隔为许多液柱,并起一定的搅拌作用。

(二)离心式自动生化分析仪

离心式自动生化分析仪的特点是化学反应器装在离心机的转子位置,该圆形反应器称为转头,先将样品和试剂分别置于转头内,当离心机开动后,圆盘内的样品和试剂受离心力的作用而相互混合发生反应,最后流入圆盘外圈的比色槽内,通过比色计进行检测(图6-1)。仪器主要由两部分组成,即加样部分和分析部分。加样部分包括样品盘、试剂盘、吸样臂(或管)、试剂臂(加液器)和电子控制部分(键盘和显示器等)。加样时转头置于加样部分,加样完毕后将转头移至离心机上。分析部分除安装转头的离心机外,还有温控和光学检测系统,并有微机信息处理和显示系统。这类分析仪特点是:① 在整个分析过程中,各样品与试剂的混合、反应和检测等步骤,几乎是同时完成的,不同于管道式的"顺序分析",离心式是基于"同步分析"的原理而设计。② 样品量和试剂量均为微量级(样品用 1~50 μL,试剂 120~300 μL),分析快速(每小时可分析 600 个样品以上)。③ 转头是这类分析仪的特殊结构。早期的转头由转移盘、比色槽、上下玻璃卷和上下套壳六个部件组成,现已被一次成形的塑料组合件代替。转头转动时,各比色槽被轮流连续监测,微机进行控制和数据处理。

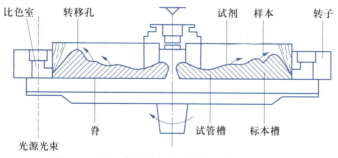

图6-1 离心式自动生化分析仪工作原理示意

(三) 分立式自动生化分析仪

分立式是指按手工操作的方式编排程序,并以有序的机械操作代替手工,各环节用传送带连接起来,按顺序依次操作。分立式自动生化分析仪与管道式自动生化分析仪在结构上的主要区别为:① 分立式自动生化分析仪不同样品和试剂在各自的试管中起反应,而管道式自动生化分析仪是在同一管道中起反应。② 分立式自动生化分析仪采用由采样器和加液器组成的稀释器进行取样和加试剂,而不用比例泵。分立式自动生化分析仪一般没有透析器,如要去除蛋白质等干扰,需另行处理。恒温器必须能容纳需保温的试管和试管架,所以比管道式自动生化分析仪的体积要大。此外,其他部件与管道式的基本相似。分立式自动生化分析仪的基本结构如图 6-2 所示。

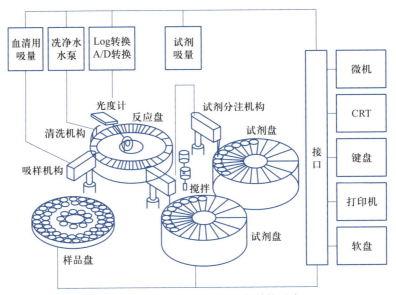

图 6-2　分立式自动生化分析仪结构示意

(四) 干片式自动生化分析仪

干片式自动生化分析仪是 20 世纪 80 年代问世的。操作时,将待测液体样品加至已固化于特殊结构的干片试剂载体上(图 6-3),载体上的干片试剂溶解并与样品中的待测成分产生颜色反应,用反射光度计检测即可进行定量。这类方法完全革除了液体试剂,故称干化学法。

干片不仅包括试剂,也可由电极构成,所以这类分析仪也可进行电解质的测定。

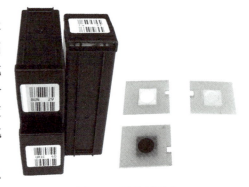

图 6-3　干片试剂盒

二、自动生化分析仪的工作原理和基本结构

目前临床主要使用的是分立式自动生化分析仪,其主要是依据紫外可见分光光度法原理,完全模仿手工操作方式设计的一类自动化检测设备。分立式自动生化分析仪的各部分结构对应手工操作的每个步骤,包括取样、加试剂、混匀、孵育、检测、结果计算、器材清洗等(图6-4)。

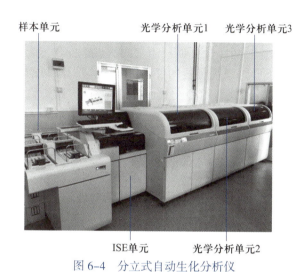

图 6-4 分立式自动生化分析仪

(一)样品盘或样品架

样品盘是放置待测样品的转盘,可放置一定数量的样品杯或不同规格的采血试管,通过样品盘的转动来控制不同样品的进样。另一种方式是样品架,每个样品架可放数只样品杯或采血试管。样品杯或采血试管均可盛载血清、血浆、尿液等样品。样品架的移动通过样品传送带来进行,以样品架上的条形码或底部编码孔识别样品架号及样品位置号。有些仪器配备专用于急诊样品、校准品和质控品的可识别架,更多仪器是通过固定专用位置来区分这些样品架类型。样品杯或采血试管可贴上包含样品性质和编号的条形码,分析仪通过样品条形码识别不同的样品。样品架的优点有:① 随着样品架移动及样品的检测,可不断追加已放置样品杯或采血试管的样品架。② 通过样品架的移动能将样品传送到另一个分析模块,甚至在另一台分析仪上再进行分析。而样品盘则只能固定在某个分析模块或某台分析仪上,但多数样品盘为开放式,对其上的样品可较自由地随时取出和放入(图6-5)。

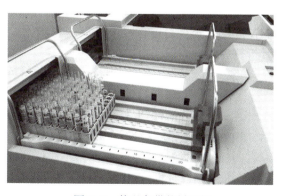

图 6-5 传送条带状样品架

(二) 试剂室和试剂瓶

试剂室内可装有放置试剂瓶的转盘,一般可放置 20 种以上具有一定形状的塑料试剂瓶,大型分析仪可放置 30~45 种试剂瓶,试剂瓶容量一般为 10~100 mL。通过试剂转盘的转动来选用不同试剂。试剂室也有按试剂架形式设计,可放置容量为 250~500 mL 的任意形状的试剂瓶,试剂瓶不能转动,但每个试剂瓶内引出一条试剂管路及其喷嘴,即每种试剂均有专用的加试剂装置,因而不同试剂间无交叉污染。但试剂管路较长,使试剂的死体积较大,因而适用于使用频率高、消耗试剂量大的检测项目。大型分析仪同时备有第一试剂室和第二试剂室,即具备对同一检测项目添加两次试剂的功能,个别分析仪还具有加入第三试剂的功能。对有条形码识别装置的仪器可将带条形码的试剂瓶放在试剂室转盘上的任意位置,仪器能自动识别试剂的种类、批号和有效期。试剂室均具有冷藏装置,可将试剂保存在 4~10℃(图 6-6)。

图 6-6　试剂室

(三) 反应杯和反应盘

反应杯是样品与试剂进行化学反应的场所,同时用作比色杯,这一点与手工操作有显著区别。反应杯由透光性好的硬塑料或石英材料制成,100 只或更多的反应杯围成一圈组成一个反应盘,反应杯的数量往往与分析效率成正比。在测定过程中,反应盘做恒速的圆周运动,在静止时向反应杯中加入样品、试剂并搅拌混匀,当反应盘相对静止时,经过检测窗口的比色杯可进行吸光度检测。比色杯光径为 0.5~1 cm,大多数分析仪在计算时将其折算为 1 cm。

(四) 取样和加试剂装置

1. 取样装置　由取样针、取样臂、取样管路、取样注射器和阀门组成,能定量吸取样品并加入反应杯中。不同分析仪的取样容量有不同的范围,一般为 2~35 μL,步进 0.1 μL左右。最低取样量很重要,取样量小对仪器的制作要求就高,是判断高低档分析仪的一个指标。取样针尖上设有电子感应器,具液面感应功能,取样针于样品上方下降,一旦接触到样品液面即停止下降而开始吸样。多数感应器设有防撞装置,遇到阻碍时取样针立即停止运动并报警。某些取样针还设有阻塞报警系统,当取样针被样品中的凝块、纤维蛋白等物质阻塞时,机器会自动报警、加大压力冲洗取样针,并跳过当前样品,进行下一个样品的取样检测。由于取样针会在各样品间产生携带交叉污染,因此所有的自动生化分析仪均对其设置了防交叉污染的措施。取样针绝大多数采用水洗方式(又有淋浴式和洗脸盆式之分)。在吸取另一个样品前对接触样品的样品针内外壁进行冲洗,也有的采用化学惰性液来隔绝样品与取样针内外壁之间的接触。

2. 加试剂装置 用于定量吸取试剂加入反应杯,可加入试剂容量一般为 20~380 μL,步进 1~5 μL 等,取样精度在 1 μL 左右。加试剂装置有两种类型,一种类型的组成部件与取样装置类似,其液面感应系统能检测并提示试剂剩余量。与取样装置一样,也同样设置有防止试剂间携带交叉污染的措施。另外,可通过吸取多于需要量的试剂来解决交叉污染问题。另一种类型为灌注式加试剂装置,该装置具有许多条试剂管路及其喷嘴,每种试剂单独使用一条试剂管路和喷嘴。这种加试剂方式的优点是不存在各试剂间的交叉污染。大型自动生化分析仪多具有两组加试剂装置,可分别从两个试剂室吸取同一个检测项目的第一和第二试剂,大多数分析仪所有检测项目加入第二试剂的时间点统一固定为1 个或 2 个点,有的分析仪有 3 个加入时间点可供选择(图 6-7)。

(五)混匀与搅拌装置

反应杯里的样品与试剂通过搅拌棒搅拌而充分混匀。搅拌棒的形状为扁平棒状或扁平螺旋状,表面的疏水材料能防止反应液被搅拌棒所携带。其工作方式大多为旋转式搅拌,也有震动搅拌方式。同时设置了防止搅拌棒在不同反应液之间携带交叉污染的清洗措施(图 6-8)。

图 6-7 样品和试剂取样单元

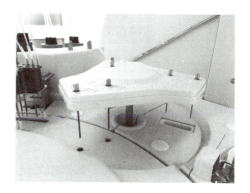

图 6-8 搅拌器

(六)温控和定时系统

分析仪的反应杯浸浴在恒温循环水或恒温空气中,恒温循环水浴方式的优点是温度传递速度快,但保养要求较高;恒温空气浴方式保养简单,但温度传递速度不如恒温循环水浴方式。温度控制器能使循环水或循环空气的温度控制在规定温度 ±0.1℃。规定温度可有 37℃ 和 30℃ 两种选择,一般固定在 37℃。还有一种恒温液循环加温方式,集干式空气浴和水浴的优点,恒温液为热容量高、蓄热能力强、无腐蚀的液体,使温度均匀稳定且保养简单。

不同分析仪对检测吸光度的间隔时间有不同的规定,反应时间应该设定为此间隔时间的倍数。总反应时间一般限制在 8.5~10 min,个别分析仪可以设定为 15 min 或 22 min 等。

(七) 光路和检测系统

自动生化分析仪以紫外可见分光光度法为主要的检测手段,与一般分光光度计一样,其光路和检测系统由光源、单色器和检测器组成。

1. 光源　一般为卤素钨丝灯,也有采用长寿命的氙灯,要求在 340~800 nm 波长内能发射出稳定且较平坦的光能。

2. 单色器　采用的分光系统有两种:① 干涉滤光片分光系统,常带有 340 nm、380 nm、405 nm、500 nm、550 nm、600 nm、660 nm 等几种滤光片,各滤光片固定在转盘上,以转盘旋转的方式来选择波长。这种分光系统在半自动分析仪中常用,只能在一个检测项目完成后,改变一个波长,再检测另一个项目,且不能同时进行多波长检测。② 光栅分光系统,常在 340(或 293)~850 nm 内选择 10~13 种固定的单色光。

光栅分光系统有前分光和后分光两种方式,目前以后分光方式为多见。后分光方式是光源先透过比色杯中的反应液再照射到光栅上,经色散后,所有固定单色光同时通过各自的光纤传输到对应的检测器,微处理器按该分析项目的分析参数选择其中一个或两个波长(双波长方式)的吸光度值,用于分析结果的计算。后分光方式的优点是单色器中没有转动部分,因而提高了检测的精度和速度。

3. 检测器　由光敏二极管及放大电路组成,可按设定的间隔时间连续测定各反应杯的吸光度值。

(八) 数据处理系统

以分立式自动生化分析仪为例,其数据处理系统具有多种数据处理功能。

1. 计算测定结果　分析仪检测到的吸光度值或吸光度的变化值扣除试剂空白,乘以校准系数或计算因子 K,再由方法学补偿系数 a 和 b 校正,即得到被测样品的浓度值或酶的活性。分析仪还可按设定的校准模式如线性或非线性的对数、指数等方式处理校准曲线,从而计算待测样品结果。

2. 判断结果准确性　包括结果是否超过参考范围、是否超过线性范围和检测范围、试剂空白吸光度有无超范围、连续监测范围内吸光度值变化是否偏离线性,以及底物消耗是否超过设定范围等。

3. 保存各种数据　电脑的存储介质不仅可以保存大量的测定结果,还可以保留一定数量的其他相关数据,如被分析项目各检测点吸光度值、各次校准的校准曲线、每日的室内质控数据等,以供随时查询。

4. 自我诊断功能　能检测仪器工作状态,有关部分的温度、压力以及空白比色杯吸光度等。

(九) 清洗系统

多数自动生化分析仪具有反应杯清洗装置。一个反应杯内的反应和检测结束后,该反应杯就被冲洗系统及时冲洗。其清洗过程如下:由废液针吸取反应杯内废液,加入清洗剂冲洗并抽干后,再经数次去离子水冲洗及抽干,更高级的仪器带有风干技术。然后做空白杯的吸光度检查,若能通过检查,该反应杯可继续循环使用。如果不能通过,分析仪将提示该反应杯异常,并跳过此反应杯,使用下一个反应杯,或提示更换反应杯。在检测过程中,样品针、试剂针和搅拌棒一般在用于下一个样品、试剂或反应杯前即清洗一次,此时多数为去离子水冲洗。在一批检测完成后,则自动进行清洗剂清洗。清洗剂一般配有1~3种,除一种常规清洗剂外,其他1~2种可按设定对试剂针、样品针或反应杯进行补充清洗。

微课:自动生化分析仪的基本结构

三、自动生化分析仪的参数设置

自动生化分析仪的一些通用操作步骤,如取样、冲洗、吸光度检测、数据处理等,其程序均已经固化在存储器里,用户不能修改。各种测定项目的分析参数大部分也已经设计好,存于磁盘中,供用户使用。目前大多数自动生化分析仪为开放式,用户可以更改这些分析参数。自动生化分析仪通常留有一些检测项目的空白通道,由用户自己设定分析参数,因此必须理解各参数的确切意义。

(一) 必选分析参数

这类参数是分析仪检测的前提条件,没有这些分析参数无法进行检测。

1. 试验代号　试验代号是指测定项目的标示符,常以项目的英文缩写来表示。

2. 方法类型(也称反应模式)　有终点法、两点法和连续监测法等,根据被测物质的检测方法原理选择其中一种反应类型。

3. 反应温度　一般有30℃、37℃可供选择,通常固定为37℃。

4. 主波长　是指定一个与被测物质反应产物的光吸收有关的波长。

5. 次波长　是在使用双波长时,要指定一个与主波长、干扰物质光吸收有关的波长。

6. 反应方向　分为正向反应和负向反应,吸光度增加为正向反应,吸光度下降为负向反应。

7. 样品量　一般为2~35 μL,以0.1 μL步进,个别分析仪最少能达到1.6 μL。可设置常量、减量和增量。

8. 第一试剂量　一般为20~300 μL,以1 μL步进。

9. 第二试剂量　一般为20~300 μL,以1 μL步进。

10. 总反应容量　在不同的分析仪有不同的规定范围,一般是180~350 μL,个别仪器能减少至120 μL。总反应容量太小,无法进行吸光度测定。

11. 孵育时间　在终点法是样品与试剂混匀开始至反应终点为止的时间,在两点法是第一个吸光度选择点开始至第二个吸光度选择点为止的时间。

12. 延迟时间　在连续监测法中是样品与反应试剂(第二试剂)混匀开始至连续监测

期第一个吸光度选择点之间的时间。

13. 连续监测时间　在延迟时间之后即开始,一般为 60~120 s,不少于 4 个吸光度检测点。

14. 校准液个数及浓度　校准曲线线性好并通过坐标零点的,可采用一个校准液;线性好但不通过坐标零点的,应使用两个校准液;对于校准曲线呈非线性者,必须使用两个以上校准液。每一个校准液都要有一个合适的浓度。

15. 校准 K 值或理论 K 值　通过校准得到的 K 值为校准 K 值,由计算得出的 K 值为理论 K 值。

16. 线性范围　即方法的线性范围,超过此范围应增加样品量或减少样品量重测。该范围与试剂 / 样品比值有关。

17. 小数点位数　检测结果的小数点位数。

(二) 备选分析参数

这类分析参数与检测结果的准确性有关,一般来说不设置这类分析参数,分析仪也能检测定出结果,但若样品中待测物浓度太高等,检测结果可能不准确。

1. 样品预稀释　设置样品量、稀释剂量和稀释后样品量三个数值,便可在分析前自动对样品进行高倍稀释。

2. 底物耗尽值　在负反应的酶活性测定中,可设置此参数,以规定一个吸光度下限。若低于此限时,底物已太少,不足以维持零级反应而导致检测结果不准确。

3. 前带检查　用于免疫比浊法中,以判断有无抗原过剩。将终点法最后两个吸光度值的差值设置一个限值,如果后一点的吸光度比前一点低,表示已有抗原过剩,应稀释样品后重测。

4. 试剂空白吸光度范围　超过此设定范围表示试剂已经变质,应更换合格试剂。

5. 试剂空白速率　在连续监测法中使用,是试剂本身在监测过程中没有化学反应时的变化速率。

6. 方法学补偿系数　用于校准不同分析方法间测定结果的一致性,有斜率和截距两个参数。

7. 参考值范围　对超过此范围的测定结果,仪器会打印出提示。

(三) 某些分析参数的特殊意义

1. 最小样品量　是指分析仪进样针能在规定的误差范围内吸取的最小样品量。一般分析仪的最小样品量是 2 μL,目前也有小至 1.6 μL 的。在样品含高浓度代谢产物或高活性酶浓度的情况下往往需采用分析仪的最小样品量作为减量参数,从而使分析仪检测范围(与线性范围不同)的上限得以扩大。

2. 最大试剂量　方法灵敏度很高而线性上限低的检测项目,如血清白蛋白的溴甲酚绿法测定,以往手工法操作时样品量 10 μL,试剂量 2 mL,这样试剂量 / 样品量比例(R/S)为 200,线性上限则为 60 g/L。此法移植到分析仪上后,R/S 却很难达到 200,致使线性上限变低。因此,对于这类检测项目最大试剂量非常重要。

3. 弹性速率　在酶活性测定中,当酶活性太高,连续监测期已不呈线性反应时,有些仪器具有弹性速率功能,能自动选择反应曲线上连续监测期中仍呈线性的吸光度数据计算结果,使酶活性测定的线性范围得以扩大。如 AST 可从 1 000 U/L 扩展至 4 000 U/L,从而减少稀释及重测次数,降低成本。

4. 试剂空白速率　样品中存在胆红素时,胆红素对碱性苦味酸速率法或两点法测定肌酐有负干扰。因为胆红素在肌酐检测的波长 505 nm 处有较高光吸收,而且胆红素在碱性环境中可被氧化转变,因而在肌酐反应过程中胆红素的光吸收呈下降趋势。若在加入第一试剂后一段时间内设置试剂空白速率,因为此段中苦味酸尚未与肌酐反应,而胆红素在第一试剂的碱性环境中已同样被氧化转变,因而以第二试剂加入后的速率变化减去试剂空白速率变化,便可消除胆红素的负干扰。

微课:自动
生化分析仪
参数设置

四、干化学式自动生化分析仪

干化学(dry chemistry)又称固相化学(solid phase chemistry),是指将一项测定中所需的全部或部分试剂预固相在具有一定结构的反应装置——试剂载体(reagent carrier)中。当液态样品加到试剂载体上时,样品中的水分将载体上的试剂溶解,待测物与固相组分发生反应,最后使检测载体上信号发生改变,通过信号的改变计算出待测物的浓度,这一技术称为干化学技术。

(一) 干化学原理

干化学式自动生化分析仪(图6-9)多采用以 Kubelka-Munk 理论或 Williams-Clapper 方程为基础的多层薄膜固相试剂技术,测定方法多为反射光度法和差示电位法。反射光度法用于比色法测定或速率法测定,是指显色反应发生在固相载体,对透射光和反射光均有明显的散射作用,不遵从 Lambert-Beer 定律,并且固相反应膜的上下界面之间存在多重内反射,应使用 Kubelka-Munk 理论或 Williams-Clapper 方程予以修

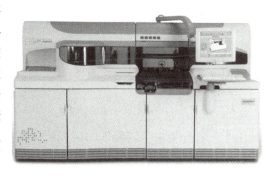

图 6-9　干化学式自动生化分析仪

正。差示电位法用于测定无机离子,是基于传统湿化学分析的离子选择电极原理的差示电位法,由于多层膜是一次性使用,既具有离子选择电极的优点,又避免了通常条件下电极易老化以及样品中蛋白质干扰的缺点,但成本较高。

根据测定方法不同,可将多层膜分为三种类型,一种是基于反射光度法的多层膜,一种是基于差示电位计的离子选择电极多层膜,还有一种是最近发展起来的基于荧光技术和竞争免疫技术的荧光反射光度法的多层膜。

干化学式自动生化分析仪的特点与传统的分析方法完全不同,相应批次的试剂所包含的测定参数均存储于仪器的信息磁盘中,仪器可自动识别带有条形码的试剂包,一般配有原装校准品,可进行自动校准。仪器操作简便,测定速度快,并且整个检测过程不需要

使用去离子水,无需清洗系统,使用后的废弃试剂盒易处理,对环境污染小,灵敏度和准确度高,目前主要用于急诊检测和微量检测。

(二) 干化学分析的质量控制

干化学分析的质量控制与传统的湿化学分析的质量控制有着明显的不同。对于后者,由于分析者可以自己配制试剂,甚至可以改变试剂的浓度,因此如果出现失控的情况,分析者可以很轻松地把它纠正过来。而对于干化学分析,它的所有固相试剂及反应载体都是在试剂载体上,分析者无法对试剂载体进行任何处理,因此干化学分析的分析前质量控制比湿化学的要求更严格。干化学分析的质量主要从以下方面进行控制。

1. 校正　由于干化学分析的试剂是固相在试剂载体上,因此它的有效期比湿化学分析的试剂要长一些,通常可以稳定 6 个月以上。因此,对于同一批号的试剂,如果贮存状态理想,只需每 6 个月校正一次,在此期间可用质控物对试剂的质量进行监控。

2. 贮存温度　和湿化学分析试剂一样,干化学分析的试剂载体必须贮存在允许的温度范围之内,否则将缩短有效期。

3. 使用寿命　干化学分析的试剂载体从冰箱中取出使用前,必须在室温下放置一定的时间,以使试剂载体的温度与室温一致,否则由于试剂载体的温度偏低,空气中的水分将吸附在试剂载体上,从而影响使用寿命。在合适的温度及湿度环境下,干化学分析试剂载体的使用寿命通常可达一周至一个月,若超过它的使用寿命,则需考虑更换试剂。

4. 环境温度　和湿化学反应一样,都必须严格控制反应温度。湿化学分析仪通过预热试剂和稀释用蒸馏水达到控制反应温度的目的,而干化学式生化分析仪虽然可以控制反应孵箱及试剂载体的温度,但是由于它的试剂溶解所用的水分主要来自待测样本,待测样本的温度在短时间内往往能左右化学反应的温度而影响测定的准确性。因此,稳定的环境温度和湿度就显得更为重要。

(三) 干化学分析的特点

干化学分析由于其特殊的试剂载体结构而与湿化学分析有着本质的不同。与湿化学分析相比,干化学分析有以下特点。

1. 操作简单,无需配制试剂。

2. 无需用水,无废液生成。

3. 故障率低,特别是没有因复杂的液路管道系统而出现的大量故障。

4. 样本一般无需预处理,通常湿化学法测定中基质效应对测定结果的影响也被降至最低限度。

5. 由于辅助试剂层的作用,能最大限度地清除干扰物,使测定结果更准确。

(四) 干化学分析的应用及发展前景

1. 已作为常规方法在临床检验中广泛应用。干化学分析由于操作简单,结果可靠,在许多国家特别是美国已经把它作为常规方法在临床检验中广为应用。现在越来越多的项目都可用干化学法来测定。不同厂家所生产的干化学分析系统,其测定项目也有所不同。

2. 用于急诊标本和其他特殊情况。现代干化学分析,具有简便、快速、准确的优点,开机平衡后几分钟即可报告结果,适用于急诊标本。另外,由于干化学分析除了仪器和干片外,无需贮备任何其他试剂和配制任何溶液,这对野外、舰艇及宇宙空间站等处完成有关样本的实验室工作有着重要的意义。对于相对独立的门诊部、诊所及病人的床旁检查和家庭监护,这类仪器也极为适用。

微课:干化学式自动生化分析仪的工作原理以及类型

3. 在特定条件下,可以替代某些参考方法对常规方法进行评价。目前 Ektachem 系统对胆固醇测定的准确度已和公认的参考方法(Abell–Kendall 法)不相上下,而后者操作烦琐,很难掌握。因此在实际工作中,必要时可用 Ektachem 系统对常规湿化学法测定胆固醇的方法进行评价。又如血清铁及总铁结合力测定,至今尚无公认的参考方法,如要对它的常规湿化学法进行评价,可采用干化学法作方法学比较。

综上所述,现代干化学分析在临床检验中有着相当乐观的发展前景。但由于干片的价格较高,某些系统的检测项目还比较有限,这些都制约干化学分析临床应用的进一步发展。

五、自动生化分析仪的使用、维护与常见故障处理

(一)自动生化分析仪的使用

1. 操作前的各项检查

(1)正常开机以后,检查冲洗用水装置是否正常,各项分析试剂是否充足、各种清洗剂是否足够,样品针、试剂针和搅拌棒是否清洁。

(2)确认要进行校准的项目,要做的质控批号及项目,以及校准品、质控品是否满足需求。

(3)进行光度计自检来确认光路与检测系统是否处于正常工作状态。

2. 校准 分析仪在样品分析之前都要对该分析项目进行校准(也称定标),得出一个该项目的校准系数(K)。校准前首先必须在反应程序里设定有关校准的参数,如校准液的代码、位置及浓度值等。执行校准程序,检测得到该校准品的吸光度值,再根据校准浓度计算校准系数(K= 校准品浓度 / 校准品吸光度)。

(1)校准方式:有单点校准、两点校准和多点校准,大多数检测项目的校准曲线呈直线且通过原点,用单个浓度的校准液即可,若校准曲线呈直线但不通过原点,则需用两个浓度的校准液做两点校准;当校准曲线不呈直线而为真正的曲线时,应做多点校准,并按其线形选择不同的曲线方程进行拟和,如双曲线、抛物线、幂函数、指数函数、对数函数等方程。多数生化分析仪已设置有数种曲线方程可将多点校准的结果自动进行数据处理,得到曲线拟和方程,样品的检测吸光度便可通过此方程计算出结果。

(2)对校准的要求:① 选择合适(配套)的校准品,包括校准品数目、类型和浓度。② 如有可能,校准品应溯源到参考方法或参考物质。③ 确定校准的频度。根据检测项目方法和试剂的稳定性不同而确定不同的校准频度,如每日校准、每周校准、每月校准等,至少每 6 个月校准一次。④ 如有下列情况发生时,必须进行校准:改变试剂的种

类或者更换批号(如果实验室能说明改变试剂批号并不影响结果的范围,可以不进行校准);仪器或者检验系统进行了一次大的预防性维护或者更换了重要部件;质控反映出异常的趋势或偏移,或者超出了实验室规定的接受限,采取一般性纠正措施后,不能识别和纠正问题。

3. 质控品测定　质控是保证检测结果可靠性的一种重要手段,因此每批样品的分析测定均应该有质控样品同时监测。关于分析仪的批测定,是指一批样品从开始测定到完成测定后停止的整个过程。其中如果添加或更新了试剂、进行了有可能改变吸光度的维护等操作,均应进行一次质控样品的检测,以便及时检测到分析系统的改变。

所有分析仪都已设定或固化了有关质控的分析程序:① 设定有关质控参数,如每个质控品的批号、靶值和标准差。② 选择质控图的方式,如均值 – 标准差质控图。③ 质控结果的统计分析,分析仪会保存每次测定的质控结果,并对其进行统计,以列表或质控图的形式在屏幕上显示。可根据质控结果在质控图上的位置判断其是否在控。如果判为失控则应从试剂、质控品、校准品和分析仪等几方面寻找原因。通过对质控结果的分析,也可以了解某项目的分析精密度和准确度的改变。

4. 检测项目的输入与测定

(1) 项目输入:① 逐项输入,每份样品可以任选分析仪中已设置的且试剂室内已预置试剂的项目中的一项、几项或全部项目。② 项目组合输入,把与疾病相关的检验项目组合在一起,进行组合检验,有利于方便患者,便于疾病的诊断和预后分析,同时也简化了分析操作,提高了分析效率。③ 批量输入,对于有连续相同测定项目的样品,可使用批量输入的方法。

(2) 测定:多数全自动分析仪的操作非常方便,在开始测定画面,输入该批第一个样品的样品号,分析仪即会自动逐个对样品进行测定。一般在开始画面还有选择:① 是否需要对结果超过设定的线性范围、超过允许的吸光度上限等的样品自动进行重复测定。② 测定结果是否需要按照已设定的格式自动打印与测定结果有关的选项。

(3) 急诊检验:几乎所有全自动生化分析仪都具备“急诊优先”的功能,仪器留有急诊样品的分析位置或专用样品架以及急诊分析的专用编号。一旦在急诊样品位置上放置了样品,并设定了急诊检验的项目,分析仪就会在常规样品的测定过程中,优先安排对该样品的分析测定。

5. 样品的减量与预稀释方式　当样品中待测物浓度很高时,其结果往往会超过该项目的线性范围上限。此时分析仪一般会进行自动减少样品量重新测定。分析仪在结果计算时会自动按照样品量的减少比例进行计算。样品的预稀释方式是指在分析过程中仪器首先对样品做自动稀释,然后进行测定。操作过程如下:首先,由样品针吸取一定量样品,加入反应杯;然后,反应杯旋转至加试剂位置,由试剂针吸取稀释液加入已取样品的反应杯,由搅拌棒搅拌混匀;当再次旋转至取样位置时,由取样针在已稀释的反应杯里吸取已稀释的样品,加到另一个反应杯。前一个反应杯作为预稀释样品用,后一个反应杯将加入试剂产生化学反应用于测定。样品预稀释的优点在于稀释过程能自动化进行,能使用高达 100 倍或更高的稀释比例。但是每进行一次样品预稀释需占用 3 个取样周期,使分析速度减慢。

(二) 自动生化分析仪的维护

分析仪的常规维护是保证分析仪能够正常运行的重要手段。分析仪要严格根据操作手册的要求进行维护,一般包括每天维护、每周维护、不定期维护等几个方面。

1. 每天维护 ① 清洗样品针、试剂针,特别是搅拌棒容易缠上纤维蛋白,是最常见的交叉污染源。② 加试剂。③ 加清洗剂。

2. 每周维护 ① 执行比色杯清洗程序,对比色杯进行清洗。这是由于比色杯经过反复使用后,会在比色杯内壁附有用常规方法难以彻底冲洗的物质,这些物质会引起交叉污染,通过使用专用的反应杯清洗剂能比较彻底地清洗掉这些附着物。② 检查比色杯的空白吸光度,以了解比色杯经过一段时间使用后透光性的改变情况,以及光路系统的情况。③ 对于用恒温水浴方式进行保温反应的仪器,要清洗恒温水槽。

3. 不定期维护 是指对一些易磨损的消耗部件进行检查与更换:① 检查进样注射器是否漏水,检查各冲洗管路是否畅通,检查各机械运转部分是否工作正常。② 比色杯是否需要更换。③ 光源灯是否需要更换。

(三) 自动生化分析仪的常见故障处理

1. 堵孔 样本针堵塞是自动生化分析仪较为常见且较易发生的故障。引起堵塞的原因主要有:① 血液标本分离不彻底,血清内存在着凝集的纤维蛋白黏附物或其他异物被吸入。② 血清表面的微小血细胞颗粒等漂浮物被吸入。③ 蒸馏水中杂质沉积导致冲洗过程中加样针堵塞。

处理的办法:若目视可见纤维蛋白黏附物,可小心用棉签拭去;或调出系统维护界面,用样本注射器吸取次氯酸钠浸泡样本针管道,然后用蒸馏水反复多次冲洗;堵塞不易清除时,可用细钢丝从样本针的下端穿入进行排堵。但此法不宜常用,以防样品针内壁受损。

2. 卡杯 卡杯现象往往发生在仪器运行中,仪器会突然自动停止并且有报警提示"机械手夹持错误,或者机械手运动时下手无法吸合等"的字样。此时打开送料仓的上盖,观察暴露于反应盘中的样品杯,是否发生半卡或全卡现象。半卡时反应杯会高出其他反应杯一部分,此时用镊子取出即可。全卡时表面上看与其他反应杯没有什么区别,一般不容易发现,如果此时继续运行,仪器仍然会报警并且停止运行。用镊子逐一取出反应杯,对光检查样品杯的杯底、杯侧有无破损、裂缝,有时还可出现整条样品杯断裂等现象,此时样品杯在反应盘内因破损挤压而变形,机械手无法夹持,从而导致仪器停止运行。

处理办法:直接购置原仪器厂家反应杯,质量可保证;在送料仓内放入反应杯前最好仔细检查,及时淘汰劣质、破损、有裂缝的样品杯。

3. 不吸样 启动吸样开关后,样本针并不吸取样本,或样本针仅做摆动动作,有的生化分析仪甚至样本针插入样本试管,但仍不吸取样本。

处理办法:首先,检查泵是否在运作,如泵不运作,检查吸样开关有无信号产生,调整吸样开关中顶珠的位置,检查泵的内阻是否正常;其次,检查泵管是否有泄漏或老化,压紧泵管或作更换。如上述部分正常,可打开机器顶盖,拆下流动比色池,若发现流动比色池有漏液现象,可用耐酸碱、无色的黏合剂进行黏接,待黏合剂凝固后,重新安装好流动比色池。

4. 测量结果异常　生化分析仪在开机运行一段时间后,对正常标本检测过程中出现连续测量结果异常,且测量偏倚不局限于一侧,或者结果异常间断发生而不连续。这些现象的出现大大地降低了仪器的精密度和分析结果的可信性。出现类似问题,可以考虑处理如下。

(1) 清洗:首先,用以下推荐的清洗剂进行流动比色池和管道的清洗。① 0.1 mol/L 的 NaOH(或 KOH)溶液,加入少量表面活性剂。② 有分解蛋白作用的酶溶液。③ 生化试剂中本身具有去蛋白作用的试剂,总蛋白试剂(双缩脲),肌酐试剂中的碱性组分。

(2) 标准管测试:进行标准管测试后,若结果仍不正确,开机检查电子温度控制器中的加热块有无电压,电压是否正常,电源线是否连接完好,通过控制流过温控器电子元件的电流方向来产生加热和冷却两种不同的状态,如加热块损坏则更换加热块,更换时注意方向性。

(3) 灯泡更换:出现以上问题还可能是因为灯泡老化,需要及时更换,灯泡更换后需进行位置调整,具体调整方法参照机器的说明书。

(4) 热敏电阻:检查流动比色池底部的热敏电阻,热敏电阻性能降低或损坏也可能造成温度控制的不正常,从而影响测试结果的正确性。

5. 报警处置　目前绝大多数自动生化分析仪都有报警装置,遇到仪器报警时,不要慌乱,首先仔细阅读报警窗,根据提示的报警原因按说明书要求排除故障。另外,由于生化分析仪由计算机控制,偶尔可能会出现假性报警,遇到这种情况只需根据报警提示仔细检查故障所在,如一切正常,可视为假性报警,恢复运行即可。

6. 打印异常　打印机故障主要表现为从装纸至出纸时,纸尖向上后翻卷而不能自皮辊缝中伸出或直接不能装入。经检查,打印纸末端的胶带在纸用尽时黏于皮辊上或滞留在进纸狭缝中阻塞了进纸通道。处理办法:关闭打印机,转动打印机边轮将胶带等阻塞物转出并清除。

以上问题是实验室操作人员通过故障判断就可以采取解决措施的。对于电子元件毁损的处理仍需厂商或专业人员的维修来解决。总之,任何仪器在长期使用过程中,都难免会出现各种的故障,只要仪器使用人员有高度的责任心,上机前仔细阅读仪器说明书,接受良好的培训,对仪器的原理、使用注意事项、引起实验误差的因素及维护、保养有充分了解,做好每天、每周、每月仪器的维护和保养工作,重视仪器维护和保养在实验室全程质量管理中的意义和作用,认真总结经验,就能将故障发生率降到最低限度,以保证仪器的正常使用。

第二节　即时检测仪器

即时检验(point of care testing, POCT)可广泛用于医院、乡镇卫生院、社区诊所检验、个体健康管理、重大疫情监控、现场执法、军事与灾难救援等,应用范围越来越广泛。POCT

的最大优点是在使用现场无需对样本做特别处理即可快速得到结果。随着 POCT 检测方法的不断出现,标志着检验医学进入了一个崭新的阶段。

一、即时检测技术的原理分类

(一) POCT 的概念

POCT 是指在实验室外,靠近检测对象,采用便携式、可移动的微型检测仪器和试剂,快速及时报告检测结果,并能对检测结果及时反馈和干预的体外检验系统。现今,POCT 技术泛指操作简便,能够在临床实验室之外的其他场合(如门急诊室、病房、手术室、救护车内、患者住所等)开展的一大类检验技术。美国国家临床生化科学院(National Academy of Clinical Biochemistry, ACB)在其制定的"POCT 循证文件"草案中,将 POCT 的概念定义为:在接近患者治疗处,由未接受临床检验学科训练的临床人员或者患者(自我检测)进行的临床检验,是在传统、核心或中心实验室以外进行的一切检验。

POCT 的含义可从两方面进行理解。空间上,在患者现场进行的检验,即"床旁检验";时间上,在患者发病的时刻进行的检验,即"即时检验"。POCT 的核心特点包括三个要素:① 从时间上讲是快速检测,缩短了从样本采集、检测到结果报告的总的检测周期(turnaround time, TAT)。② 从空间来讲,没有固定的检验场所,可以在患者和被测对象身边进行检测。③ 检测的实施和操作可以是非检验技术人员,甚至是被检测对象本人。

(二) POCT 的分类

目前,POCT 仪器的分类尚无明确的界定,一般根据其用途、大小和相关特点分为以下几类。

1. 根据用途分类 分为血糖检测仪、电解质分析仪、血液分析仪、血气分析仪、凝血测定仪、心肌损伤标志物检测仪、药物应用监测仪、酶联免疫检测仪、放射免疫分析仪、甲状腺激素检测仪等。

2. 根据仪器大小和外观分类 分为便携型、桌面型、手提式等。

3. 根据所用装置特点分类 分为卡片式装置、单一或多垫试剂条、微制造装置、生物传感器装置和其他多孔材料装置等。

(三) POCT 的特点

20 世纪 80 年代以来,为满足临床医学对检验过程快速化的要求,POCT 以其能现场迅速准确得到检验结果的个性化服务,符合现代医学的发展要求而得到迅猛发展。POCT 能及时、快速提供检测结果,节省了分析前、分析后许多复杂步骤占用的时间,极大地缩短了检测周期。POCT 还适用于现场紧急救治,弥补了临床实验室检测耗时较长的缺点,可以作为大型自动化检测的有效补充,是具有理想应用前景的临床即时诊断工具。POCT 是对传统检验方法的补充和发展,并且已由最初的定性检测发展到目前能准确、全程定量测试,许多检测结果的精确度能满足临床的需要。

POCT 的主要特点体现在检测仪器的小型化、操作方法的简单化、结果报告的即时化。POCT 与传统临床实验室检验的主要区别在于:① 样本周转快,测试时间短。② 操作不一定需要有检验专业背景的人员进行。③ 开展检测时场地条件可不在理想条件下。④ 测试项目相对较少。

POCT 所用的仪器必须在以下几个方面满足临床诊疗需要和国家相关规定。

1. 仪器小型化 便于携带,检测场地和水电供应不一定是必要的条件。

2. 操作简单化 一般含 2~4 个步骤即可完成检测。样本通常可直接使用,无需复杂的预处理步骤和相应的辅助设备。即使是非检验人员经培训后,亦可熟练操作。

3. 报告即时化 一般报告出具时间为 3~20 min。缩短检验周期是 POCT 仪器必备的核心要素,离开即时报告这个核心也就无所谓 POCT 仪器。

4. 检测质量仪器和配套试剂应带有相应的质控体系 以监控仪器和试剂的质量和工作状态,保证检验质量。

5. 产品应经权威机构质量认证 仪器和试剂均应获得国家相关权威机构的质量认证。POCT 仪器的测定结果应与大型仪器有可比性。

6. 检测费用应合理 目前 POCT 单个测试的成本相对较高,逐步降低检测的成本应该是 POCT 生产厂家的目标。

7. 生物安全 POCT 仪器和试剂的应用,不应给患者和操作者的健康带来损害或对环境造成污染。实验场地和操作条件的简化不能忽视操作者的防护以及样品检测后废弃物的规范化处理。

(四) POCT 的技术原理

根据方法学原理,目前临床上常用 POCT 检测项目的技术原理大致可分为以下几类。

1. 干化学检测技术 检测原理是将反应试剂经特殊工艺固定在特殊的纸片上,与样本反应后产生不同的颜色变化,根据颜色不同与深浅,对检测样品进行定性或定量分析。干化学检测技术主要包括单层试纸技术和多层涂膜技术。目前使用的血氨检测试纸、血糖检测试纸、尿糖检测试纸以及尿液干化学分析等,均属于单层试纸技术。多层涂膜技术是从感光胶片技术移植而来,将多种反应试剂一次涂布在片基上,或采用多层涂膜技术制成干片,用仪器检测可以准确定量。临床使用的干化学分析系统属于多层涂膜技术,已应用于血液化学成分,如脂类、糖类、蛋白质、尿素、电解质、酶及一些血药浓度的测定等。

2. 免疫学检测技术 基于免疫学检测技术的 POCT 主要包括两类。

(1) 免疫金标记技术:由氯金酸($HAuCl_4$)在还原剂作用下,聚合成特定大小的金颗粒,并由静电作用成为一种稳定的胶体状态,称为胶体金。胶体金具有高电子密度的特性,与样本结合后,可见红色或粉红色斑点。由胶体金标记单克隆抗体,配合小型检测仪可做半定量和定量测定。免疫金标记方法包括斑点免疫渗滤法和免疫层析法,二者均被广泛地应用于快速检测蛋白质类和多肽类抗原,如心肌肌钙蛋白、超敏急性时相反应蛋白,以及一些病毒(如 HBV、HCV、HIV)抗原和抗体的测定。免疫金标记技术是 POCT 中应用最广泛的方法学之一。

(2) 免疫荧光技术:标记的反应条板上有可以生发荧光的物质,通过检测条板上被激发的荧光,可以检测某种物质的存在与否及其含量,精确度可达 pg/mL。

3. 电化学检测技术 是测量物质的电信号变化,对具有氧化还原性质的化合物,如含硝基、氨基等有机化合物和无机阴、阳离子等物质可采用。电化学检测器包括极谱、库仑、安培和电导检测器等,前三种统称为伏安检测器,用于具有氧化还原性质的化合物的检测,电导检测器主要用于离子检测。

电化学检测技术的优点表现在:① 灵敏度高,尤其适用于痕量组分分析。② 应用范围广,凡具氧化还原活性的物质都能用此方法检测,本身没有氧化还原活性的物质经过衍生化后也能检测。电化学检测的主要不足在于:① 干扰较多,如生物样品或流动相中的杂质、流动相中溶解的氧气和温度的变化等都会对其产生较大的影响。② 电极寿命有限,对温度和流速的变化比较敏感。

4. 生物和生化传感器检测技术 生物和生化传感器是指能感应(或响应)生物和化学量,利用离子选择电极、底物特异性电极、电导传感器、酶传感器等特定的生物检测器进行分析检测,并按一定的规律将其转换成可用信号输出的器件或装置。该技术组合了酶化学、免疫化学、电化学与计算机技术等,可以对生物体液中的分析物进行超微量的分析。

5. 微流控芯片技术 是把生物、化学、医学分析过程的样品制备、反应、分离、检测等操作单元集成到一块微米尺寸的芯片上,自动完成分析全过程。微流控芯片是微流控技术实现的主要平台,是当前微型全分析系统(miniaturized total analysis systems,MTAS)发展的热点领域,其最终目标是把整个临床实验室的功能,包括采样、稀释、加试剂、反应、分离、检测等集成在微芯片上,实现微型全分析系统的芯片实验室。

6. 其他检测技术 除了上述各种常用的技术外,还有一些技术也用于 POCT,如纳米技术和表面等离子共振技术快速检测病原微生物相关的蛋白质和核酸、快速酶标法或酶标法联合其他检测技术测定血糖、电阻抗法检测血小板聚集特性、免疫比浊法检测 C 反应蛋白和 D- 二聚体、电磁原理检测止凝血相关指标等。

(五)几种临床常用的即时检测仪器

随着科学技术的发展和社会需求的提高,新一代的便携式或手提式即时检测仪器不断出现,下面对常用的即时检验仪器进行介绍。

1. 快速检测血糖仪

(1)检测原理:目前快速检测血糖仪多采用葡萄糖脱氢酶法,根据酶电极的响应电流与被测血样中的葡萄糖浓度呈现线性关系来计算血标本中的葡萄糖浓度值。当被测血样滴在电极的测试区后,由于电极施加有一定的恒定电压,电极上固定的酶与血中的葡萄糖发生酶反应,血糖仪显示葡萄糖浓度值。

(2)基本结构:快速检测血糖仪的结构比较简单,主要包括设置键、显示屏、试纸插口、试纸槽、密码牌、样本测量室等。检测采用生物电子感应技术,所用试纸利用了葡萄糖脱氢酶法的原理和钯电极技术。

(3)使用与维护:快速检测血糖仪虽然体积小,操作很简单,几秒内可出结果,但需要进行很好的维护,才能保证其测量的准确度和精密度。

1)快速检测血糖仪的清洁:当快速检测血糖仪有尘垢、血渍时,用软布蘸清水清洁,不要用清洁剂清洗或将水渗入快速检测血糖仪内,更不要将快速检测血糖仪浸入水中或用水冲洗,以免损坏。

2）快速检测血糖仪的校准:利用模拟血糖液（购买时随仪器配送）检查快速检测血糖仪和试纸条相互运作是否正常。模拟血糖液含有已知浓度的葡萄糖,可与试纸条发生反应。当出现以下几种情况之一时需要对快速检测血糖仪进行校准:① 第一次使用新购的快速检测血糖仪。② 使用新的一盒试纸条时。③ 怀疑快速检测血糖仪和试纸条出现问题时。④ 测试结果未能反映出患者感觉的身体状况时。⑤ 快速检测血糖仪不小心摔落后。

（4）快速检测血糖仪检测结果的质量控制:

1）严格按照仪器要求进行维护:潮湿的空气可以使水分附着在仪器的检测通道上而影响检测结果,要注意防潮。同时,试纸条取出后应马上加盖,以免吸附水分变性。

2）测定方法要正确:如果采用的是末梢血,自然流出的指尖血更准确可靠,不可过分挤压,以免混入组织液,对标本造成稀释。正确方法是用 75% 乙醇消毒左手的无名指指尖,根据患者指尖皮肤的厚度恰当选择刺针的大小;针刺后自然流血滴入测定孔里,覆盖整个测定区。

3）注意某些药物对检测结果的影响:如维生素、谷胱甘肽等,对异常结果要进行复检。

虚拟仿真:
血糖仪的
使用

4）对于临床护理中的一些末梢部位不适合采血者（如过度水肿、角质层过厚）,在需要紧急检测时一定要因人而异,具体问题具体分析,以求结果的准确。

5）要定期采用已知值的标本对仪器进行校正,以便对仪器的准确性做出评价。

2. 快速血气分析仪　下面以 IRMA 快速血气分析仪为例介绍快速血气分析仪的检测原理、基本结构、使用与维护等。

（1）检测原理:IRMA 快速血气分析仪由 7.5V 电池供电。血样通过微型电极传感器,由传感器通过电化学的原理将各种电信号转化为参数,最后由微处理器对这些数据处理后将结果存储和显示。定期检测温度质控和电子质控,确保结果稳定可靠。

（2）基本结构:IRMA 快速血气分析仪主要由 IRMA 分析仪、电池充电器、电源供给、两个可充电的电池、温度卡及两卷热敏打印机纸组成。

（3）使用与维护:IRMA 快速血气分析仪的日常维护主要包括电池的维护、打印机的清洁、气压表的校准以及一般清洁。为了获得最佳的电池性能,使用电池接近"空"时要及时充电,充完电的电池不要继续留在充电器中,否则会降低电池性能。打印机要经常清洁,气压表要每年校准一次,确保分析仪的准确度。常需清洁的系统部件如下。

1）清洁触摸屏、充电器、电源供给器及分析仪表面。

2）定期清洁电池接触点、电池充电器的接触点。

3）清洁红外探头:每天检查红外探头的表面,细看有没有灰尘或污染;清洁后探头的方玻璃表面,保持光亮,确保反射性能好。测试前探头一定要干透。

4）清洁边缘连接器:当边缘连接器意外受血液或其他污染物沾污,或者是进行室间质量控制（External Quality Control,EQC）、全面质量控制（Total Quality Control,TQC）均测试失败,传感器出现错误码指出边缘连接器可能受到污染时,必须清洁。仅外部清洁不起作用时,要切断电源,仪器顶部朝上,拆除左右两个血盒导条,拧掉分析仪下方两个螺钉,将边缘连接器组件提起来,确认连接器插座是否干燥没有污染,如果有污染,清洁干燥后安装。在安装时不要触摸边缘连接器组件的引线,引线受污染会导致 EQC 失败,或传感器出错。安装完毕后用新血盒插入边缘连接器进行一次 EQC 测试,来验证分析仪的功能。

二、即时检测仪器的临床应用

即时检验仪器以其快速、简便、经济、可靠等特点,已经成为医学检验的一个发展方向,在疾病的预防和治疗中得到广泛应用。

(一)心血管疾病中的应用

"2007 心脏生物标志物 POCT 专家共识"对于 POCT 在心血管疾病中的应用达成了几点共识:① POCT 的检测周期必须小于 30 min。② 对疑为急性冠状动脉综合征或其他原因引起的心肌损伤,进行心脏生物标志物检测时 POCT 应作为首选。③ 肌钙蛋白检测的敏感性和特异性最高、肌红蛋白的阴性预测值最好。④ 怀疑急性冠状动脉综合征时,应同时检测肌钙蛋白和肌酸激酶同工酶。⑤ 肌钙蛋白、B 型钠尿肽和 C 反应蛋白可用于急性冠状动脉综合征的危险分层等。

(二)在血液相关疾病中的应用

1. 血栓与止血　心脏手术进行凝血功能监测时,肺部血栓和深层静脉血栓的诊断都需要实验室快速、准确地提供反映患者凝血功能的数据。急诊或者围术期出血时,实验室的平均检查结果报告时间为 45~90 min,而患者床旁的 POCT 检测不需要血样送检,能很快得出检测结果,可以及时给患者调整用药剂量。

2. 血红蛋白定量和血细胞计数　包括监测妊娠妇女和老年人群血红蛋白含量;放疗、化疗患者随访时计数总白细胞和各种白细胞数量,避免往返中心实验室的不便和漫长等待。另外,白细胞快速计数可以帮助早期诊断中性粒细胞减少症和全身性感染。

(三)在感染性疾病中的应用

POCT 在微生物专业的应用可让不具备细菌培养条件的基层医疗机构进行微生物的快速检测,帮助医生确定病情。这方面的检测项目,已有 C 反应蛋白,HBV、HCV、HIV、梅毒等病原体感染的快速检测,细菌性阴道病、衣原体感染、性病的诊断等,孕前 TORCH–IgM 五项指标的快速检测,结核病耐药基因的筛查等。

(四)在糖尿病诊治中的应用

POCT 用于血糖的检测可以方便快捷地测定血糖水平,是临床和患者居家时最常用的血糖水平监测手段。

(五)在院外 POCT 中的应用

由于 POCT 测定设备便于携带,使用不需要特别的配套设施,操作方便且无需接受特别的专业训练,这些优势使得 POCT 可以在医疗机构以外的场所使用。

1. 出入境检验检疫 对于各种流行性疾病病原体的快速检测,如新型冠状病毒、禽流感病毒等的检测。

2. 环境质量监测 环境中细颗粒物(无机成分、有机成分、微量金属元素、元素碳等)的检测;生物成分(细菌、病毒、霉菌等)的检测。

3. 家庭保健 如糖尿病血糖的监测、服药过程中某些凝血指标的监测;受孕前和孕前期尿人绒毛膜促性腺激素、促黄体素的检测等。

4. 社会安全与食品安全 如炭疽、鼠疫等病原菌的检测、爆炸物检测,食品三聚氰胺、农药残留、抗生素超量的检测等。

总体来看,POCT 已经作为检验医学的新领域迅速发展起来,并因其便捷快速获取结果的优势得到人们的青睐,朝着仪器更小型化、便携化、检测项目多元化、制度管理完善化发展,期望能更好地成为中心实验室的有益补充,为改善医患关系及对疾病的防治做出贡献。

思 考 题

第六章
练一练

1. 什么是自动生化分析仪? 自动生化分析仪的发展方向如何?

2. 生化分析仪的分类原则有哪些?

3. 根据结构原理分类,自动生化分析仪有哪几种类型?

4. 自动生化分析仪的基本结构有哪几种主要部分? 各有什么功能?

5. 自动生化分析仪的光路系统根据分光的先后可分为几种方式,各有什么特点?

(杨惠聪 杨进波)

第七章　临床免疫学检验仪器

学习目标

1. 掌握酶免疫分析仪、化学发光免疫分析仪、免疫比浊分析仪的工作原理。

2. 熟悉酶免疫分析仪、化学发光免疫分析仪、免疫比浊分析仪的基本结构、使用、维护与常见故障处理。

3. 了解酶免疫分析仪、化学发光免疫分析仪、免疫比浊分析仪的临床应用。

免疫分析技术是利用抗原抗体的特异性反应来检测标本中的待测物质,具有高特异性和敏感性,是临床检验中最常用的检测技术之一。各种类型的临床免疫学检验仪器均是以免疫分析技术为基础设计而成,具有准确、灵敏、快速、高效等特征,因而在临床检验中被广泛使用。本章重点介绍酶免疫分析仪、化学发光免疫分析仪和免疫比浊分析仪的工作原理、基本结构、使用、维护、常见故障处理及临床应用。

第七章
思维导图

第一节　酶免疫分析仪

酶免疫分析(enzyme immunoassay,EIA)技术是以酶标记的抗原(抗体)为主要试剂,将抗原抗体反应的特异性和酶催化反应的高效性、专一性相结合的一种免疫分析技术,具有敏感性高、特异性强、操作简便、试剂有效期长、对环境污染小等优点,是临床实验室常用的检测技术之一。

酶免疫分析分为均相酶免疫分析和非均相酶免疫分析。在非均相酶免疫分析中,以固相载体为支持物,在抗原抗体反应达到平衡后,通过洗涤方式除去游离酶标记物的方法称为酶联免疫吸附试验(enzyme linked immunosorbent assay,ELISA),大多数酶免疫分析仪的工作原理都是基于 ELISA 技术而设定的。本节主要介绍酶标仪和全自动酶免疫分析系统。

一、酶标仪

(一)酶标仪的工作原理

酶标仪的工作原理与光电比色计或分光光度计相同。光源灯发出的光束经过滤光片或单色器变成一束单色光,再经过塑料微孔板中的待测标本,其中一部分光被标本吸收,一部分则透过标本后到达光电检测器,光电检测器将不同待测样本强弱不同的光信号转变为电信号,再经过前置放大、对数放大、模数转换等处理后,进入微处理器进行数据处理和计算,最终的检测结果在显示器上显示并打印出来。酶标仪的工作原理如图7-1所示。

动画:酶标
仪的工作
原理

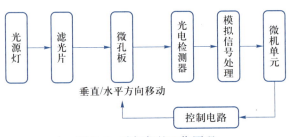

图7-1 酶标仪的工作原理

酶标仪与普通光电比色计的不同:① 盛放比色液的容器是微孔板而不是比色皿;② 光束垂直穿过微孔板,方向可以从上到下,也可以从下到上;③ 酶标仪通常用光密度(optical density,OD)值表示吸光度。

近些年来出现了光栅式全波长酶标仪,采用光栅分光,光源发出的光经过光栅后,通过光栅上面分布的一系列狭缝的分光作用,可获得任意波长的光。

(二)酶标仪的分类和基本结构

1. 酶标仪的分类 根据滤过方式的不同,酶标仪可以分为滤光片式酶标仪和光栅式酶标仪;根据功能的不同,可以分为光吸收酶标仪、荧光酶标仪、化学发光酶标仪和多功能酶标仪;根据通道数的不同,可以分为单通道酶标仪和多通道酶标仪。

2. 酶标仪的基本结构 主要由光源、滤光片或单色器、样品室、光电检测器、信号处理器、微机、控制电路等组成。

(三)酶标仪的使用、维护与常见故障处理

1. 酶标仪的使用 酶标仪是一种精密的光学仪器,良好的工作环境能确保其准确性和稳定性,因此在使用过程中要注意防电、防震,无磁场的干扰。为延缓光学部件的老化,应避免阳光直射。操作时环境温度保持在10~30℃,相对湿度≤70%,交流电源电压保持在220 V±22 V。注意周围环境空气清洁,避免水泡,保持工作台面干燥、洁净、水平,并且在仪器两边留出足够的操作空间以保证空气流通。不同型号的酶标仪操作程序会有所不同,操作人员应该严格按照仪器的操作说明书进行。酶标仪的基本操作流程如图7-2所示。

2. 酶标仪的维护

(1)日常维护:① 用一次性擦布蘸水或温和去污剂轻轻擦拭仪器外壳,清除灰尘和污物,保持仪器外部的清洁。② 清洁微孔板托架和导轨周围的泄漏物质,若泄漏物质为传染性,必须用消毒剂进行处理。

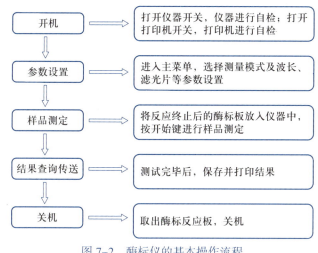

微课:酶标
仪的基本
操作

图 7-2 酶标仪的基本操作流程

（2）光学系统维护：酶标仪主要是通过吸光度或光密度来检测物质的含量，故酶标仪的维护主要是光学部分。而光学部分主要维护滤光片，使用过程中应防止滤光片霉变，并定期检测校正，以维持其良好的工作性能。① 每日核对滤光片波长。② 每周对仪器表面进行清洁工作，防止光学零件沾染灰尘。③ 每年检查、清洗滤光片，若出现破裂或霉点应及时更换。

3. 酶标仪常见故障处理　酶标仪是由光、机、电等多个部分组成的精密仪器，为了保证检测结果的准确可靠，使用过程中我们不仅要严格按照仪器的操作规程进行，对仪器进行正确地安装调试与保养，还要了解并能够排除常见故障。酶标仪常见故障和排除方法见表 7-1。

表 7-1　酶标仪常见故障及排除方法

常见故障	原因	排除方法
开机后无反应	电源未接通	检查电源线是否接好，保险丝是否烧断
仪器无法与计算机通信	1. 连线不通； 2. 设置问题	1. 检查计算机与仪器接口是否正确； 2. 检查仪器通信的波特率与计算机的波特率是否相匹配
仪器显示"酶标板错误"	卡板	关机后将载板架推出测量室，同时检查有无异物造成阻碍发生
打印机不打印	1. 连接问题； 2. 酶标仪设置问题； 3. 打印机故障	1. 检查打印机与仪器的接口是否正确； 2. 检查仪器内置打印机是否关闭，检查仪器是否设置外置打印机； 3. 检查打印机是否有纸，纸是否装好，注意打印机的开机顺序，打印机是否与仪器兼容
酶标仪测定结果与目测结果相差较大	滤光片设置错误	重新设置滤光片参数

续表

常见故障	原因	排除方法
结果重复性差	光路及机械传动部分不稳定	1. 检查光源是否稳定(测试光源电压); 2. 检查程控放大器输出是否稳定; 3. 检查导轨移动是否平稳
酶标板进出时噪声大	微孔板托架和导轨在运动时摩擦产生噪声	将导轨用软纸擦拭干净,加涂一些润滑油
花板	1. 洗液变质; 2. 管路污染; 3. 板条放置不平导致洗液侧流; 4. 清洗液注入量超过 400 μL	1. 重新配置洗液; 2. 清洗管路; 3. 将板条放置平衡; 4. 重新设置注液量

二、全自动酶免疫分析系统

全自动酶免疫分析系统是具有自动加样、加试剂,自动控温孵育,自动洗板和自动判读计算结果等功能的分析系统(图 7-3)。这种高度自动化的仪器采用了多种技术,如智能机械臂技术、微量液体处理技术、光学检测技术等。

(一) 全自动酶免疫分析系统的基本结构和特点

1. 加样模块　用于样本和试剂的分配。为保证加样的准确性,加样模块会采用不同的加样原理,如气动加样、高精度定量注射加样。带有液面感应功能的加样针,可自动探测液面高度。凝块探测功能可检测样本中的凝块、纤维丝等。为减少携带污染的发生,加样针可采用一次性加样吸头(图 7-4),或在永久性加样针内壁使用"特氟龙"涂层。一次性加样吸头成本较高,永久性加样针有携带污染的风险。有些仪器的加样系统将这两种加样方式结合在一起,一次性加样吸头用于加样本,永久性加样针用于加试剂,既避免了样本间交叉污染的发生,又节约了成本。为缩短加样时间,高通量的加样系统常采用 4针、8 针同时加样,提高了加样速度。

图 7-3　全自动酶免疫分析系统

图 7-4　一次性加样吸头

2. 振荡孵育模块　根据实验需要进行酶标板的振荡孵育,可使抗原抗体反应更加充分,从而提高检测的灵敏度。不同的仪器采用不同的振荡孵育系统,有类似"抽屉"样结构的孵育塔,一次可为8~12个微孔板提供孵育位置,属于大通量的;中等通量的系统采用加热器和加盖孵育的方式。振荡孵育模块中采用的加热板具有良好的热辐射性能,整个板的受热十分均匀,可以防止边缘效应(图7-5)。

3. 洗涤模块　主要用于洗涤加样针和微孔板。加样针的洗涤是减少携带污染的关键步骤。洗涤的模式可根据需要预先设定,一般选择先内部冲洗,再外部冲洗。内部冲洗时加样针位置稍高,外部冲洗时加样针位置略低。可根据洗涤效果设置冲洗量,如需减少携带污染,可适当加大洗液用量。

洗涤微孔板的洗板机多为8针、16针或96针洗板头,可满足快速洗板的需求,避免超时孵育,可以优化结果和节省整个流程所用时间。洗板机的注液量、注液速度、位置、洗涤次数等可以调节,一般注液精密度 <4%。仪器还有自动检测注液量、堵针自动报警等功能。采用中心排液、两点排液的方式,排液的高度、位置、速度和时间可根据需要调整,洗液残留量 <2 μL/ 孔,确保微孔中残留最少的洗液(图7-6)。

图 7-5　振荡孵育模块

图 7-6　洗板机

4. 酶标仪　光源多为卤素灯或钨光源。也有使用 LED 光源的,该光源稳定,寿命长,启动迅速,可靠性也很高。酶标仪一般配有多个滤光片,可采用单、双波长测定,波长为400~800 nm。吸光度为0~4.0000OD,测量分辨率可达 0.0001OD。可采用计算机软件对样本结果进行多种数据处理,绘制多种标准曲线,并打印出多种格式的数据图表。

微课:全自
动酶免疫分
析系统的基
本结构

(二) 全自动酶免疫分析系统的使用、维护与常见故障处理

1. 全自动酶免疫分析仪的使用　全自动酶免疫分析仪种类较多,不同仪器的操作略有不同,但基本操作流程大致相同,如图7-7所示。

2. 全自动酶免疫分析仪的维护

(1) 日常维护:① 保持仪器所处环境清洁,尽可能无尘。② 用中性清洁剂和湿布轻轻擦拭仪器外壳,清洁内部样品盘和微孔板托架。③ 保持加样针清洁。④ 清洁洗板机头和洗液管路。⑤ 保持光学系统的清洁,防止用手触摸滤光片、光电检测器等。⑥ 及时处理废弃物。

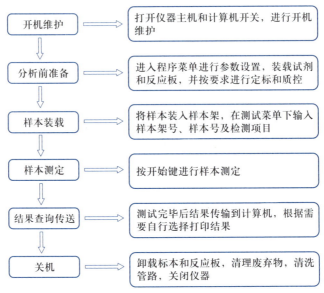

图 7-7　全自动酶免疫分析仪的基本操作流程

（2）月维护：① 检查所有管路及电源线有无磨损及断裂现象。② 检查微孔探测器有无堵塞现象,若有堵塞,可用细钢丝贴着微孔板底部将堵塞物除去。③ 检查机械臂的支撑轨道是否牢固,检查机械臂及轨道上是否有灰尘。④ 使用仪器厂商提供的软件执行检查程序,打印检查结果并进行归档。

（3）易损部件的维护：① 放置微孔板的卡夹、滑槽、光源灯等部件损坏率较高,使用过程中应定期检查,出现问题及时更换。② 定期检查管路有无破损及泄漏。

3. 全自动酶免疫分析仪的常见故障处理　全自动酶免疫分析仪通常配有故障检测系统,一旦有故障发生,仪器显示屏可提示故障部位和代码,按照仪器使用说明书可以找到故障原因及排除方法。全自动酶免疫分析仪常见故障和排除方法见表 7-2。

表 7-2　全自动酶免疫分析仪常见故障和排除方法

常见故障	原因	排除方法
加样针无法吸液	吸入纤维蛋白凝块或插入真空管的分离胶导致管道堵塞	取下加样针进行物理清通,再用去蛋白液浸泡
洗板机注液和吸液管道不通畅	标本中的纤维蛋白、洗涤液结晶或洗涤液中的漂浮物堵塞洗板头	取下洗板头,在洗板头注液和吸液口施压冲洗,必要时用针头挑出纤维蛋白或结晶
冲洗针卡住酶标板	1. 检测不同项目的酶标板条放在同一个酶标板架上,酶标板条放置高低不平导致卡针; 2. 支持冲洗针升降的弹簧老化	1. 暂停洗板,将高出的板条压平; 2. 更换弹簧

三、酶免疫分析仪的临床应用

酶免疫分析技术在临床上应用广泛，几乎所有的可溶性抗原、抗体均可用该方法测定，目前常用于感染性疾病相关抗原抗体的测定，如病毒性肝炎血清标志物测定、梅毒螺旋体抗体检测、HIV抗体筛查、TORCH感染检测等。

第二节　化学发光免疫分析仪

发光免疫技术是标记免疫技术中的一种，它将免疫反应与发光反应相结合，使该检测技术既有免疫反应的高特异性，又具有发光反应的高敏感性。化学发光免疫分析仪以化学发光物质为示踪物，检测简便、快速、重复性好，无放射性污染，检测范围广，从蛋白质、肿瘤标志物、激素、酶到药物均可检测，而且还可以实现自动化分析。化学发光免疫分析仪根据标记物的不同，可分为直接化学发光免疫分析仪、化学发光酶免疫分析仪、电化学发光免疫分析仪、时间分辨荧光免疫分析仪。

一、化学发光免疫分析仪的原理

（一）化学发光反应的基本原理

化学发光（chemiluminescence）是化学反应过程中产生的光，可表示为：

$$[A]+[B]\rightarrow[I]^*\rightarrow[产物]+光$$

式中[I]*是由反应试剂A和B反应生成的激发态产物。处于激发态的物质不稳定，很快跃迁到较低能量状态，同时将能量以光的形式发射出来。

（二）化学发光免疫分析仪的基本原理

通过自动加样技术吸取用化学基团标记的抗原或抗体，进行免疫反应，采用自动分离技术，将抗原抗体复合物与游离的抗原、抗体分开，再通过改变反应条件，让标记在抗原或抗体上的化学基团发出稳定亮度的光，使用光电倍增管测得光亮度值。光的亮度值与待测物的浓度相关，由此可以测定待测抗原或抗体的浓度。临床上常用方法的化学发光类型如图7-8所示。

微课:化学发光免疫分析仪的工作原理

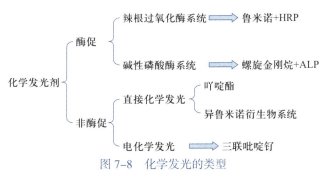

动画:化学发光免疫分析仪的检测原理

图7-8　化学发光的类型

155

1. 直接化学发光免疫分析仪　常用吖啶酯标记的抗体与待测抗原反应,经过洗涤分离后,加入 NaOH 和 H_2O_2 溶液,从而诱导吖啶酯发光,检测到的光的强度与待测抗原浓度相关。

2. 化学发光酶免疫分析仪　常用碱性磷酸酶为标记物,发光剂采用 3-(2′-螺旋金刚烷)-4-甲氧基-4-(3″-磷酰氧基)苯-1,2-二氧杂环丁烷(AMPPD),小分子物质采用竞争法或抗体捕获法进行测定,而大分子物质采用夹心法进行测定。化学发光酶免疫分析仪原理如图 7-9。

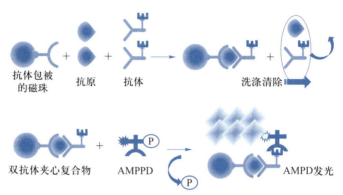

抗体包被　　抗原　　抗体　　　　　洗涤清除
的磁珠

双抗体夹心复合物　　AMPPD　　　　　AMPD发光

图 7-9　化学发光酶免疫分析仪原理

3. 电化学发光免疫分析仪　是在抗原抗体反应并分离后,通过电极施加电压,使发光剂标记物三联吡啶钌 $[Ru(bpy)_3]^{2+}$ 在电极表面进行电子转移,产生电化学发光,光的强度与待测抗原的浓度相关。竞争法用于小分子量蛋白质抗原检测;夹心法用于大分子量物质检测。三联吡啶钌标记的电化学发光免疫分析反应原理如图 7-10 所示。

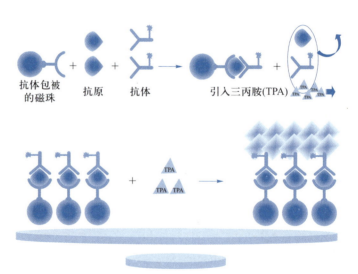

抗体包被　　抗原　　抗体　　　引入三丙胺(TPA)
的磁珠

图 7-10　三联吡啶钌标记的电化学发光免疫分析反应原理

4. 时间分辨荧光免疫分析仪　时间分辨荧光免疫分析仪是用镧系三价稀土离子及

其螯合物,如铕(Eu^{3+})、钐(Sm^{3+})、铽(Tb^{3+})、镝(Dy^{3+})等及其螯合物作为示踪剂,代替传统的荧光物质、放射性核素、酶和化学发光物质,来标记抗原、抗体、多肽、激素、核酸或生物活性细胞,待反应体系发生后,根据稀土离子螯合物有长寿命荧光的特点,通过电子设备控制荧光强度测定时间,待短寿命的自然本底荧光完全衰退后,再进行产物的长寿命荧光强度测定,以此来判断反应体系中被测物质的浓度。

二、化学发光免疫分析仪的基本结构

化学发光免疫分析仪由样本调度系统、试剂管理系统、加样系统、搅拌反应系统、恒温孵育系统、磁分离系统、发光计数测量系统、清洗系统、计算机软件主控系统及辅助装置组成。

微课:化学发光免疫分析仪的基本结构

(一) 样本调度系统

样本调度系统负责将样本传送到分析模块的吸样位,在吸样结束后对样本架进行集中回收,主要由以下几部分构成:样本承载装置、样本调度控制组件、样本放入区、条码扫描区、样本回收区。

动画:化学发光免疫分析仪的内部结构

1. **样本承载装置**　有样本盘式和样本架式两种。样本盘式为一可放置样本并能转动的圆盘状架子,仪器通过转动圆盘来实现对样本的定位管理。样本盘多进行了分区管理,一般分为常规标本位、急诊标本位、质控及定标位。样本架式(图 7-11)多为单排单架管理,每 5~10 个样本为一架,通过轨道及传动带来实现对样本的定位管理。样本架也进行了分类管理,一般分为常规样本架、急诊样本架、质控架及定标架。仪器通过条形码来识别架子类型,用户可通过颜色来区分其用途。不管是样本盘还是样本架,功能均为将样本准确可靠地定位到吸样位置。样本盘式的主要优点是结构相对简单,成本低,故障率低,但样本放置数量受到结构空间限制,且测试过程中追加样本及时性差。样本架式轨道进样的主要优点是方便随时追加样本,特别适用于模块互联和实验室自动化系统。

图 7-11　样本架

2. **样本调度控制组件**　负责调度待测样本架,在轨道上精确运动到指定位置。

3. **样本放入区**　以样本架式样本调度系统为例,样本放入区用于放置需进行测试的样本架。测试开始后,仪器自动将样本放入区中的样本架依次传送到前端传送线。样本放入区可以同时放置几十个样本架,每个样本架可以放置 5~10 个样本,即一次性最多可以放置数百个样本。

4. 条码扫描区 位于样本放入区的前端。当样本放入区的样本架经过扫描区时,条码扫描仪自动扫描样本架和样本管上的条码,识别样本架类型和编号以及样本信息。扫描结束后,样本架随传动装置向吸液方向移动,等待吸样。

5. 样本回收区 用于放置所有测试已结束的样本所在的样本架。当样本回收区快满时,应尽早将样本架取出,避免样本回收区堵满。

(二)试剂管理系统

试剂管理系统由试剂盘、试剂瓶、固定位试剂瓶、传动装置、定位装置、冷藏装置及指令控制电路组成。

1. 试剂盘 通常试剂存贮装置为盘状结构,即试剂盘(图7-12)。试剂盘可旋转并将检测试剂精确定位到试剂针吸取试剂的位置。试剂位的数量,决定了仪器可同时分析项目的数量。

2. 试剂瓶 结构形式上有较大区别,其共同的特点是不透明、密闭。因为保存的是抗原、抗体及发光标记物,对光十分敏感,所以避光性能好是试剂瓶的最大特点。试剂瓶的材质要求耐酸、耐碱、无溶出。试剂瓶如图7-13所示。

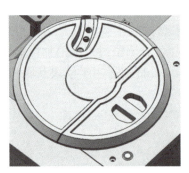

图 7-12 试剂盘

图 7-13 试剂瓶

3. 固定位试剂瓶 主要放置酸性或碱性清洗液、防腐剂、浓缩清洗剂等。固定位试剂瓶大多配置了液面感应器,以便仪器自动监控试剂的剩余量,提醒用户及时更换。

4. 传动装置 由步进马达、传动带、转动轴等部件组成,为试剂盘的转动提供支撑与动力。

5. 定位装置 由定位器、感应器、条码识别器等部件组成,以便仪器能及时感应到试剂盘的位置及盘中试剂的种类,保证试剂的自动识别与定位。

6. 冷藏装置 是为满足试剂存储要求设计的。为保证试剂的稳定性,试剂盘相对密闭,所以也称为试剂仓。它具有 24 h 不间断制冷功能。常见的冷藏温度要求为 2~8℃,在此范围内试剂的稳定性可以得到更好的保证。

7. 指令控制电路 是控制试剂管理区的中枢大脑,负责感应试剂盘的位置,并下达指令给步进马达,控制其精确转动并在指定时间将试剂准确地送至指定位置,由中央处理器及配套电路组成。

(三)加样系统

加样系统是化学发光免疫分析仪核心系统之一,通常包括样品加样和试剂加样,两者的工作原理和结构基本类似。加样性能优劣直接决定了仪器的测试性能。加样系统由样品针、试剂针、加样臂、加样管路、高精度步进电机、注射器、电磁阀及指令控制电路组成。发光分析仪在吸样设计时,常采用更换吸样头的方式来代替吸样针及高压冲洗,其优点是防止交叉污染,缺点是一次性吸样头的加样精度不如吸样针。加样针通过加样管路与注射器相连。高精度步进马达根据加样量的大小产生定量运动,带动注射器驱动液体流入或流出采样针,从而实现定量加样。吸样针如图 7-14 所示。

图 7-14 吸样针

1. 样品针与试剂针 二者针尖细长,形态相似,但样品针的针尖更细。针尖由惰性金属制成,耐酸、耐碱、耐腐蚀。针尖表面进行了特殊处理,可避免液体黏附,减少交叉污染。加样针除了基本的加样功能,还具有液面检测功能、随量跟踪功能、堵针检测功能、防撞功能及气泡检测功能等。这些辅助功能,结合加样针设计工艺,高精度的注射器驱动控制,加样针运动控制以及合理的加样针清洗管路设计等,保证了加样性能。① 液面检测和随量跟踪技术,可以自动检测样本管内的液面,并根据吸液量的多少,自动调整下降到液面下的深度。控制加样针进入液面合适的深度,保证既能完成可靠吸样,又能减少插入深度,以减少交叉污染并降低死体积。② 堵针检测功能,可以准确地检测样本针是否堵塞。如果样本针被堵,系统发出警告。待测样本中可能存在的纤维蛋白、凝块等有时会导致针尖堵塞,进而影响加样,造成测试结果不正确。堵针检测功能对保证分析结果的可靠性具有重要的意义。③ 防撞功能,包括横向防撞和纵向防撞。横向防撞可以检测水平方向上的障碍物,如果发生碰撞,加样臂立即停止转动,以防止加样针损坏;纵向防撞可以检测垂直方向上的障碍物,如果发生碰撞,加样臂立即停止向下运动,防止加样针损坏。④ 气泡检测功能,可以检测样本中有无气泡。如果存在气泡,将给出报警,避免加样不准确。

2. 加样臂 由步进马达带动,沿转动轴转动及上下移动,带动吸样针吸取相应液体。加样臂内带有加样管及控制电路。

3. 加样管路 为硬质塑料管,由耐酸、耐碱、抗氧化的特殊材质制成。

4. 高精度步进电机 其精确性决定了吸样精度,因此它是化学发光免疫分析仪准确度的核心控件之一。高精度步进电机主要由步进电机运动控制器、步进电机驱动器和步进电机三部分组成。步进电机驱动器主要包括环形分配器和功率放大器两部分。其中，环形分配器又称脉冲分配器，它根据运行指令按一定的逻辑关系分配脉冲，通过功率放大器加到步进电机的各相绕组，使步进电机按一定的方式运行，并实现正、反转控制和定位控制。

5. 注射器　活塞每日需要来回运动上千次，甚至上万次，所以必须选用高耐磨材质，才能保证长期取样的稳定性。陶瓷是较为理想的材质，故注射器一般采用陶瓷制备。注射器进样过程中试剂混合是一个快速浓度变化的瞬时过程，测量精度主要体现在体积的控制，注射的时间和压力分布上。有两种类型的注射器可以使用，活塞式或风箱式。针筒一般为玻璃材质，通过筒径大小，实现各种不同的满程容量。注射系统的设计要求从试剂容器到注射喷嘴总的死体积尽可能小，不同仪器间的死体积差别较大，最小的可小于500 μL，多的可至15 mL。进行探针清洗时，注射器泵可对探针的管路施以较高的压力以及较大的液体流量，使探针得到彻底清洗，避免了试剂与样本之间、不同样本之间以及不同试剂之间的交叉污染。一个理想的注射器可以在一个较宽的范围内具有高精度的体积设定和可调的压力分布。注射器如图 7-15 所示。

6. 电磁阀　开关控制着液流的走向，保证了吸液与清洗的顺利完成。

7. 指令控制电路　控制着加样系统的每个步骤，包括加样臂运动、注射泵的运动、电磁阀的开关等。

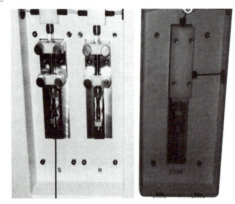

图 7-15　注射器

(四) 搅拌反应系统

在化学发光分析中，所加样品的混合均一度是影响灵敏度的一个关键条件。在设计反应器时，混匀方式的选择是十分重要的。常见的化学发光仪反应器主要有管式反应器和微孔板两种。

1. 管式反应器　主要用于静态化学发光免疫分析，多采用注射器将底物和引发剂以精确的时间加入，这对于一个随时间光信号产生变化的动力学样品来说很有必要。玻璃和透明、半透明的塑料管及比色皿是化学发光测试比较理想的材料。理想的是光能够通过一个平面，然后测试，以减少边际效应。

2. 微孔板　为了满足免疫分析快速、高通量的要求，样本装载系统一般要求同时装载样本 60 个以上，加样探针可以随时进入任意一个位置加样。微孔板主要应用于化学发光免疫分析上，有 96 孔板以及 384 孔板等。由于免疫分析从化学发光反应中发射出的光是各向同性的，即在各个方向上同等发射出来的。如果一个化学反应是在透明的微孔板中的微孔进行，光不仅从垂直方向发散，还从水平方向发散出来。光很容易通过各个孔之间的间隙和孔壁，光较强的孔就会干扰相邻的孔。因此，化学发光测试一般用不透明微孔板。不透明的微孔板和板条主要有两种：白色和黑色。白色板或黑色板的选择，主要是基于预期检测信号的强弱，白色板主要用于较弱光的检测，黑色板主要用于强光的检测。黑色板还可以削弱非特异性结合所带来的问题。

（五）恒温孵育系统

反应体系需要在恒定的温度下反应,才能保证检验结果的稳定性,所以需要对反应体系进行精确的温控孵育。常见的反应温控孵育结构有空气浴结构、固体直热结构等,以下分别进行介绍。

1. 空气浴结构　是利用受控热空气,对反应杯实现孵育,空气浴结构如图 7-16 所示。由于空气热容小,因此容易受环境影响,温度波动较大。同时,空气与反应杯之间的换热方式属于空气强制对流换热,换热系数小,反应杯中液体升温速度较慢。

2. 固体直热结构　是利用导热率较高的金属材料(铝、铜等),直接与反应杯接触,如图 7-17 所示。通过对高导热率固体材料的温控,实现对反应杯内液体的孵育。固体直热加热方式系统升温迅速,受环境影响小,易于维护。

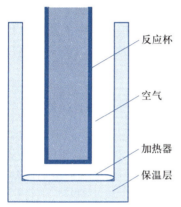

图 7-16　空气浴结构示意

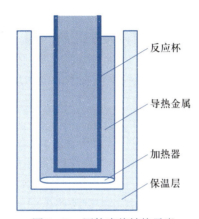

图 7-17　固体直热结构示意

（六）磁分离系统

当样本和磁珠试剂孵育反应完成后,使用清洗液将结合到磁微粒的样本试剂反应物从液相中分离出来。磁分离系统由磁分离盘和磁分离机组成。

反应杯依次经过磁分离的各吸排液机构,完成注液、磁分离和吸液动作。在自动化的化学发光免疫分析仪器中,此系统是集成于仪器内部的,当样本中的抗原(或抗体)以及试剂中的抗原(或抗体)与包被珠上的抗体(或抗原)反应完毕后,未参与反应的物质需要被分离出去,通常采用的方法是用蠕动泵将未反应物直接吸掉,这种方法的缺点是不能将反应物吸干净,大大地降低了实验的灵敏度。目前,多采用高速离心的方式,将包被珠在反应杯中高速离心,离心过程中加水清洗,然后再离心,此过程反复 5 次。当对包被珠进行清洗时,下端的螺杆将包被珠推动上升到某一位置后,上端的离心电机前端正好顶住反应杯的口部,然后高速离心电机旋转,转速可达 8 000 r/min,多余的液体被排除到废液槽内。清洗过程中水泵加入蒸馏水到反应杯,然后再高速离心旋转,将废液彻底排掉。磁分离系统如图 7-18 所示。

图7-18　磁分离系统

(七) 发光计数测量系统

化学发光免疫分析仪以往的光信号检测仪器大多采用光电二极管、光敏电池、电荷耦合器,或者以光电流放大方式工作的常规光电倍增管作为检测器件。新的检测技术是采用单光子计数器,作为新型高敏感度光检测器,其灵敏度及线性范围均大大超过其他常规技术,使化学发光免疫检测技术的灵敏度得到进一步提升。

(八) 清洗系统

清洗系统由真空泵、清洗管道、电磁阀、冲洗站、清洗剂、废液桶、固体废物盒等组成。

1. 真空泵　为仪器的清洗提供动力,包括废液的吸取与排空、清洗液的吸取与灌注。

2. 清洗管道　一般较吸样管道粗,需要选取耐酸、耐碱、耐腐蚀的材质制备。

3. 电磁阀　是仪器控制液路走向的关键控制点。

4. 冲洗站　是用于清洗试剂针、样本针的地方。通过清洗来消除交叉污染。

5. 废液桶　主要用于装载反应原液。出于生物安全考虑,反应原液不可直接排往下水道,必须经过处理后才可排往下水道,因此废液桶必不可少。废液桶上一般都装有防溢出感应器,用于提醒用户及时倒空废液。

6. 固体废物盒　用来收集一次性吸液头、一次性反应杯等固体废物,需定期倾倒更换。

(九) 计算机软件主控系统

化学发光免疫分析仪的计算机软件主控系统是仪器的大脑,负责处理多种数据、下达用户指令、监控仪器运行状态、记录检测结果并保存检测过程信息,部分仪器的计算机软件系统还具备自我诊断功能。数据处理由计算机自动完成,指令的下达通过操作部完成,仪器运行状态检测结果等信息通过输出部显示。

1. 数据处理　分析仪可根据检测到的发光值计算出待测样品结果,还可根据结果是否超过线性范围和检测范围来判定结果准确性,并给出报警信息。

2. 下达用户指令　当用户编制好检测指令信息后,仪器会根据需要检测的样本及测试项目,计算出整个运行过程的所有指令信息,并载入指令库,然后依次下达,指挥仪器的各个部件完成相应的动作,从而完成所有检测。

3. 监控仪器运行状态 仪器的各个感应装置,会将仪器运行中的各种信息及时传送至软件控制系统,并通过相关界面显示出来,如孵育槽的温度、试剂仓的温度、试剂的残余量、清洗液的残余量、废液的量、各检测项目的检测进程情况等。

4. 记录检测结果并保存检测过程信息 电脑的存储系统不仅可以保存大量的检测结果,还可以保留一定数量的检测过程信息,如被分析项目发光值、各次校准的校准曲线、每日的室内质控数据等,以供随时查阅。

5. 操作部 是由手持式条码扫描仪、键盘、鼠标组成。手持式条码扫描仪、键盘用于装载试剂、样本稀释液、底物、主曲线和校准品时,输入相关信息。

6. 输出部 由显示器、打印机组成,用于显示仪器运行状态或打印测试结果和其他数据。

(十)辅助装置

辅助装置包括稳压不间断电源、专用制水机、打印机、LIS 系统及工作计算机等。

1. 稳压不间断电源 是仪器持续稳定工作的基本保障。化学发光分析仪属于智能化的精密仪器,不稳定的电压或非法断电会导致部分检测结果出现错误,甚至会损坏仪器,所以稳压不间断电源是仪器必备的辅助设施。

2. 专用制水机 为仪器提供清洗及稀释用去离子水,保障仪器的正常运行。可根据仪器用水量大小选用合适的制水机。制水机的过滤芯及离子交换树脂需定期更换。

3. 打印机 是记录仪器在使用过程中进行维护、保养、自检及定标等重要信息的工具,便于用户存档,也可用于检测报告单的打印。

4. LIS 系统及工作计算机 工作计算机装配实验室管理系统后与仪器的软件系统连接,及时接收仪器的检测结果。LIS 系统及工作计算机是用户保存、查看及审核检测结果的重要帮手。

三、化学发光免疫分析仪的使用、维护与常见故障处理

(一)化学发光免疫分析仪的使用

化学发光免疫分析仪种类较多,仪器自动化程度较高,不同仪器的具体操作略有不同,但其基本的操作流程大致相同(图 7-19)。在使用前必须认真阅读说明书,并经过系统的操作培训后方能使用仪器进行检测。虽然每台仪器的操作细则不一,但是主要流程都包括开机前准备、开机、每日开机保养、消耗品准备、校准及质控、下达检测指令、开始运行、监控仪器运行状态、查看并审核检测结果、关机保养、关机及收纳清洁等。

(二)化学发光免疫分析仪的维护

化学发光免疫分析仪属于高精度的检验设备,正确地维护十分重要。日保养、周保养、月保养、每季维护、不定期维护。是保障仪器正常运转的前提。

开机前准备
查看仪器电源供应及去离子水供应情况，固定位试剂是否充足，废液桶是否倒空

开机
按操作要求依次打开电源开关，等待仪器完成自检

每日开机保养
完成仪器要求的每日开机保养程序，如管路自动冲洗、排气、更换冲洗槽的水等

消耗品准备
消耗品准备工作包括检测试剂更换、清洗液更换、定标液及质控液更换等。用户根据每日的标本检测量，将各检测项目的试剂添加充足。根据要定标及质控的项目更换相应的定标液与质控液

校准及质控
根据检测项目需要下达校准及质控指令。待校准与质控结束后，查看校准信息，判断是否失控。在确定校准无误，同时质控在控的情况后，方可继续后续操作

下达检测指令
将需要检测的项目分批次编制录入，设置好样本编号、样本位置号、检测项目、处置类型(常规标本或急诊标本)，经核对无误后，下达检测指令

开始运行
启动开始运行前再次查看仪器的状况，确保仪器台面无障碍物后启动运行

监控仪器运行状态
在启动运行后将仪器显示界面切换至仪器运行状态栏，监控仪器的运行状态，以便及时处理仪器运行过程中的突发情况，保证仪器正常持续运转

查看并审核检测结果
检测完毕后，到结果状态栏查看并审核检测结果，遇到有问题或有报警提示的结果，需根据报警信息检查处理。同时查看反应曲线，分析结果的可靠性，确定检测结果准确可靠后方可发出检测报告

关机保养
完成当天的所有测试后，执行关机保养程序

关机
执行完关机程序后，待仪器提示关闭电源时，按仪器操作说明依次关闭电源开关。如试剂仓存有试剂时，需保留试剂室冷藏电源开关

收纳清洁
盖好试剂盘盖，保管好校准品、质控品和样本，清洁分析仪台面，按生物安全要求处理反应废液

图 7-19　化学发光免疫分析仪操作流程

1. 日保养

（1）清理试剂针外壁，关闭分析仪，将试剂针旋转到方便擦拭的位置，用蘸有酒精的棉签擦拭针的外壁，擦拭试剂针时应由顶端从上往下擦拭，禁止反向或横向擦拭，并保证擦拭后针的外壁没有棉絮残留。

（2）每日要保持机器外壳干净，以免灰尘进入仪器。

2. 周保养　清理试剂针清洗槽及样本针清洗槽，用蘸有纯水的棉签进行擦拭，清洗槽的保养方法如图 7-20 所示。再向试剂针清洗槽中注入适量的纯水进行冲洗。

3. 月保养　主要针对清洗装置本身，如清洗机构、冲洗站、冲洗槽等。另外，纯水桶、供水过滤器、散热器过滤网等也要进行清洗。

4. 每季维护　检查并更换注射器的垫圈，更换蠕动泵管等。

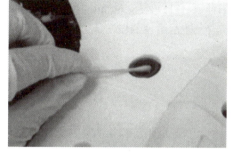

图 7-20　清洗槽的保养方法

5. 不定期维护　是指对一些易磨损的消耗部件进行检查与更换。检查各冲洗管路是否畅通，有无漏气现象，并用专用清洗液进行管路清洗。检查各机械运转部分是否工作正常，并添加专用润滑剂。

（三）化学发光免疫分析仪的常见故障处理

化学发光免疫分析仪自动化程度较高，都具备自我诊断功能。有故障发生时，仪器一般能自动检测到，显示错误信息并伴有报警声。常见故障主要有吸样针堵塞、注射器漏气、真空压力不足、轨道错误等，可根据不同发光仪器的报警处理措施实施处理，也可与厂家维护工程师联系，在工程师的指导下进行维修处理。

四、化学发光免疫分析仪的临床应用

（一）在疾病诊断中的应用

大型化学发光免疫分析仪可同时检测几十项指标，如甲状腺激素、性激素、肾上腺激素、垂体激素、贫血因子、肿瘤标志物、病原体血清标志物、胰岛素、血清 C 肽、肌钙蛋白等。通过这些检测项目，可对患者的甲状腺功能、内分泌系统、血压调节功能、脑垂体功能、造血营养状况、肿瘤类型、病原微生物感染情况、糖代谢、心肌损伤等进行综合评估，为临床做出诊断及鉴别诊断提供丰富的依据。同时它的快速、准确和高效，也是临床能及时诊断的有力保证。

（二）在疾病预防中的应用

疾病的预防是疾病防治过程的重中之重，定期的体检是评估健康状况的重要手段。化学发光免疫分析仪的高灵敏度为健康体检筛查提供了技术保障，可做到早发现、早干预、早治疗，为人民的健康保驾护航。

(三)在治疗过程监测中的应用

化学发光免疫分析仪良好的性能指标,让检测结果的准确度和精密度有了保障。这是疾病治疗过程中进行监测和疗效观察的技术基础。医生可对多次检测结果进行比较分析,以此观察疗效及预后判断。另外许多慢性病患者需要长期服用某种药物,但由于药效学、药动力学等原因,需要进行药物浓度监测,以防止摄入药物过量或治疗浓度不足,给患者带来不良后果,如强心苷类、免疫抑制剂、平喘药等。化学发光免疫分析仪可对茶碱、地高辛、环孢素、巴比妥等药物进行快速准确地检测,为患者的安全用药提供重要保障。

第三节 免疫比浊分析仪

免疫比浊技术由经典的免疫沉淀反应发展而来,根据检测原理不同,免疫比浊技术分为免疫透射比浊法(turbidimetry)和免疫散射比浊法(nephelometry)。免疫比浊分析仪是将检测过程中的加样、混匀、孵育、检测、结果计算与处理及实验后的清洗等步骤自动化的仪器(如图7-21)。免疫比浊分析仪具有敏感度高、稳定性好、分析简便快速、标本用量少、标本交叉污染少的特点,是临床常用的检测仪器之一。

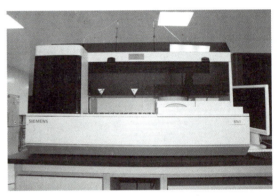

图7-21 免疫比浊分析仪

一、免疫比浊分析技术的分类和原理

(一)免疫透射比浊法

免疫透射比浊法可分为免疫透射浊度法和免疫胶乳浊度测定法。

1. 免疫透射浊度法原理 可溶性抗原与相应抗体在特殊缓冲液中快速形成免疫复合物,使反应体系中出现浊度。当保持反应体系中抗体过剩时,形成的免疫复合物随抗原的增加而增加,浊度亦随之增加。待测物质与浊度成正相关,通过计算可得出其含量。

2. 免疫胶乳浊度测定法原理 将抗体吸附在大小适中、均匀一致的胶乳颗粒上,与相应抗原相遇时,胶乳颗粒发生凝集反应。单个胶乳颗粒大小必须在入射光波长之内,不阻碍光线透过。两个或两个以上胶乳颗粒凝聚时,透射光减少,减少的程度与胶乳颗粒的凝聚程度成正比,即相当于与待测抗原含量成正比。

(二)免疫散射比浊法

免疫散射比浊法是将液相内的沉淀反应与散射光谱原理相结合而形成的免疫分析技术。可溶性抗原与相应抗体在液相中发生特异性结合反应,形成免疫复合物而引起反应

动画:免疫
透射比浊法
的原理

液浊度改变,一定波长的光沿水平轴照射,通过反应液遇到小颗粒的免疫复合物时,光线被折射而发生偏转,偏转的角度与发射光的波长、免疫复合物颗粒大小密切相关。散射光的强度与免疫复合物的含量成正比,即待测抗原越多,形成的复合物也越多,散射光越强。

免疫散射比浊法可根据测定方式的不同分为终点散射比浊法、定时散射比浊法、速率散射比浊法和胶乳增强免疫比浊法。

1. 终点散射比浊法　当抗原与抗体反应达到平衡,免疫复合物的形成量不再增加,反应体系的浊度不再受时间影响,测定此时的溶液浊度。本法测定所需时间较长,通常在反应 30~120 min 进行测定,反应过程中易形成大颗粒沉淀而使结果偏低。另外,空白本底较高影响检测的敏感性也是其较大的缺点,故此法在临床已较少使用。

2. 定时散射比浊法　可溶性抗原与抗体相遇后立即发生沉淀反应,反应介质中的散射信号在极短的时间内变化很大,此时计算峰值信号获得的结果会产生一定的误差。定时散射比浊法是在确保反应体系中抗体过量的情况下,在抗原、抗体开始反应 7.5 s~2 min 测定第一次信号值,通常在 2 min 时测定第二次信号值,用第二次信号值扣除第一次信号值来获得待测抗原的信号值。信号值的大小与待测抗原含量成正比。

3. 速率散射比浊法　速率指的是单位时间内抗原、抗体结合形成免疫复合物的速度。速率法选择在抗原与抗体结合速度最快的某一时刻(速率峰),测定复合物形成的量。该法具有检测速度快、结果准确、灵敏度和特异性好的特点。

4. 胶乳增强免疫比浊法　选择均匀一致、大小适中的胶乳颗粒,吸附或交联在抗体上。在液相体系中,单个胶乳颗粒在入射光波长内,光线可透过,使透射光增加,散射光减少。当胶乳颗粒上的抗体与相应抗原结合发生凝集时,形成的凝集颗粒直径大于光波,使透射光减少,散射光增加,散射光的增加程度与胶乳凝集情况成正比,亦与待测抗原含量成正比。

二、免疫比浊分析仪的基本结构

免疫比浊分析仪的种类很多,结构各异,但主要包括如下结构。

(一)试剂管理系统

试剂管理系统负责试剂的定位与保存,主要由试剂瓶、试剂盘、传动装置、定位装置、冷藏装置等组成(图 7-22)。

(二)样本管理系统

样本管理系统负责样本的移动与定位,主要由样本承载装置、传动装置、定位装置等组成(图 7-23)。

(三)加样系统

加样系统负责试剂和样本的分配(图 7-24),主要由试剂针、样品针、机械臂、加样管道、高精度步进马达、注射器、电磁阀等组成。

（四）反应系统和混匀系统

反应系统是试剂与样品进行反应的场所，由反应杯（图 7-25）与相关组件构成。

混匀系统负责试剂与样品的搅拌混匀，常见的混匀系统由搅拌棒、搅拌臂和步进马达等组成。

图 7-22　试剂管理系统

图 7-23　样本管理系统

图 7-24　加样系统

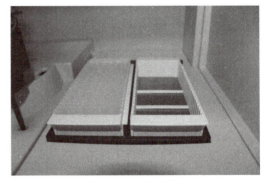

图 7-25　反应杯

（五）恒温孵育系统

恒温孵育系统为反应体系提供均匀稳定的温度，主要由加热器、温度感应器、动力泵和温控电路等组成。

（六）检测系统

检测系统负责光信号的检测，是免疫比浊分析仪核心的部件，由光源、透镜和检测器等组成。

（七）清洗系统

清洗系统负责加样针和管道等装置的清洗工作，防止交叉污染，保证结果的准确性，主要由清洗管道、真空泵、冲洗池、清洗液、废液桶等组成。

（八）软件系统

软件系统负责控制仪器运行、数据处理、监控仪器运行状态、记录检测结果等。

（九）其他装置

其他装置包括 LIS 系统工作计算机、稳压不间断电源、打印机等。

三、免疫比浊分析仪的使用、维护与常见故障处理

（一）免疫比浊分析仪的使用

免疫比浊分析仪种类较多,不同仪器操作略有不同,但基本操作流程大致相同,如图 7-26 所示。

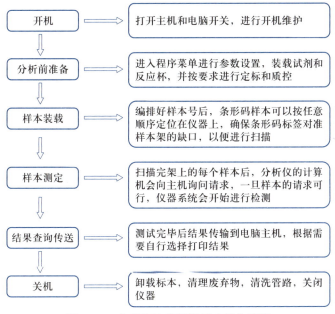

图 7-26　免疫比浊分析仪基本操作流程

（二）免疫比浊分析仪的维护

仪器的维护保养可以延长其使用寿命并减少故障的发生,因此日常工作中应严格按照操作手册对仪器进行保养。

1. 日保养　① 每次开机前应检查系统液容器中的液体量是否足够,废液桶中的液体量是否已经装满。② 确保分析仪前盖关闭。③ 检查稀释架是否已插入,稀释孔是否足够。④ 检查管道有无扭曲、污物、渗漏及气泡,移液针有无泄漏、气泡,是否使用时间过长,阀门有无泄漏。

2. 周保养　①用 70% 乙醇浸泡的无麻抹布清洁消毒系统的外表面、转盘盖、稀释单位和架子通道。② 检查注射器和阀门有无渗漏、结晶。③ 检查试剂和样本探针有无阻塞和损坏。

3. 月保养　① 每月至少更换一次反应杯,必要时随时更换。② 更换冲洗液过滤器。③ 消毒管道系统。④ 清洁冲洗液的容器、条形码扫描仪。⑤ 消毒终端设备、条形码阅读器和打印机等。

4. 半年保养　每半年更换移液针。

(三) 免疫比浊分析仪的常见故障处理

1. 无法读取架子上的条形码　更换新的条形码标签,如果仍然无法读取,对条形码扫描器进行清洁。

2. 机械传动问题　① 样本 / 试剂针的机械传动部分润滑不良或有物体阻挡,应对样本 / 试剂针的机械传动部分进行清洁,并进行上油处理。② 线路连接不合理或者连接处松动,接触不良。

3. 流动池液体外流　① 检查废液瓶内废液是否已满,连接废液瓶的管路是否发生堵塞。② 检查蠕动泵管是否因老化而造成运转不良,若老化应更换新的备件。③ 检查管路是否堵塞,若有堵塞,先用注射器打气加压使其疏通,再进行冲洗。

4. 试剂槽结冰导致试剂盘无法转动　检查温感器是否存在异常,温度参数设置是否合理。

5. 光路校正超出正常范围　反应杯污染或光源老化所致,更换新的反应杯,重复校正,如果仍然超出限值,可进行光路设置。光路设置不成功,考虑更换光源。

6. 信息处理系统无检测信号　首先应检查信号传输线插头是否松动或脱落,其次检查主机设置情况,再考虑信息处理系统故障,必要时联系技术人员进行检修。

四、免疫比浊分析仪的临床应用

免疫比浊分析仪主要用于体液中蛋白质的测定,如免疫球蛋白(IgG、IgA、IgM)、补体(C3、C4)、尿微量蛋白(白蛋白、α_1- 微球蛋白、β_2- 微球蛋白)、C 反应蛋白等。

思 考 题

1. 简述酶标仪的工作原理和基本结构。
2. 简述全自动酶免疫分析系统的组成。
3. 简述化学发光分析仪的工作原理。
4. 简述化学发光分析仪的基本结构。
5. 思考化学发光免疫分析仪的临床意义。
6. 简述免疫比浊分析技术的分类和原理。

(代荣琴　柏　彬)

第八章　临床微生物检验仪器

学习目标

1. 掌握生物安全柜的工作原理及分级;电热恒温培养箱的结构与特点;自动血培养仪的工作原理;微生物自动鉴定及药敏分析系统的工作原理。

2. 熟悉生物安全柜的结构;二氧化碳培养箱的分类及维护保养;自动血培养仪基本结构、使用、维护、常见故障及处理;微生物自动鉴定及药敏分析系统的基本结构、使用、维护与常见故障处理。

3. 了解生物安全柜的常见故障、排除方法及临床选用原则;培养箱的临床应用;自动血培养仪的临床应用;微生物自动鉴定及药敏分析系统的临床应用。

病原微生物进入机体后会在机体中生长繁殖,导致机体罹患感染性疾病。不同种类的病原微生物引起感染性疾病的类型不同,治疗方法也不同。对病原微生物进行准确、快速的鉴定分析,对疾病的诊断和治疗有重要的意义。在对具有感染性标本分析的过程中会用到多种类型的仪器,本章主要介绍生物安全柜、培养箱、自动血培养仪和微生物自动鉴定及药敏分析系统这四类常用仪器。

第八章
思维导图

第一节　生物安全柜

临床实验室在对样本进行操作时,容易产生含有病原微生物的气溶胶。气溶胶不但会对工作人员造成伤害,还会污染环境并造成样本之间的交叉污染。生物安全柜(biological safety cabinet)就是防止操作过程中产生具有生物危害的气溶胶发生散逸的箱型负压、安全空气净化装置(图 8-1)。随着人类对生物安全的重视,生物安全柜在临床上的应用也越来越广泛。

一、生物安全柜的工作原理

生物安全柜的工作原理主要是将柜内空气向外抽吸,使柜内保持负压状态,通过垂直气流来保护工作人员。外界空气经高效空气过滤器(high-efficiency particulate air filter, HEPA 过滤器)过滤后进入生物安全柜内,以避免处理样品被污染;柜内的空气也需经过

HEPA 过滤器过滤后再排放到大气中,以保护环境。生物安全柜的气流过滤如图 8-2 所示。

二、生物安全柜的分级

生物安全柜依据中国食品药品监督管理局生物安全柜标准(YY0569)分级。该标准根据气流及隔离屏障设计结构,将生物安全柜分为 Ⅰ、Ⅱ、Ⅲ 级三大类。其中,Ⅱ级生物安全柜又分为 A 型和 B 型,A 型又分为 A1 型生物安全柜和 A2 型生物安全柜;B 型又分为 B1 型生物安全柜和 B2 型生物安全柜。

图 8-1　生物安全柜

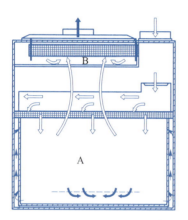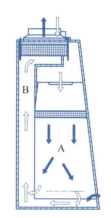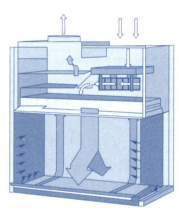

图 8-2　生物安全柜的气流过滤示意

(一) Ⅰ 级生物安全柜

Ⅰ 级生物安全柜是用于保护操作人员与环境安全,而不保护样品安全的通风式安全柜。操作者通过前窗操作口在安全柜内进行操作,从前窗操作口向内吸入的负压气流,保护操作人员的安全,而安全柜内排出的气流经高效空气过滤器过滤后排出,保护环境不受污染。由于不考虑被处理样品是否会被进入柜内的空气污染,所以对进入安全柜的空气洁净度要求不高。Ⅰ 级生物安全柜目前已较少使用。Ⅰ 级生物安全柜的气流如图 8-3 所示。

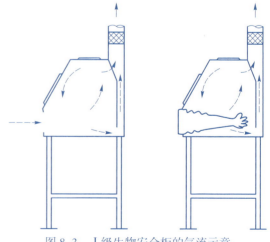

图 8-3　Ⅰ 级生物安全柜的气流示意

（二）Ⅱ级生物安全柜

Ⅱ级生物安全柜是用于保护操作人员、环境以及样品安全的通风式安全柜(图 8-4)。操作者可以通过前窗操作口在安全柜里进行操作,自前窗操作口向内吸入的负压气流保护操作人员的安全;经高效空气过滤器净化的垂直下降气流保护柜内样品的安全;安全柜内的气流经高效空气过滤后排出安全柜,以保护环境不受污染。Ⅱ级生物安全柜按排放气流占系统总流量的比例及内部设计结构,划分为 A1、A2、B1、B2 四个类型,各型特点如下。

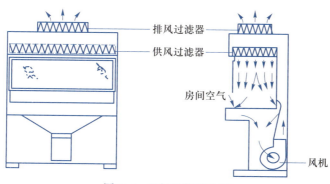

排风过滤器
供风过滤器
房间空气
风机

图 8-4 Ⅱ级生物安全柜

1. A1 型生物安全柜 前窗操作口流入气流的最低平均流速为 0.40 m/s,柜内工作区 70% 气体通过 HEPA 过滤器过滤后再循环至工作区,另 30% 气体通过排气口的 HEPA 过滤器排出。A1 型生物安全柜内的污染部位处于正压状态,并且这些正压区域可以没有负压通道和静压箱包围。

2. A2 型生物安全柜 前窗操作口流入气流的最小平均流速为 0.50 m/s,柜内工作区 70% 气体通过高效空气过滤器过滤后再循环至工作区,另 30% 气体通过排气口的 HEPA 过滤器排出。A2 型生物安全柜内所有生物污染部位均应保持负压,或被负压风道和静压箱包围。

3. B1 型生物安全柜 前窗操作口流入气流的最低流速为 0.50 m/s,离开工作区的气体 30% 通过 HEPA 过滤器过滤后再循环至工作区,70% 气体经排气口 HEPA 过滤器过滤后排出。B1 型生物安全柜内所有生物污染部位均应保持负压,或被负压风道和静压箱包围。

4. B2 型生物安全柜 也称为"全排"型生物安全柜,前窗操作口流入气流的最低流速为 0.5 m/s,柜内下降气流全部来自经过 HEPA 过滤器过滤后的实验室内或室外空气(即安全柜排出的气体不再循环使用);柜内的气流经 HEPA 过滤器过滤后通过管道排入大气,不允许再进入安全柜循环或返流回实验室。B2 型生物安全柜内所有生物污染部位均应保持负压,或被负压风道和静压箱包围。

（三）Ⅲ级生物安全柜

Ⅲ级生物安全柜是完全密闭、不漏气结构的通风柜。操作人员通过与安全柜密闭连接的橡皮手套在柜内进行操作。下降气流经 HEPA 过滤器过滤后进入生物安全柜以保护柜内实验物品,而排出的气流须经过两道 HEPA 过滤器过滤或通过一道 HEPA 过滤器过滤后加焚烧处理,以保护环境。

三、生物安全柜的结构

生物安全柜一般由箱体和支架两部分组成(图 8-5)。箱体部分主要包括以下结构。

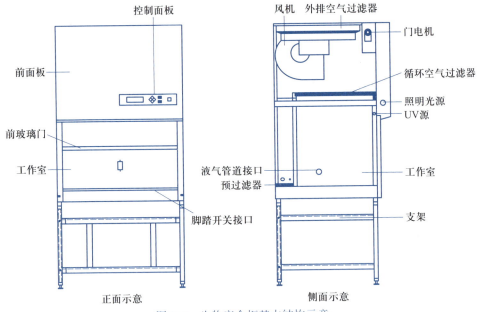

图 8-5　生物安全柜基本结构示意

(一) 控制面板

控制面板上有电源、紫外灯、照明灯、风机开关、控制前玻璃门移动等装置,主要作用是设定及显示系统状态。

(二) 滑动前窗驱动系统

滑动前窗驱动系统由前玻璃门、门电机、牵引机构、传动轴和限位开关等组成,用于驱动或牵引各个门轴,使设备在运行过程中,前玻璃门处于正常位置。

(三) 照明光源和紫外光源

照明光源位于前面板内侧,为工作室提供亮度。紫外光源位于玻璃门内侧,用于工作室内的台面及空气的消毒。

(四) 空气过滤系统

空气过滤系统是保证安全柜性能最主要的系统,由驱动风机、风道、循环空气过滤器和外排空气过滤器组成。该系统核心部件为 HEPA 过滤器,其过滤效率可达到 99.99%~100%。系统可以使洁净空气不断地进入工作室,使工作区下沉的垂直气流的流速不小于 0.3 m/s,并保证工作区内的洁净度达到 100 级。同时使外排气流也被净化,防止污染环境。为延长 HEPA 过滤器的使用寿命,可以在进风口安装预过滤罩或预过滤器,使空气预过滤净化后再进入 HEPA 过滤器中。

(五)外排风箱系统

外排风箱系统由外排风箱壳体、外排风机和排风管道组成。外排风机提供排气的动力,将工作室内不洁净的空气抽出,并由外排过滤器净化而起到保护样品和柜内实验物品的作用。由于工作室内为负压,可防止工作区空气外溢,起到保护操作者的目的。

四、生物安全柜的使用、维护与常见故障处理

(一)生物安全柜的使用

生物安全柜的使用流程如图 8-6 所示。

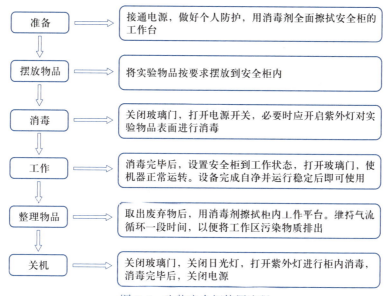

图 8-6 生物安全柜使用流程

生物安全柜在使用过程中要注意以下几点。

1. 整个工作过程中所需要的物品应在工作开始前"一"字排开放置在安全柜中,保证在工作完成前没有任何物品经过空气流隔层拿出或放入,防止物品间的交叉污染。特别注意前排和后排的回风格栅上不能放置物品,以防堵塞而影响气流循环。

2. 工作前及工作后,需维持气流循环一段时间,完成生物安全柜自净过程,每次试验结束应对柜内进行清洁和消毒。

3. 操作中,尽量减少双臂进出次数,双臂进出生物安全柜时动作应该缓慢,避免影响正常的气流平衡。

4. 柜内物品移动应按低污染向高污染移动原则,柜内实验操作应按从清洁区到污染区的方向进行。操作前可用消毒剂浸湿的抹布垫底,以便吸收可能溅出的液滴。

5. 避免将离心机、振荡器等仪器安置在生物安全柜内,以免仪器震动时滤膜上的颗粒物质抖落,导致柜内洁净度下降,同时这些仪器散热排风口气流可能影响柜内的气流平衡。

6. 生物安全柜内不能使用明火,防止燃烧过程中产生的高温细小颗粒杂质带入高效空气过滤器而损伤滤膜。

(二) 生物安全柜的维护

为保障生物安全柜的性能,应定期对安全柜进行维护和保养。如每次使用前后应对安全柜工作区进行清洁和消毒;HEPA 过滤器到使用寿命后,应由专业人员进行更换等。WHO 颁布的实验室生物安全手册、美国生物安全柜标准(NSF49)和中国食品药品监督管理局生物安全柜标准(YY0569)都要求:如在生物安全柜安装完毕投入使用前、更换HEPA 过滤器和内部部件、生物安全柜维修后、生物安全柜移位后及一年一度常规检测,需要对生物安全柜进行安全检测。检测项目及检测方法见表 8-1。

表 8-1　生物安全柜检测项目及检测方法

检测项目	检测方法
进气流流向和风速检测	进气流流向采用发烟法或丝线法在工作断面检测,检测位置包括工作窗口的四周边缘和中间区域;进气流风速采用风速计测量工作窗口断面风速
下沉气流风速和均匀度检测	采用风速仪均匀布点测量截面风速
工作区洁净度检测	采用尘埃粒子计数器在工作区检测
噪声检测	生物安全柜前面板水平中心向外 300 mm,且高于工作台面 380 mm 处用声级计测量噪声
光照度检测	沿工作台面长度方向中心线每隔 30 cm 设置一个测量点
箱体漏泄检测	给安全柜密封并增压到 500 Pa,30 min 后在测试区连接压力计或压力传感器系统用压力衰减法进行检测,或用肥皂泡法检测

(三) 生物安全柜的常见故障处理

生物安全柜常见故障、原因及排除方法见表 8-2,如果仍然不能解决,应与仪器生产厂家联系进行检查维修。

表 8-2 生物安全柜常见故障原因及排除方法

故障现象	原因	排除方法
安全柜风机和所有灯都无法打开	电源没有接好	插好电源线
		检查安全柜顶部控制盒电源的连接
	电源空气开关跳闸	重置空气开关
风机不工作但灯亮	风机电源没有插好	检查风机电源线
	风机马达有故障	更换风机马达
	玻璃门完全关闭	打开玻璃门
风机运转但灯不亮	灯电路断路器跳闸	重置空气开关
	灯安装不正确	重新装好灯管
	灯坏了	换灯
	灯接触不好	检查灯的连接线
	起辉器坏了	更换起辉器
压力读数稍有上升	高效过滤器超载	随着系统的不断工作,压力读数会稳定地增加
	回风孔或格栅被堵	检查所有的回风孔和格栅,保证它们均畅通
	排风出口被堵	检查所有的排风出口,保证它们均畅通
	在工作面上被堵或限流	检查工作面下面,保证畅通
生物安全柜内工作区被污染	不适当的技术或工作程序	参照厂家提供的操作手册所提及的正确操作方法
	回风孔、格栅或排风口被堵	检查所有的回风孔和格栅及排风口,保证它们均畅通
	有某些外来因素干扰了生物安全柜的气流流动方式或成为污染源	查找原因,消除干扰
	生物安全柜需要调整,高效过滤器功能有所降低	对安全柜重新调整

五、生物安全柜的临床选用原则

不同级别实验室对生物安全柜的要求也不同,其选用原则见表 8-3。

表 8-3 生物安全柜的临床选用原则

实验室级别	安全柜
一级实验室:适用于操作在通常情况下不会引起人类或者动物疾病的微生物	一般无须使用生物安全柜,或使用Ⅰ级生物安全柜

续表

实验室级别	安全柜
二级实验室:适用于操作能够引起人类或动物疾病,但一般情况下对人和动物不构成严重危害、传播风险有限、实验室感染后很少引起严重疾病,并且具有有效治疗和预防措施的微生物	当可能产生微生物气溶胶或出现溅出的操作时,可使用Ⅰ级生物安全柜;当处理感染性材料时,应使用部分或全部排风的Ⅱ级生物安全柜;若涉及处理化学致癌剂、放射性物质和挥发性溶媒,则只能使用 B2 型生物安全柜
三级实验室:适用于操作能引起严重疾病,比较容易直接或间接在人与人、动物与人、动物与动物之间传播的微生物	应使用Ⅱ级或Ⅲ级生物安全柜;所有涉及感染材料的操作,应使用 B2 型或Ⅲ级生物安全柜
四级实验室:适用于操作能够引起人或动物非常严重疾病的微生物,以及我国尚未发现或者已经宣布消灭的微生物	应使用Ⅲ级生物安全柜;当人员穿着正压防护服时,可使用 B2 型生物安全柜

第二节 培 养 箱

细胞及微生物在合适的温度、恰当的气体成分和一定营养条件下才能够生长繁殖,培养箱可提供不同细胞、微生物生长繁殖所需的适宜温度和气体成分等,故培养箱是进行细胞及微生物培养的必需设备。培养箱的种类很多,本节主要介绍电热恒温培养箱和二氧化碳培养箱。

一、电热恒温培养箱

电热恒温培养箱(图 8-7)是培养细胞和微生物的基础设备,适用于普通的细菌培养和封闭式细胞培养,并常用于有关细胞培养的器材和试剂的预温、恒温等。

图 8-7 电热恒温培养箱

（一）电热恒温培养箱的分类及工作原理

电热恒温培养箱常见有水套式电热恒温培养箱和气套式电热恒温培养箱两种，二者基本结构相似，只是加热方式不同。

水套式电热恒温培养箱有一个独立的热水隔间，通过电热丝给水套内的水加热，热水通过对流在箱体内循环流动，热量通过辐射传递到箱体内部，箱内的温度传感器检测温度变化，控制电热丝是否加热，使箱内的温度恒定在设置温度。气套式电热恒温培养箱采用电热丝直接对空气加热，利用空气对流，使箱内温度均匀。

水套式电热恒温培养箱的温度传递介质是水，水具有储热的功能，当遇到断电的时候，水套式电热恒温培养箱能更长久保持培养箱内的温度，稳定性好。气套式电热恒温培养箱具有加热快、温度恢复快等特点，特别有利于短期培养以及需要箱门频繁开关的培养。由于水套式电热恒温培养箱维持温度恒定的时间比气套式电热恒温培养箱的时间长4~5倍，因此在一般情况下，水套式电热恒温培养箱应用较多。

（二）电热恒温培养箱结构

电热恒温培养箱一般由箱体、加热系统、温度控制系统等几部分组成。电热恒温培养箱的箱体一般为钢材制造的立式箱体，箱壁一般由三层组成，中间含隔热材料避免热量散失。内门用钢化玻璃制成，无需打开内门即能清晰观察箱内的培养物品，也可减少热量散失。工作室内有焊接的金属架，可放置用于承托培养物的不锈钢隔板，移动方便，并可任意改变高度。工作室和钢化玻璃内门之间装有硅橡胶密封圈，工作室外壁左、右和底部通过隔水套加热。工作室内小型风机，可以保证箱内温度均匀。水套上部设有溢水口直通箱体底部，并有低水位报警功能。电源开关和电源指示灯、微电脑智能控温仪均设置在培养箱上部，具有上限跟踪报警功能，使用轻触按键设定参数，方便操作。

加热系统是由电阻丝组成，是电热恒温培养箱温度的来源。温度控制系统是用来调节箱体内的温度。当温箱内的温度高于设点温度时，温度调节器就中断电路，停止加热；当温度低于设点温度时，电路接通，加热开始。温度控制系统仪采用PID自整定技术，与传统温控方法相比具有控温迅速、精度高等特点。常用的水套式电热恒温培养箱的结构如图8-8。

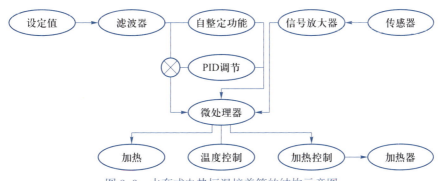

图8-8　水套式电热恒温培养箱的结构示意图

微课：电热
恒温培养箱
的结构

(三) 电热恒温培养箱使用与注意事项

1. 以水套式电热恒温培养箱为例介绍电热恒温培养箱的使用。

(1) 将设备安置在清洁、平整、通风良好的地方。

(2) 先从培养箱下部加水至溢水口溢出后再略放掉一些水,以免加温时热胀溢出。

(3) 接通电源,打开仪器电源开关,并确保电源插座有可靠的接地。

(4) 按要求进行操作,最重要的是隔水层的加水和智能控温仪的温度设定。加水时将加水外接头旋入箱体左上侧的进水接口处,再将橡皮管连接水龙头。第一次使用时,打开水龙头低水位指示灯,指示灯亮且伴有报警声,水位逐渐升高,当低水位指示灯灭、报警声消失时,应及时关闭水龙头,否则溢水口会有水溢出。如有水溢出,应把左下侧放水塞头拔出放水,同时观察溢水口,没有水溢出时应立即将塞头塞紧。温度设定按控温仪的功能键 "SET" 进入温度设定状态,温度设定键显示闪烁,再按移位键配合加键或减键,设定结束按功能键 "SET" 确认。设定结束后培养箱进入升温状态,加热指示灯亮。当箱内温度接近设定温度时,加热指示灯反复多次、忽亮忽熄,表示控制进入恒温状态。当培养箱内温度稳定后,才可将所需培养的物品放入培养箱。当所需加热温度与设定温度相同时无需设定,反之则需重新设定。

2. 电热恒温培养箱使用过程中的注意事项

(1) 电热恒温培养箱应放置在避光、通风、阴凉的室内,设备与墙壁须有一定的距离以利于散热。

(2) 电热恒温培养箱电源插座应与仪器要求的电压相符并有可靠接地,以保证使用安全。

(3) 不要用酸、碱及其他有腐蚀性物品来擦仪器表面,箱内可用干布定期清洁。

(4) 开启箱门更换或放入培养物时,应避免 "温冲" 现象的产生,以防对培养物造成影响。

(5) 水套式电热恒温培养箱应及时向箱内补水,以免损坏设备。

(6) 控制箱内部装有保险丝,若设备不通电,应先检查熔丝管是否完好。检查及更换熔丝管时请切断电源,更换时应更换相同型号规格保险丝。

(7) 停止使用请关闭仪器电源开关,水套式电热恒温培养箱长期不用时,需要把水套内的水放尽。

二、二氧化碳培养箱

二氧化碳培养箱(CO_2 培养箱)是在普通培养箱的基础上提供一定浓度 CO_2 气体和相对湿度,创造微生物与细胞正常生命活动需要的环境条件。CO_2 培养箱广泛应用于组织和细胞的培养、病原微生物的培养、遗传工程、试管工程和克隆技术等。

(一) CO_2 培养箱的分类

CO_2 培养箱种类繁多,根据其工作原理,可以分为气套式 CO_2 培养箱、水套式 CO_2 培养箱、红外 CO_2 培养箱、高温灭菌培养箱、光照低温培养箱、恒温恒湿培养箱等。

(二) CO_2 培养箱的工作原理

CO_2 培养箱的工作原理与其他培养箱的基本相同,最大的区别是控制箱体的湿度及 CO_2 浓度。

目前大多数的 CO_2 培养箱是通过增湿盘的蒸发作用产生湿气,来维持箱体内的相对湿度。通过 CO_2 浓度传感器控制箱体内 CO_2 的浓度,CO_2 传感器检测箱体内 CO_2 浓度,将检测结果传递给气体控制系统,如果检测到箱内 CO_2 浓度偏低,则电磁阀打开,CO_2 进入箱体内,CO_2 浓度达到所设置浓度后电磁阀关闭,气路切断,培养箱内 CO_2 浓度达到稳定状态。采样器采集箱内混合气体用 CO_2 浓度测定仪来检测 CO_2 的浓度是否达到要求。

(三) CO_2 培养箱的结构及功能

CO_2 培养箱是在普通培养箱的基础上加以改进而来的,结构的核心部分主要是温度控制系统、气体控制系统和温度控制系统等。CO_2 培养箱的基本结构及功能见表 8-4。

表 8-4 CO_2 培养箱的基本结构及功能

基本结构	功能
温度控制系统	加热方式与普通电热恒温培养箱相似,可分为气套式 CO_2 培养箱和水套式 CO_2 培养箱。前者加热比较迅速,短时间可使箱内部达到理想状态;后者升温较慢但稳定性好,可长时间保持稳定的培养条件
气体控制系统	仪器通过 CO_2 浓度传感器来控制箱体内 CO_2 的浓度,CO_2 传感器常用红外传感器和热导传感器。红外传感器是通过一个光学传感器来检测 CO_2 水平并且对颗粒物比较敏感,常应用在进气口具有高效空气过滤器的培养箱;热导传感器通过监测培养箱腔体中热导率的来监测 CO_2 浓度。由于箱内温度和相对湿度的改变会影响传感器的精确度,当箱门被频繁打开时会影响传感器的精度,因此不适合需要精确培养及需频繁开启培养箱门的培养
湿度控制系统	大多数的 CO_2 培养箱是通过增湿盘的挥发作用产生湿气的。应选择湿度蒸发面积大的培养箱,因为蒸发面积越大,越容易达到最大相对饱和湿度,并且开关门后湿度恢复的时间比较短
微处理控制系统	是维持箱内温度、湿度和 CO_2 浓度稳定状态的操作系统,微处理控制系统通过高温自动调节和报警装置、CO_2 警报装置、自动校准系统等,控制箱体内的温度、湿度及 CO_2 浓度等
污染物控制系统	采用在线式持续灭菌,主要的灭菌装置为紫外线消毒器和高效空气过滤器,通过杀死及滤过的方式减少和防止污染,降低培养率
内门加热系统	是辅助加热装置,通过加热内门,可有效防止内门形成冷凝水,以保持培养箱内的湿度和温度,降低污染

微课:CO_2 培养箱的类型和结构

(四) CO_2 培养箱的维护保养

做好仪器的维护和保养,使其处于良好的工作状态,可延长仪器的使用寿命。

1. CO_2 培养箱应由专人负责,仪器设置完成后不要随意转动操作盘上的旋钮,以免影响箱内温度、CO_2 浓度及引起湿度的波动而降低机器的灵敏度。初次使用时,一定要加入足够的去离子水或蒸馏水,盖好密封盖,以减少水分的蒸发。

2. 仪器使用过程中应关好培养箱的门,以免气体外泄,影响实验效果。如需要一定的湿度时,将湿度盘中加入 2/3 水,放置在工作室底部。经常注意箱内蒸馏水槽中蒸馏水的量,以保持箱内相对湿度,同时避免培养液蒸发。

3. 当培养箱停止工作时要先关闭 CO_2 钢瓶开关及减压阀,再关闭气泵电源,气泵停止工作,然后打开箱门,取出湿度盘,保持开门状态几分钟,以散去箱内水汽,最后关门继续加温工作 10 min 左右,关闭电源,清洁内部。

4. 保持培养箱内空气干净并定期消毒。用软布擦净工作腔和玻璃观察窗。

5. 仪器在连续工作期间,应定期检查,① 水套式 CO_2。培养箱(图 8-9)应经常检查水套的水位,如果水位低,需及时加水。② 定期检查 CO_2 气瓶。③ 检查 CO_2 的供气管道和接口有无漏气现象。④ 定期清洁机器,防止灰尘阻塞气道及电磁阀。⑤ 长时间不用时,应关闭电源和供气系统,排除水套中的水,清洁培养箱的室腔,保持室腔内干燥。见图 8-9。

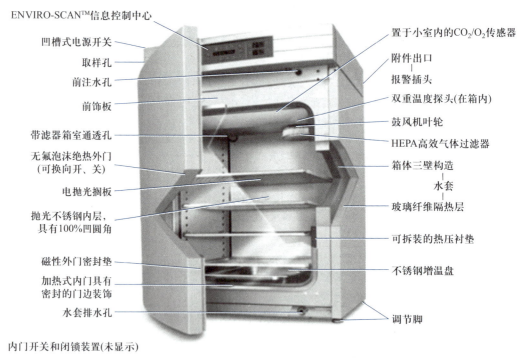

图 8-9　水套式 CO_2 培养箱

三、培养箱的临床应用

培养箱是一种能加热、保湿及维持一定浓度气体的恒温设备,是医学实验室必需的基础设备之一。其最主要的用途是提供一个适合细胞及微生物生长发育的环境。

培养箱可以对细胞进行培养,培养后的细胞在临床病原学诊断中发挥作用。通过培养箱对细胞的培养,可对临床上多种病原微生物如病毒、立克次体、衣原体、胞内寄生的细菌、原虫等做出分离培养和药物敏感试验;可用于临床肿瘤的诊断和疾病病因的诊断等。

第三节　自动血培养仪

菌血症和败血症是临床上严重危及患者生命的疾病,快速、准确地检测出血液中的细菌对感染性疾病的诊断和治疗具有极为重要的意义。血培养对快速检测患者血液中有无细菌生长以明确诊断有十分重要的作用,是临床有效治疗的关键。传统的血培养鉴定方法过程烦琐,费时费力,质量难以控制并且容易因检验者的主观、片面认识而引起检验结果的误差。自动血培养仪突破了传统仪器的缺点而广泛应用于临床。自动血培养仪还可用于脑脊液、关节腔液、腹腔液、胸腔液等无菌标本中病原微生物的检测(图 8-10)。

图 8-10　自动血培养仪

一、自动血培养仪的工作原理

自动血培养仪可以对血培养瓶实施连续、无损伤地瓶外监测。通过监测培养基(液)中的混浊度、pH、代谢终产物 CO_2 的浓度、荧光标记底物或其他代谢产物的变化,定性检测微生物的存在。目前已有多种类型自动血培养仪应用于临床微生物实验室,根据仪器检测原理不同主要分为三类。

(一) 应用测压原理的血培养检测系统

微生物生长过程中,常伴有产生或消耗气体的现象,如消耗 O_2、产生 CO_2 等,导致培养瓶内压力改变,系统可通过检测培养瓶内压力的变化来判断瓶内是否有微生物生长。常用的有 ESP(extre sending power)系列及自动化菌血测试系统等。

(二) 检测培养基导电性和电压的血培养检测系统

培养基中因含有不同的电解质而具有一定的导电性。微生物在生长代谢过程中会产生质子、电子等各种带电荷的基团,使培养基的导电性和电压发生改变,可以用电极检测培养基导电性和电压变化来判断培养基内有无微生物的生长。

(三) 应用光电比色原理的血培养检测系统

这是目前国内外应用最广泛的血培养检测系统。其基本原理是各种微生物在代谢过程中必然会产生终末代谢产物 CO_2,导致培养基的 pH、氧化还原电势或荧光物质的改变,利用光电比色检测血培养瓶中代谢产物量的变化,判断培养瓶内有无微生物生长。根据检测手段的不同,分为 Bactec9000 系统、BacT/Alert 系统、BioArgos 系统和 Vital 系统。以Bactec9000 系统和 BacT/Alert 系统为例介绍光电比色原理。

1. Bactec9000 系统　该系统利用荧光法作为检测手段。其 CO_2 感受器上含有荧光物质。当培养瓶中有微生物生长时,释放 CO_2 形成的酸性环境促使感受器释放出荧光物质。荧光物质在发光二极管发射的光激发下产生荧光,光电比色检测仪直接对荧光强度进行检测。计算机可根据荧光强度的变化分析培养瓶中有无微生物的生长,判断培养瓶为阴性瓶或阳性瓶。Bactec9000 系统检测原理如图 8-11 所示。

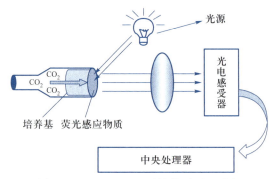

图 8-11　Bactec9000 系统检测原理示意

2. BacT/Alert 系统　每个培养瓶底部都带有含水指示剂的 CO_2 感受器。感受器与瓶内液体培养基之间有一层只允许 CO_2 通过的半透膜。当有微生物在培养瓶内生长时,释放出的 CO_2 可通过半透膜与感受器上的饱和水发生化学反应使 pH 下降,使指示剂的颜色发生变化。由光电探测器测量其产生的反射光强度并传送至计算机后,由计算机根据程序来分析判断培养瓶中有无微生物生长,BacT/Alert 系统检测原理如图 8-12 所示。

视频:BacT/
Alert 系统
的工作原理

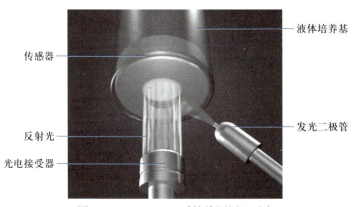

图 8-12　BacT/Alert 系统检测原理示意

二、自动血培养仪的基本结构

一般情况下,自动血培养仪主要由培养瓶、培养仪和数据管理系统三部分组成。

(一)培养瓶

培养瓶(图 8-13)是一次性使用的无菌装置,瓶内为负压。可根据待检微生物对营养和气体环境的要求、受检者的年龄和体质及培养前是否使用抗菌药物等要素,提供不同细菌繁殖所需的液体增菌培养基和适宜的气体成分。培养瓶的种类很多,常用的有需氧菌培养瓶、厌氧菌培养瓶、小儿培养瓶、分枝杆菌培养瓶、真菌培养瓶、中和抗菌药物培养瓶、高渗培养瓶等。临床可根据不同需要(表 8-5)灵活选用,极大地提高了标本的阳性检出率。培养瓶上一般贴有条形码,用条形码扫描器扫描后就能将该培养瓶信息输入到计算机内。

图 8-13 不同类型的培养瓶

表 8-5 不同类型培养瓶中培养基的特点

培养瓶类型	培养基特点及用途
需氧菌培养瓶	培养基中含有复合氨基酸和碳水化合物的胰酶消化豆汤,并用氧气和二氧化碳的混合气体填充,用于检测血液和人体其他无菌部位体液的需氧微生物
厌氧菌培养瓶	培养基中加入含有消化物、复合氨基酸和碳水化合物的胰酶消化豆汤,并用氮气和二氧化碳的混合气体填充,用于检测血液和人体其他无菌部位体液的厌氧微生物
分枝杆菌培养瓶	培养基中加入了 Middlebrook7H9 肉汤,并用氧气、氮气和二氧化碳的混合气体填充,使用前加入营养添加剂,用于检测无菌部位的样本、血液以及经消化去污染菌标本中的分枝杆菌
中和抗菌药物培养瓶	在培养基中添加了活性炭,用于吸附标本中可能存在的抗微生物药物;或用稀释法,将样本与培养基按 1∶9 的比例稀释后培养,以消除抗生素对微生物生长的影响。

(二)培养仪

培养仪一般分为恒温孵育系统和检测系统两部分。恒温孵育系统设有恒温装置和震荡培养装置。培养瓶的支架根据容量可放置不同数量的标本,常见的有 50 瓶、120 瓶、240 瓶等。培养瓶放入仪器后,仪器对标本进行恒温、震荡培养。检测系统因自动血培养仪的检测的原理不同而设置在不同位置上。有的设在培养瓶支架的底部,有的设在培养瓶支架的侧面。检测系统自动连续地监测培养瓶底部的感受器,并将检测信息传输给数据管理系统。

(三) 数据管理系统

数据管理系统一般由主机、监视器、键盘、条形码阅读器及打印机等组成,是自动血培养仪不可分割的一部分。其主要功能是收集并分析来自血培养仪的数据,判读并发出阴性或阳性报告结果。通过条码识别样品编号,记录和打印检测结果,进行数据的存储和分析等。

三、自动血培养仪的使用、维护与常见故障处理

(一) 自动血培养仪的使用

自动血培养仪的操作方法较为简单,一般包括开机、放入培养瓶、恒温培养、取出培养瓶和关机五个步骤(图8-14)。

开机	打开仪器开关,等待仪器启动。仪器启动后进入工作模式
放入培养瓶	做好记录后点击仪器屏幕中"加载培养瓶"的按钮后扫描培养瓶上的条码,按照仪器的提示放入培养箱指定位置后,点击确定完成培养瓶的放入
恒温培养	关闭仪器培养箱门,血培养瓶在37℃下恒温培养
取出培养瓶	仪器界面有阳性提示时,点击卸载阳性瓶按钮,打开培养箱按提示的位置取出阳性瓶,点击确认按钮,完成阳性瓶的取出。阳性培养瓶需做进一步的处理; 仪器界面有阴性提示时,点击卸载阴性瓶按钮,打开培养箱按提示的位置取出阴性瓶,点击确认按钮,完成阴性瓶的取出。阴性培养结果可直接发出检测报告
关机	做好仪器的维护和保养,关闭仪器电源

图 8-14　自动血培养仪的使用流程

(二) 自动血培养仪的维护

对仪器良好的维护是减少仪器故障、延长仪器使用寿命的重要措施,所以在使用过程中要做好仪器的维护保养。一般新购血培养瓶最好按操作说明用标准菌株进行性能测试,符合后开始使用。

1. 环境要求　仪器应由专业人员安装在坚固平整的台面上,仪器所在实验室的环境应符合特定要求,保持实验室适宜的温度、湿度、洁净度,防止灰尘的侵入。应安装温度计、湿度计、空调等设备,维持实验室的温度在室温状态下。

2. 仪器的维护保养

(1) 每日维护保养:检查仪器表面是否清洁、有无污染,用软布擦拭四周及表面;检查仪器内部放瓶位置底部有无纸屑杂物等,如有要及时清除;检查仪器温度是否在允许范围

之内;清洁计算机屏幕、键盘、鼠标等附属设备。

(2) 每周维护保养:用清水清洗仪器后部的空气过滤器。

(3) 每月维护保养:清洁、更换仪器背面排风口滤板;检查仪器内温度计读数与显示屏显示的温度是否一致,注意应保证仪器门关闭时间大于 2 h 后再进行检查。

(4) 每季度维护保养:检查仪器内探测器是否洁净,如需要清洁,可使用无水乙醇清洁。

(5) 每半年维护保养:进行仪器全面维护一次。

(三) 自动血培养仪常见故障处理

自动血培养仪在使用过程中,不可避免地会出现各种各样的问题,当仪器提示存在错误或警告信息时,操作者可根据不同情况予以排除(表 8-6),必要时需联系工程师进行处理。

表 8-6 自动血培养仪常见故障及排除办法

常见故障	排除办法
瓶孔被污染	如果培养瓶破裂或培养液外漏,需按要求及时进行清洁和消毒处理
温度异常(过高或过低)	多数情况下是由于仪器门打开的次数太多或打开时间过长引起的。需要注意尽量减少仪器门开关次数,并确保培养过程中仪器门是紧闭的。通常仪器门要关闭 30 min 后才能保持温度稳定。自动血培养仪对培养温度要求比较严格,必须在 35~37℃范围内。为维持适宜的培养温度,应经常进行温度核实与校正
数据管理系统与培养仪失去信息联系或不工作	此类故障只在计算机与血培养仪相对独立的系统(如 BacT/Alert 系统)中出现。此时培养仪仍可监测标本,但只能保留最后 72 h 的数据,检测时也只能打印阳性或阴性标本的位置。此时放置培养瓶时,必须注意要先扫描条形码,再把培养瓶放入启用的瓶孔内,患者、检验号、培养瓶的信息要等到计算机系统工作之后才能输入
仪器对测试中的培养瓶出现异常反应	有的仪器在运行时,其测定系统认为某一瓶孔目前是空的,实际上孔内有一个待测的培养瓶,常见原因是培养瓶未经扫描条码就放入仪器或虽扫描但未放入规定的瓶孔中。此时应查找出存在问题的瓶孔号,重新扫描后再置入正确的瓶孔中

四、自动血培养仪的临床应用

菌血症或脓毒症的发生是因为微生物侵入正常人的血液迅速繁殖超出机体免疫系统清除能力而引起的。在感染初期或应用抗菌药物治疗后,大部分患者血液中的细菌数量低,此时自动血培养仪快速和准确地判断是否存在微生物的感染对疾病的诊断和治疗具有极其重要的意义。

自动血培养仪不仅可以对脓毒症、菌血症等患者血液里的病原微生物进行快速灵敏地检测,而且可以检测机体其他无菌部位标本(如胸腔、腹腔、关节腔、心包腔、脑脊髓腔等)的病原微生物,为临床迅速有效地进行抗感染治疗提供诊断依据。

第四节　微生物自动鉴定及药敏分析系统

传统的微生物鉴定方法不仅过程烦琐、费时费力且质量难以控制。自 1985 年第一台自动化细菌分析仪器进入中国并成功使用后,经过三十多年的发展,目前已有多种微生物自动鉴定及药敏分析系统问世。相对于传统方法,微生物自动鉴定及药敏分析系统(图 8-15)不仅具有特异性高、敏感度强、重复性好、操作简便、检测速度快等特点,而且自动化程度高。因此,微生物自动鉴定及药敏分析系统适用于临床微生物实验室、卫生防疫及商检系统等,主要用于细菌鉴定、细菌药物敏感性试验及最低抑菌浓度(minimum inhibitory concentration,MIC)的测定等。微生物自动化鉴定技术主要有:① 临床微生物鉴定系统,一般用于常见细菌的鉴定;② 气液色谱分析,可鉴定厌氧菌和分枝杆菌,多用于研究;③ 核酸杂交,多用于研究;④ 化学发光技术,可鉴定少数分枝杆菌属和某些真菌。

图 8-15　微生物自动鉴定及药敏分析系统

一、微生物自动鉴定及药敏分析系统的工作原理

(一)微生物自动鉴定系统的工作原理

临床微生物自动鉴定系统的原理是通过数学的编码技术将细菌的生化反应模式转换成数学模式,给每种细菌的反应模式赋予一组数码,建立数据库或编成检索本。仪器根据细菌理化性质的不同,用光电比色法、荧光技术等测定反应板上的各项生化反应结果,将所得的生化反应模式转换成数学模式(编码)。编码的原则是将所有生化反应的阴阳性结果以 +/- 为标志的信息编为一组数字。如:将全部反应每三个归为一组,每个组的第一个反应阳性时记作 1,第二个反应阳性时记作 2,第三个反应阳性时记作 4,各种反应阴性时记作 0。将每组 3 个反应得出的 3 个数字相加,结果可能为 0~7 的任何一个数字。这样就将生化反应结果转换成数字或编码,查阅检索本或数据库,得到细菌名称。其根本原理是计算并比较数据库内每个细菌条目对系统中每个生化反应出现的频率总和。在检测过程中仪器每隔一定的时间(如 1 h),自动读数 1 次,直至报告结果,并对可信度做出评价。有些情况下,需要做出一些补充实验。

与微生物自动鉴定系统配套使用的是各种类型的鉴定卡,通常包括常规革兰氏阳(阴)性卡和快速荧光革兰氏阳(阴)性卡两大类,其检测原理也有所不同。常规革兰氏阳(阴)性卡对各项生化反应结果的判定是根据比色法的原理,系统以各孔的反应值作为判断依据,组成数码并与数据库中已知分类结果相比较,获得相似系统鉴定值;快速荧光革兰氏阳(阴)性卡则根据荧光法的鉴定原理,通过检测荧光底物的水解、荧光底物被利用后的 pH 变化、特殊代谢产物的生成和某些代谢产物的生成率来进行菌种鉴定。

(二)药敏试验(抗生素敏感性试验)的检测原理

自动化抗菌药物敏感性试验是使用药敏测试板(卡)进行测试的,其实质是微型化的肉汤稀释试验。将抗菌药物微量稀释后放在反应孔中,再加入细菌悬液孵育后,放入仪器或在仪器中直接孵育。仪器每隔一定时间自动检测小孔中细菌的生长状况,得出待检菌在不同浓度抗菌药物中的生长浊度,或测定培养基中荧光指示剂的强度、荧光原性物质的水解程度,来观察细菌生长情况,得出待检菌在各浓度抗菌药物的生长斜率,经回归分析得到最低抑菌浓度值,并根据美国国家临床和实验室标准化协会(Clinical and Laboratory Standards Institute, CLSI)标准得到相应敏感度:敏感 "S(sensitive)"、中度敏感 "MS(middle-sensitive)" 和耐药 "R(resistance)"。

微课:微生物自动鉴定及药敏分析系统工作原理

药敏试验用到的测试板也分为常规测试板和快速荧光测试板两种。常规测试板采用的是比浊法。快速荧光测试板采用的是改良的微量肉汤稀释 2~8 孔,在每一反应孔内加入参考荧光底物,若细菌生长,表面特异酶系统水解荧光底物,激发荧光,反之无荧光。以无荧光产生的最低药物浓度为最低抑菌浓度。

二、微生物自动鉴定及药敏分析系统的基本结构

(一)测试卡(板)

测试卡(板)是微生物自动鉴定及药敏分析系统的工作基础,与微生物自动鉴定及药敏分析系统配套使用的测试卡有微生物自动鉴定卡及药敏分析卡。不同的测试卡(板)功能不同,使用方法也不同,临床常用的微生物自动鉴定卡及药敏检测卡见表8-7。各测试卡(板)上附有条形码,上机前经条形码扫描器扫描后可被系统识别,以防标本混淆。

表 8-7 临床常用微生物自动鉴定及药敏检测卡

临床常用的微生物鉴定卡	临床常用的药敏检测卡
需氧革兰氏阴性杆菌鉴定卡(板)	革兰氏阴性菌药敏板
需氧革兰氏阳性杆菌鉴定卡(板)	革兰氏阳性菌药敏板
厌氧菌鉴定卡(板)	尿道细菌药敏板
棒状杆菌鉴定卡(板)	ESBL 确认板
奈瑟菌、嗜血杆菌鉴定卡(板)	链球菌药敏板
酵母菌鉴定卡(板)	嗜血杆菌 / 肺炎链球菌药敏板
肠杆菌鉴定卡(板)	厌氧菌药敏板
葡萄球菌鉴定卡(板)	弯曲菌药敏板
苛养菌鉴定卡(板)	真菌药敏板(9 种抗真菌药)

临床常用的微生物鉴定卡	临床常用的药敏检测卡
尿路致病菌鉴定卡（板）	结核分枝杆菌药敏板（12种一线和二线抗结核药）
链球菌鉴定卡（板）	分枝杆菌药敏板（缓慢生长分枝杆菌）
	分枝杆菌药敏板（快速生长分枝杆菌、奴卡氏菌、需氧放线菌）

(二) 菌液接种器

绝大多数微生物自动鉴定及药敏分析系统都配有菌液接种器。菌液接种器大致可分为真空接种器和活塞接种器，一般真空接种器较为常见，操作时只需把稀释好的菌液放入仪器配有的标准麦氏浓度比浊仪中确定浓度即可。

(三) 培养和监测系统

孵育箱和读数器是培养和监测系统。一般在测试卡（板）接种菌液放入孵育箱后，监测系统要对测试板进行一次初扫描，并将各孔的检测数据自动储存起来作为以后读板结果的对照。有些通过比色法测定的测试板经适当的孵育后，系统会自动添加试剂，并延长孵育时间。

监测系统每隔一定时间对每孔的透光度或荧光物质的变化进行检测。常规测试板通过光敏二极管检测通过每个测试孔的光量所产生相应的电信号，从而推断出菌种的类型及药敏结果。快速荧光测定系统则直接对荧光测试板各孔中产生的荧光进行测定，并将荧光信号转换成电信号，数据管理系统将这些电信号转换成数字编码，与原已储存的对照值相比较，推断出菌种的类型及药敏结果。

(四) 数据管理系统

数据管理系统始终保持与孵箱和读数器、打印机的联系，控制孵箱温度，自动定时读数，负责数据的转换及分析处理，就像整个系统的神经中枢。当反应完成时，计算机自动打印报告，并可进行菌种发生率、菌种分离率、抗菌药物耐药率等流行病学统计。有些仪器还配有专家系统，可根据药敏试验的结果提示有何种耐药机制的存在，对药敏试验的结果进行"解释性"判读。在一些大型的实验室，数据管理系统的终端还与实验室信息系统（LIS系统）和医院信息系统（Hospital information system，HIS系统）连接，临床医师可在第一时间查询到报告结果，缩短了诊断时间，达到及时治疗的目的。

三、微生物自动鉴定及药敏分析系统的使用、维护与常见故障处理

(一) 微生物自动鉴定及药敏分析系统的使用

微生物自动鉴定及药敏分析系统型号众多，使用方法有异，基本的操作步骤如图8-16所示。

测试卡准备	按不同细菌或革兰氏染色结果选用相应测试板,有些还要求在相应位置上涂氧化酶、触酶、凝固酶及β溶血标记
配制菌液	不同测试卡对菌液浓度的要求不同,有些要求细菌悬液浓度为1个麦氏单位,有些要求为2或3个麦氏单位。配制的细菌悬液浓度应在浊度仪上测试确认
开机	打开检验信息录入工作站电源,仪器自检完成后,进入操作程序
接种菌液及封口	按规定的时间内应用菌液接种器来充液接种,完成后用封口切割器或专用配件进行封口
打开鉴定仪	按要求设定参数,仪器自检完毕后自动进入检测程序
孵育和测试	仪器自动检测并读取样品信息并将卡片送入孵育检测单元。读数器定时对卡片进行扫描并读数,记录动态反应变化。当卡内的终点指示孔达到临界值,则表示实验完成
打印报告	微生物自动鉴定及药敏分析完成后,检测数据自动传入数据管理系统进行计算分析,结果经人工确认后即可打印报告

图 8-16　微生物自动鉴定及药敏分析系统基本操作步骤

(二) 微生物自动鉴定及药敏分析系统的维护

1. 严格按操作手册规定进行开、关机及各种操作,防止因程序错误造成设备损伤和信息丢失。

2. 定期用标准比浊管对比浊仪进行校正,用 ATCC 标准菌株测试各种试卡,并做好质控记录。

3. 严格按照 SOP 文件要求定期清洁比浊仪、真空接种器、封口器、读数器及各种传感器,避免由于灰尘等干扰因素而影响判断的正确性。

4. 建立仪器使用以及故障和维修记录,详细记录每次使用情况和故障的时间、内容、性质、原因和解决办法。

5. 建立仪器保养程序,保证仪器正常工作。① 日保养:每日检查仪器表面是否清洁、有无污染,用软布擦拭四周及表面;每日检查仪器冲液器表面是否清洁、有无污染,用软布擦拭清洁;每日检查切割机口是否清洁、有无污染,用软布擦拭干净;每日清洁计算机屏幕、键盘、鼠标等附属设备。② 月保养:每月清洗、更换标本架,检查有无破损;定期由工程师做全面保养,并排除故障隐患。

(三) 微生物自动鉴定及药敏分析系统常见故障处理

1. 当仪器出现故障时,会发出声音警报、可视警报或者两种方式同时警报。声音警报是指通过设置选择声音警报,当仪器出现故障时会发出警报声。可视警报是警报显示在操作屏幕上,当故障发生时,警报启动,屏幕会闪动,提示用户有新的警报或错误信息,应及时处理。

2. 当仪器初始化或测试卡正在检测时出现错误警报,即需要用户进行干预。若是在填充测试卡时出现警报,根据系统提示应立即终止操作,先检查填充门能否关闭,不能关闭者应选择删除测试卡 ID,放弃测试卡,再根据用户使用说明一一进行错误信息处理。如果在填充完成后,测试卡架装载至装载箱中时出现警报,应删除测试卡 ID,放弃测试卡。

3. 条形码读数错误,可使用仪器上用户界面的数字键盘输入测试卡 ID 号。

4. 操作不能继续,仪器发出干预警报时,应先确认测试卡架在装载 / 卸载区内放置位置是否正确,证实填充门是否关闭。若没有此类问题,再检查是否出现阻塞,仪器可以检测出测试卡在仪器中的何处,根据提示打开仪器门去除阻塞物。注意当排除阻塞时,不可交换转盘部件和单个测试卡,防止出现错误的结果。

一般情况下,根据系统提示进行操作即可排除故障,出现无法处理故障时,应及时联系专业技术人员进行检查维修。

四、微生物自动鉴定及药敏分析系统的临床应用

微生物自动鉴定及药敏分析系统的主要功能是对临床分离的细菌进行菌种鉴定和耐药性分析试验,以指导临床医师正确地实施抗感染个体化治疗。药敏分析仪的使用有利于控制院内感染和耐药菌株的流行,指导临床合理选用抗菌药物。该系统不仅可用于临床检测、疾病控制、动物疫病防治,也可用于工业、农业、环境等多领域的微生物检测与科研活动。另外,近来推出的一些新型检测仪中,加入了专家系统,可根据药敏试验的结果提示有何种耐药机制的存在,对临床正确、合理地使用抗生素有很大的帮助。

微生物自动鉴定及药敏分析系统在使用过程中有一定的局限性,如耗时费力、细菌种类的数据库有限等。而微生物鉴定质谱仪通过每种细菌分离物的生物质谱,可得到每种细菌唯一的肽模式或指纹图谱来鉴定细菌,具有更大的优势和先进性。例如,串联质谱可鉴定出沙门菌,串联质谱还可从单细胞水平发现和确定病原菌及孢子,对特殊脂质成分的分析可了解样本中病原菌的活力和潜在感染;同位素质谱的方法可通过检测微生物代谢物中同位素的含量,达到检测该病原菌的目的等。

微生物鉴定质谱仪可用于:① 常见的人和动物病原菌的快速检测和鉴定:如产单核李斯特菌、沙门菌、肺炎链球菌、脆弱类杆菌、脑膜炎奈瑟菌及阪崎肠杆菌、大肠埃希菌等病原菌的快速鉴定。② 对同一种细菌进行快速分型:传统的细菌培养和生化鉴定方法往往无法对沙门菌、大肠埃希菌、霍乱弧菌和副溶血性弧菌等多血清型病原菌进行直接分型,需要采用血清学或噬菌体试验等技术才能进一步分型。而质谱仪可以对同一种细菌进行快速分型,并且分析能力较好。③ 真菌鉴定:可用于鉴定真菌"属"和"种",准确率高于传统生化鉴定方法,并且还能鉴定出一些传统生化检测无法鉴定的属、种。④ 细菌耐药性分析:如可以分析耐甲氧西林的金黄色葡萄球菌,并显示耐甲氧西林的金黄色葡萄球菌的质谱含有更多的峰值;可以鉴定出带有杀白细胞素的金黄色葡萄球菌特异的质荷比的峰,而快速检测杀白细胞素阳性的金黄色葡萄球菌。总体来说,微生物鉴定质谱仪在微生物鉴定及药敏分析方面有较高的敏感度和特异度,能更好地满足临床的需要。

思 考 题

1. 简述生物安全柜的工作原理。

2. 生物安全柜的主要结构分为哪几部分?

3. 目前生物安全柜分为哪几个等级?

4. 生物安全柜的安装有哪些要求?

5. 我国根据对所操作生物因子采取的防护措施,将实验室生物安全防护水平分为几级,分别对应哪级生物安全柜?

6. 简述电热恒温培养箱的结构。

7. 简述二氧化碳培养箱的类型和结构。

8. 简述培养箱的工作原理。

9. 自动血培养系统按检测原理可分为哪几类,各类型的工作原理是什么?

10. 简述自动血培养仪的工作原理。

11. 简述自动血培养仪的基本结构及临床应用。

12. 简述微生物自动鉴定系统的工作原理。

13. 简述自动化抗菌药物敏感试验的检测原理

14. 简述微生物自动鉴定测试卡的种类及工作原理。

第八章
练一练

（王 婷 程 苗）

第九章 临床分子生物学检验仪器

学习目标

1. 掌握 PCR 扩增仪、生物芯片、蛋白质测序仪、全自动 DNA 测序仪的工作原理。

2. 熟悉 PCR 扩增仪、生物芯片、蛋白质测序仪、全自动 DNA 测序仪的基本结构、使用、维护与常见故障处理。

3. 了解 PCR 扩增仪、生物芯片、蛋白质测序仪、全自动 DNA 测序仪的临床应用。

第九章
思维导图

随着分子生物学的快速发展,分子生物学检验技术(分子诊断技术)进入了常规临床实验室的应用技术范畴,越来越多疾病的诊断逐渐从细胞水平进入分子水平,从而不断拓展临床检验工作的深度。临床分子生物学检验仪器主要包括 PCR 扩增仪、生物芯片、全自动 DNA 测序仪、蛋白质自动测序仪等。检验工作者通过使用这些仪器设备对生物大分子(核酸和蛋白质)进行分析、检测,从而辅助临床的疾病诊断、治疗监测、预后判断等。本章重点介绍 PCR 扩增仪、生物芯片、全自动 DNA 测序仪、蛋白质自动测序仪相关的工作原理、基本结构、使用、维护、故障处理及临床应用等。

第一节 PCR 扩增仪

K.Mullis 等发明了聚合酶链反应(polymerase chain reaction,PCR),并因此获得了 1993 年的诺贝尔化学奖。聚合酶链反应是在体外特异地复制一段已知序列的 DNA 片段的过程。生物体内的 DNA 复制是一个复杂的过程,有多种因素参与,PCR 模拟了生物体内的复制过程,但又有所差别。通过这项技术我们能很快地在体外获得大量拷贝的已知特异核酸片段,从而达到检测样品中微量 DNA 的目的。

PCR 扩增仪是利用 PCR 技术使特定基因在体外大量合成的仪器,用于以 DNA/RNA 为检测目标的各种基因分析,因此也称为基因扩增仪。PCR 扩增仪具有特异性好、灵敏度高、快速、简便、重复性好、易自动化等突出优点,能在数小时内将目的基因或某一特定 DNA 片段扩增至十万乃至百万倍,从而达到肉眼能直接观察和判断的程度。因此,可以从一些微量样品,如一根毛发、一滴血,甚至一个细胞等中,扩增出足量的 DNA 供分析研究和检测鉴定使用。

一、PCR 扩增仪的工作原理

(一) PCR 技术的基本原理

1. 普通 PCR 技术的基本原理　PCR 技术的本质是在体外模拟 DNA 的天然复制过程,依赖能与靶序列两端互补的寡核苷酸引物(primers),特异性扩增某 DNA 片段。PCR 过程由高温变性、低温退火、适温延伸三个基本反应步骤构成(图 9-1)。

(1) 高温变性:即 DNA 的变性,双链 DNA 加热到一定温度(94℃左右)同时保温一定时间后,DNA 双链会解开螺旋成为两条 DNA 单链,这两条单链均可与引物结合,作为后续扩增的模板。

(2) 低温退火:即 DNA 的复性,当温度下降到一定温度(55℃左右),单链的模板 DNA 会与体系中的两条引物按照碱基互补配对原则结合,形成 DNA 模板 – 引物复合物。

(3) 适温延伸:DNA 模板 – 引物复合物在 DNA 聚合酶的作用下,以 dNTP 为反应原料,靶序列为模板,Mg^{2+} 和合适 pH 缓冲液存在条件下,按碱基配对原则与半保留复制原理,合成一条新的与模板 DNA 链互补的新链。

以上“高温变性 – 低温退火 – 适温延伸”称为一个循环,需 2~4 min,模板拷贝数增加了一倍,每一循环新合成的 DNA 片段继续作为下一轮反应的模板,经多次循环(25~40次),耗时 1~3 h,即可将待扩增的 DNA 片段迅速扩增至上千万倍,所得的 PCR 产物经过琼脂糖凝胶电泳定性、定量检测。

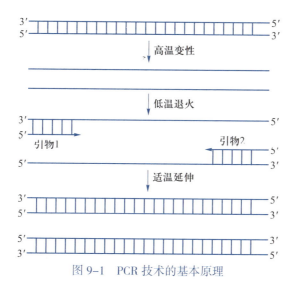

图 9-1　PCR 技术的基本原理

微课:PCR 技术的基本原理

上述 PCR 技术为普通 PCR 的基本原理,也称为第一代 PCR。随着 PCR 技术在临床及科研领域的应用,为适应不同的检验目的,已发展出多种以 PCR 为基础的相关技术,如实时荧光定量 PCR、多重 PCR、序列特异 PCR、逆转录 PCR、巢式 PCR 等。其中实时荧光定量 PCR 技术(real-time/Q-PCR)被广泛地应用于临床。

2. 实时荧光定量 PCR 技术的原理　实时荧光定量 PCR 技术是 1996 年由美国 Applied Biosystems 公司推出的一项新技术,是指在 PCR 体系中加入荧光基团,利用荧光信号累积实时监测整个 PCR 反应进程,最后通过相关数据分析方法对目的基因进行定量分析的技术。这种 PCR 技术被称为第二代 PCR。根据反应过程采用荧光物质的不同,实时荧光定量 PCR 技术主要可以分为两类:荧光染料技术和荧光探针技术。

荧光染料技术是应用荧光染料和双链 DNA 结合达到标定 DNA 相对含量的技术。目前最常用的染料分子是 SYBR Green Ⅰ。SYBR Green Ⅰ 是一种可以非特异性地结合双链 DNA 小沟的荧光染料,它嵌合进 DNA 双链,但不结合单链。在 PCR 反应体系中加入过量 SYBR Green Ⅰ 染料,游离状态的 SYBR Green Ⅰ 染料几乎没有荧光信号,但当染料选择性地掺入双链 DNA 分子中,将会产生很强的荧光信号。在整个 PCR 扩增过程中,随着 DNA 量的增多,染料与 DNA 双链结合,从而发出荧光,仪器实时采集荧光信号。此技术的缺点为染料法特异性不强,只要是 DNA 双链均能发光。

荧光探针技术是在普通的 PCR 体系中加入荧光标记探针,TaqMan荧光标记探针是实时荧光定量 PCR 最常用的方法之一。首先,TaqMan 荧光标记探针能与模板特异性结合;其次,在探针的 5′ 端标记一个荧光报告基团、3′ 端标记一个荧光淬灭基团。一个完整的探针因为荧光报告基团和荧光淬灭基团距离很近而使报告基团发射的荧光被淬灭。在扩增过程中,Taq DNA 聚合酶利用自身的外切酶活性可以将探针切断,这时荧光报告基团远离荧光淬灭基团,荧光淬灭基团对荧光报告基团的淬灭作用解除,荧光报告基团在激发光的作用下产生荧光信号,仪器荧光检测系统采集一次荧光信号。随着 PCR 的进行,荧光信号值累加,最终得到荧光信号与循环数(cycle)的曲线图。此技术解决了荧光染料技术特异性不强的缺点。

3. 数字 PCR 技术的原理　1999 年,Vogelstein 等提出数字 PCR(digitalPCR,dPCR)的概念,是目前最新的核酸分子绝对定量技术,也称为第三代 PCR 技术。该项技术主要是采用微流控或微滴化方法,将一个样品分成几十到几万份,每个反应单元内含有的待测模板数不超过 1 个,每个反应单元中分别对目标分子进行 PCR 扩增,扩增结束后对各个反应单元的荧光信号进行统计学分析。相比于实时荧光定量 PCR,数字 PCR 技术不需要建立标准曲线,实现了核酸的绝对定量,并且对低浓度的样品定量更加准确。

(二) PCR 扩增仪的工作原理与控温方式

PCR 扩增仪是利用 PCR 技术在体外对特定基因片段进行大量扩增的仪器。检测对象通常为 DNA 或 RNA。普通 PCR 技术的关键是反应温度的循环变化,因此 PCR 扩增仪的关键工作是通过计算机和程序软件实现精确的温度控制,通常来讲,不同厂家、不同型号的 PCR 仪控温设备有所差异。PCR 扩增仪的控温方式主要有以下四种。

1. 水浴锅控温　水浴式 PCR 扩增仪属于第一代 PCR 扩增仪,主要由水浴锅和机械臂组成。水浴锅分别设置温度为高温变性的温度(94℃左右)、低温退火的温度(55℃左右)、适温延伸的温度(72℃左右),机械臂将样品管在不同水浴锅间移动,从而实现温度控制与循环。这种控温方式的缺点为仪器体积大、自动化程度不高等,目前已基本不再使用。

2. 压缩机控温 由压缩机自动控温,金属导热。该控温方式较水浴锅方便并且仪器体积缩小。但升温过程中,由于半导体、金属块上积蓄的能量会传给 PCR 体系,或者在降温过程中带走 PCR 体系的能量,造成的实际温度与设定温度不符,有可能影响引物与模板的特异性结合,从而影响扩增效率。另外,压缩机的故障率高,存在边缘效应。

3. 半导体控温 半导体制冷又称为热电制冷,材料重量轻、体积小、形态可塑。通过改变制冷器的供电电压,可实现制冷量的连续调节,实现高精度的温度控制;通过改变电源的输入方向,可从制冷改变为供热,两者结合温度调节范围更大。采用半导体制冷(制热)技术制造的 PCR 扩增仪,升降温的控制可以做在一个模块内,而且具有无噪声、无振动、体积小、温度调节范围大、升降温速率快、使用方便、控温精确等特点。这也是目前市场上 PCR 扩增仪核心技术所在。

半导体控温技术在 PCR 扩增仪中的应用也存在一些问题,如边缘效应,制冷模块老化等。另外,PCR 扩增仪中的半导体制冷模块,结构紧凑,一旦损坏,维修的可能性不大,需整体更换,维修成本较高。

4. 离心式空气加热控温 由金属线圈加热,采用空气作为导热媒介。其中热丝进行加热,吹入冷空气进行制冷。通过调节功率输出的比例,就可以调节温度的大小,从而可实现升温、降温和恒温的自动控制。另外,空气作为传递热量的介质,可以和样品之间进行无缝接触,使样品溶液的升温和降温速度很快。所以该种控温方式温度均一性好,各孔扩增效率高度一致。但此类 PCR 扩增仪通常可容纳样品数量少,有的需用特殊毛细管作样品管,增加了使用成本,也不带梯度功能。

二、PCR 扩增仪的分类

随着 PCR 技术的成熟与发展,PCR 扩增仪的种类日益增多。根据 DNA 扩增的目的和检测标准可以分为:普通 PCR 扩增仪、实时荧光定量 PCR 扩增仪以及数字 PCR 相关仪器。

普通 PCR 扩增仪即通常所说的定性 PCR 扩增仪,也是第一代 PCR 扩增仪,主要做定性分析和扩增基因片段。按照控温方式的不同可以分为:水浴式 PCR 扩增仪、变温金属块式 PCR 扩增仪和变温气流式 PCR 扩增仪;按照用途的不同又可以分为:梯度 PCR 扩增仪、原位 PCR 扩增仪。

实时荧光定量 PCR 扩增仪是在普通 PCR 扩增仪的基础上,又配备了荧光检测系统,在整个 PCR 扩增过程中,体系中加入了特异性的荧光染料或荧光探针,通过荧光检测系统,实时分析 PCR 扩增的动力学过程,最终根据扩增得到的标准曲线和样品曲线之间的统计学关系,计算出样品的初始模板数。自 1996 年世界上第一台实时荧光定量 PCR 扩增仪推出以来,经过二十多年的发展,定量 PCR 扩增仪不断更新换代,但基本都包括 PCR 系统和荧光检测系统。荧光检测系统又包括激发光源和检测器。目前,荧光检测系统正朝着多色多通道检测发展。实时荧光定量 PCR 扩增仪按照结构的不同,又可分为:变温金属块实时定量 PCR 扩增仪、离心式实时定量 PCR 扩增仪及各孔独立控温的定量 PCR 扩增仪。

三、PCR 扩增仪的基本结构

(一) 普通 PCR 扩增仪的结构

普通 PCR 扩增仪主要由温度控制装置、计算机系统及相应辅助装置构成。温度控制装置主要完成变性温度、退火温度和延伸温度的变化及维持。计算机系统负责人机交互和程序的设计、执行、保存、删除。

水浴式 PCR 扩增仪：主要由三个不同温度的水浴槽及相应的机械臂组成，由计算机控制机械臂完成样品在水浴槽间的转换和停留。

变温金属块式 PCR 扩增仪：主要由铝块或不锈钢制成的热槽、半导体、计算机及软件系统组成，金属块(热槽)上面有不同数目或者不同大小的凹孔，通常为 96 孔或 48 孔，这些孔是用来放置 PCR 反应管的，凹孔内壁能与样品管紧密接触甚至经过镀金镀银处理，以提高热传导性。变温金属块式 PCR 扩增仪的温度控制方式有两种，一种是压缩机控温，另一种是半导体控温。半导体控温，升降温的控制可以做在一个模块内，通过电流转化器控制电压及电流方向，从而实现制冷或制热以及对温度的精确控制，而且半导体控温具有无噪声、无振动、体积小、温度调节范围大、升降温速率快、使用方便、控温精确等特点。

变温气流式 PCR 扩增仪：主要结构有金属线圈、压缩机和计算机系统。当需要升高温度时，金属线圈加热升温；当需要降低温度时，压缩机制冷降温。以气体为介质，实现冷热的交换，从而进行升降温，完成 PCR 过程三个温度的循环。这种 PCR 仪的升降温速度非常快，缩短了 PCR 程序运行时间。

(二) 梯度 PCR 扩增仪的结构

由普通 PCR 扩增仪衍生出来的具有温度梯度功能的 PCR 仪，称之为梯度 PCR 扩增仪。一次 PCR 扩增可以设置一系列不同的退火温度条件(通常 12 种温度梯度)。因为被扩增的不同 DNA 片段，其最适合的退火温度不同，通过设置一系列的梯度退火温度进行扩增，从而一次 PCR 扩增就可以筛选出表达量高的最适合退火温度。如研究某一样品的最适合的退火温度，在退火的过程中实现温度从 45℃ 到 55℃ 阶梯变化，通过一次扩增找到样品最适合的退火温度。主要用于研究未知 DNA 退火温度的扩增，这样既节约时间，也节约经费。在不设置梯度的情况下亦可当作普通的 PCR 用。目前梯度 PCR 扩增仪多应用于科研、教学机构。

梯度 PCR 扩增仪的结构与变温金属块式 PCR 扩增仪的结构基本相同，在温度控制环节增加了梯度功能。有些品牌的 PCR 扩增仪具有普通 PCR、梯度 PCR、原位 PCR 的功能，通过替换模块开展多用途实验工作。

由于热传导效率的不同而导致样品温度和模块温度的差异，以及这种差异的不确定性，造成梯度 PCR 扩增仪摸索出的退火温度不够真实。那么梯度 PCR 摸索出的温度只有在 PCR 实验、仪器、试剂和耗材等绝对一致时才是有效的，否则任何一个组成要素的改变又会带来新的不确定性。显然要彻底解决以上问题，研究人员需要一款能够实现高效率的热能传导,并保持模块温度与样品温度高度一致的 PCR 仪来进行实验。

(三) 原位 PCR 扩增仪的结构

原位 PCR 是在细胞内进行 PCR 扩增,并且组织细胞的形态不被破坏,是原位杂交与 PCR 技术的融合。原位 PCR 扩增仪样品基座上有若干平行的铝槽,称为样品槽,每条铝槽内可垂直放置一张载玻片(玻片上预制有细胞悬液、组织切片等样本)。每张载玻片面均与铝槽紧密接触,温度传导极佳,温度控制精确。在普通 PCR 扩增仪的基础上增加一个原位 PCR 模块,更换后就可以进行原位 PCR 扩增。不少厂家支持原位 PCR 模块和普通 PCR 模块的互换,一机两用,增加了仪器的使用效率。

(四) 实时荧光定量 PCR 扩增仪的结构

在普通 PCR 扩增仪设计基础上增加荧光信号激发系统、采集系统和计算机分析处理系统,形成了具有荧光定量 PCR 功能的仪器。荧光定量检测系统由实时荧光定量 PCR 扩增仪、实时荧光定量试剂、通用电脑和自动分析软件等构成。设备由荧光定量系统和计算机组成,用来监测循环过程的荧光。荧光检测的光学结构工作原理:荧光的激发光源通过设定的光路照射到样品孔板里被荧光染料或荧光探针标记的产物,使得产物发出荧光,通过一定的回路到达光敏接收器。再经过相应的软件工具在电脑上拟出光信号的变化曲线(图 9-2)。

荧光定量 PCR 扩增仪有单通道、双通道和多通道之分。当只用一种荧光探针标记的时候,选用单通道;有多种荧光标记的时候使用多通道。单通道也可以检测多荧光标记的目的基因表达产物。因为一次只能检测一种目的基因的扩增量,需多次扩增才能检测完不同的目的基因片段的量。多通道利于做多重 PCR,实现一次检测多种目的基因的功能。

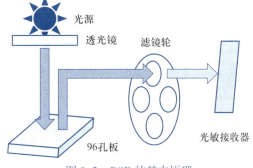

图 9-2　PCR 的基本原理

1. 变温金属块式实时荧光定量 PCR 扩增仪　在变温金属块式 PCR 扩增仪的基础上,整个样品槽的上端多了一个荧光检测设备,包含荧光激发系统和荧光检测系统。荧光激发系统的光源多为卤钨灯或石英卤钨灯,配有 5 色滤光镜,可同时激发 96 孔样品,检测系统为超低温 CCD 成像系统。可同时多点多色检测,能有效分辨 FAM/SYBR Green Ⅰ、VIC/JOE、NED/TEMRA/Cy3 等多种荧光染料。各型号的荧光定量 PCR 扩增仪均有实时动态(real-time)读板和终点读板(plate read)两种模式,选择终点读板模式时可作为普通 PCR 扩增仪使用。此类 PCR 扩增仪部分甚至带梯度功能,可容纳的样品量大,无需特殊耗材,但温度均一性欠佳,有边缘效应,标准曲线的反应条件难以做到与样品完全一致。

2. 变温气流式实时荧光定量 PCR 扩增仪　这类仪器的样品槽结构为离心转子的模样,借助空气加热,转子在腔内旋转。转子上每个孔均匀分布,每个样品孔之间的温度差小于 0.01℃。PCR 反应管采用透明的毛细管,通过透明的毛细管侧壁激发和检测荧光信号,在这过程中,使用的是同一个激发光源和检测器,随时检测旋转到检测区的样品,有效地减少系统误差。但这类仪器离心转子较小,可容纳样品量少,有的需用特殊毛细管作样品管,增加了使用成本,也不带梯度功能。

3. 各孔独立控温的实时荧光定量 PCR 扩增仪 此类 PCR 扩增仪的每个温控模块控制一个样品槽,不同样品槽分别拥有独立的智能升降温模块,使得各孔独立控温,可以在同一台 PCR 扩增仪上分别进行不同条件的定量 PCR 反应。有时软件系统可以允许一台仪器同时操作六个样品模块,既满足高速批量要求,又能灵活运用,还可实现任意梯度反应。

每个模块独立控制的激发光源和检测器直接与反应管壁接触,保证荧光激发和检测不受外界干扰。正因如此,PCR 需要独特的扁平反应管,使用成本较高。

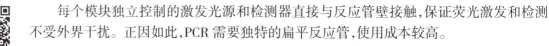

微课:PCR
扩增仪的基
本结构

四、PCR 扩增仪的性能与临床应用

(一) PCR 扩增仪的性能

1. 温度控制 是 PCR 反应进行的关键,因此对于 PCR 扩增仪来说,温度控制性能决定了 PCR 能否成功,主要包括温度的准确性、均一性以及升降温速度等。

(1) 温度的准确性:指样品孔实际温度与仪器设定温度的一致性,是 PCR 仪最重要的评价因素,直接影响到实验的成败,通常要求设定温度和样品的实际温度相差不超过 0.1℃。对于变温金属块式 PCR 扩增仪,存在温度过高(overshooting)和温度过低(undershooting)现象。温度过高现象是指升温过程中由于一些加热元件,比如半导体、金属块本身会积蓄能量,虽然温度探头探测温度到达了设定温度,但这些积蓄的能量仍然会传给 PCR 体系,造成实际的温度高于设定的温度的现象;温度过低现象则相反。

(2) 温度的均一性:指样品孔间的温度差异,关系到不同样品孔之间反应结果的一致性,一般要求样品基座温度差小于 0.5℃。一般情况下,变温金属块式 PCR 扩增仪的边缘孔会与中间孔存在温度差异,此种现象称为位置的边缘效应。如果仪器的温度均一性不佳,那么同一样品,同一反应程序,因为 PCR 管放置位置的不同,造成检测结果存在差异。

(3) 升降温的速度:升降温是指在高温变性、低温退火和适温延伸三个温度间转换的速度。升降温速度快,能缩短反应进行的时间,提高工作效率,也降低了非特异性结合反应的概率,提高 PCR 反应的特异性。目前,PCR 扩增仪的控温方式已从以往的压缩机转变为升降温速度更快的半导体及变温气流。

(4) 不同模式下的相同温度特性:主要针对带梯度功能的 PCR 扩增仪,不仅应考虑梯度模式下不同梯度管之间温度的均一性和准确性,还应考虑仪器在梯度模式和标准模式下是否具有同样的温度特性。如果两者之间存在差异,则可能导致在梯度模式可得出的最佳反应条件,而应用标准模式进行正式扩增时却不能得到满意的结果。

2. 荧光检测

(1) 荧光检测范围:由于 PCR 反应是一个几何级数扩增的过程,样品的起始拷贝数不一样,经过几十个循环后,其荧光值差别很大。因此,荧光检测的范围是仪器的重要性能指标之一,一般要求达到 $10 \sim 10^{10}$ DNA(RNA)拷贝 /mL。

（2）检测器：目前较为常用的是超低温 CCD 成像系统和光电倍增管（PMT）。超低温 CCD 成像系统具备同时多点多色检测的能力；光电倍增管灵敏度高，但一次只能扫描一个样品，需要通过逐个扫描实现多样品检测，当检测样本量大时耗时较长。

（3）仪器的检测通道数量：复合 PCR 检测已成为一种流行趋势，它能节省试剂和时间，因此要求仪器具备多通道检测能力。目前荧光检测系统以 4 通道检测的居多，部分具有 6 通道检测。

（4）Ct 值精密度：在荧光定量 PCR 技术中涉及 Ct 值，其中 C 代表 cycle，t 代表 threshold。Ct 值的含义是，每个反应管内的荧光信号到达设定的阈值（threshold）时所经历的循环数。每个模板的 Ct 值与该模板的起始拷贝数的对数存在线性关系，起始拷贝数越多，Ct 值越小。Ct 值重复性误差对核酸定量的准确性和可靠性十分重要，一般要求 Ct 值的变异系数小于 2.5%。

3. 其他性能

（1）应用软件：新型的 PCR 扩增仪配套有优质软件，软件应具备编写程序简易，易学易用，还具有实时信息显示、记忆存储多个程序、自动倒计时、自动断电保护等功能。

（2）热盖：可使样品管顶部温度达到 105℃ 左右（控制温度范围一般为 30~110℃），避免蒸发的反应液凝集于管盖而改变 PCR 的反应体积，也无需加入液状石蜡，减少了后续实验的麻烦。

（3）样品基座和样品数：多数 PCR 扩增仪均配备了可更换的多种样品基座，以匹配不同规格的样品管（0.2 mL、0.5 mL PCR 管，96 孔微孔板等）。其中 96 孔基座和 0.2 mL PCR 管最为常用。

（二）PCR 扩增仪的临床应用

随着分子生物学技术的发展，分子诊断技术已成为临床检验工作的一个重要组成部分。PCR 技术以其快速、灵敏、特异、简便、重复性好、自动化程度高等优点，已广泛地应用于医学相关领域。

1. 在感染性疾病中的临床应用　目前，采用荧光定量 PCR 检测技术可以对肝炎病毒、结核杆菌、细小病毒 B19、EB 病毒、人巨细胞病毒、单纯疱疹病毒、淋球菌、沙眼衣原体、解脲支原体、人类乳头瘤病毒等病原体进行定量测定。另外，PCR 扩增仪也能够对基因变异的病毒进行检测或在治疗中监测病毒变化。与传统的检测方法相比，具有灵敏度高、取样少、快速简便等优点，广泛地应用于临床。另外，也可以通过实时荧光定量 PCR 对孕妇弓形虫、梅毒等检测，这对找出不明原因流产和习惯性流产的病因提供有力的帮助。

2. 在遗传性疾病中的应用　尽管大部分的人类遗传性疾病还无法治疗，但我们可以通过产前诊断，减少携带遗传性疾病的婴儿出生，例如为减少 X 连锁遗传病患儿（如携带脆性 X 智力低下基因）的出生，从孕妇的外周血或羊水中分离胎儿 DNA，用实时荧光定量 PCR 检测是否存在该基因。这种方法准确性高、不良反应小，易为孕妇所接受。

3. 在恶性肿瘤中的应用　尽管肿瘤发病的机制尚未清楚，但相关基因发生突变是癌变的根本原因已被广泛接受。实时荧光定量 PCR 不仅能有效地检测到基因的突变，而且可以准确地检测癌基因的表达量，并以此作为后续治疗效果、调整治疗方案的基础。随着与肿瘤相关基因研究的不断深入,分子靶点标志物越来越多,PCR 技术将会在肿瘤的诊断和治疗中发挥更大的作用。

4. 在移植配型中的应用　经典的 HLA 分型是通过血清学或混合淋巴细胞培养的方法进行分析。随着分子生物学技术的发展,借助 PCR 技术已建立了多种基因分型方法,此技术能够直接从基因水平对 HLA 基因多态性做出分析,方法准确且灵敏度高,能够检出血清学方法无法检出的基因型别,其中 PCR-SSP 是发展起来的应用最广、最简便的方法,且结果可靠。

5. 在其他领域的应用　在免疫学方面,通过荧光定量 PCR 检测 HLA 的基因型等来帮助诊断免疫性疾病,如强直性脊柱炎、类风湿性关节炎、器官移植排异反应等。在法医学鉴定方面,采用 PCR 相关技术,对涉及法医领域的生物样品(血液、精液、唾液、骨骼、毛发、指/趾甲等)进行 DNA 比对,从而得出两者是否相同或有亲缘关系的鉴定结论。在食品安全方面,检测食品中的微生物、转基因食品检测等。另外,在分子生物学的其他方面,如测序过程中 cDNA 文库的构建等。

五、PCR 扩增仪的使用、维护与常见故障处理

(一)仪器使用方法

PCR 扩增仪的操作根据型号不同略有差异,基本操作步骤大致如下。

1. 开机　打开 PCR 扩增仪的电源,需等待一小段时间,大概几十秒,仪器程序开始初始化。

2. 放入样品管,关紧盖子。

3. 如果要运行已经编好的程序,选择已储存的程序,进入程序界面,按需进行修改后即开始运行程序。

4. 如果要输入新的程序,则在菜单上选择"新方法或程序",输入相应程序设置,包括温度、时间、循环数、体积等,点击"保存"保存当前程序,可以设定程序名称,保存位置。程序保存后选择模块,直接运行程序。

5. 在程序运行过程中,可以暂停一个运行的程序,再按一次继运行续程。

6. 在仪器使用完成后,我们通常先关闭软件,再关闭 PCR 扩增仪,最后关闭电脑。

(二)PCR 扩增仪的维护保养

PCR 扩增仪需要定期检测和维护,下面简单介绍一些常用的保养维护方法。

1. 分析系统电脑和软件的维护

(1)预防感染计算机病毒,安装杀毒软件。

(2)定期对实验数据进行保存和备份,避免重要数据的丢失。

(3)定量 PCR 扩增仪的电脑,不能随意安装第三方软件,不能私自升级操作系统,以免影响检测系统的正常工作。

2. 日常清洁与维护保养

(1)为保证 PCR 检测系统能够稳定正常地工作,应当配置 UPS 电源,避免突然停电对

检测系统造成的影响。

(2) 实验室温度控制在 20~25℃,相对湿度控制在 20%~80%,必须保证系统的通风。

(3) 日常清洁保养仪器外表时,要用不脱屑的软布擦拭仪器的表面,杜绝用有机溶剂清洁仪器。

(4) 定期清洗样品池。清洗时,首先打开盖子,用 95% 乙醇或 10% 清洗液浸泡样品池 5~10 min,再清洗被污染的孔。用棉签吸干剩余液体,再打开 PCR 扩增仪,设定 PCR 程序并运行保持温度为 50℃,使残余液体挥发干净。

(5) 定期清洗热盖,需要用纯水清洗热盖底面,确保样品池的孔干净,无污物阻挡光路。

(6) 在关闭系统时要先关软件,再关仪器电源,最后关计算机电源。在开机时,要先开计算机电源,再开仪器电源,最后打开软件。

3. PCR 扩增仪的校正维护 为了保证检测结果可靠,应当定期对 PCR 扩增仪系统主机进行校正维护。

(1) 背景校正:首先运行背景校准程序,计算机软件收集荧光强度,分析背景强度荧光值并保存。

(2) 纯荧光校正:收集不同荧光标准品的荧光数据,进行分析、储存。

(3) ROI 校正:主要是为了生成目标区 ROI 数据,其间保存的数据将作为映射样品块来确定反应孔位置。

(4) 性能验证:包括灵敏度、特异度、精密度、准确性及线性范围等,为临床提供更准确的实验结果。

微课:PCR 扩增仪的使用维护与故障处理

(三) PCR 扩增仪的常见故障处理

PCR 扩增仪的常见故障及排除方法见表 9-1。

表 9-1 PCR 扩增仪常见故障及排除方法

常见故障	原因	排除方法
打开电源仪器无响应	电源线脱落或松动	插紧电源线
开机出现黑屏,无法开机	变压器或稳压器损坏	更换元件
仪器无法完成初始化	连线不通,电源故障等	检查计算机与仪器接口是否正确,检查电源
荧光本底偏高	荧光染料污染样品孔	清洗样品孔
PCR 管融化	温度传感器或热盖故障	更换温控元件
PCR 管破裂	样品孔中存在固体杂质或检验 PCR 管的质量	清理样品孔,更换 PCR 孔,清洁实验室
加热或冷却速度过慢	主板或控温系统故障	更换元件
检测结束后定量 PCR 管底液体明显减少或没有液体	热盖没有正常工作	更换热盖
个别孔扩增效率差异很大	半导体元件出现坏点	更换元件

第二节 生物芯片

生物芯片(biochip,bioarray),又称微阵列。生物芯片技术是20世纪90年代初期随着人类基因组研究的深入应运而生的一种分子生物学技术,其起源于DNA杂交探针技术与半导体工业技术相结合的产物,因具有芯片相似的微型化和大规模分析、高通量处理生物信息的特点,而具有广泛的应用前景。生物芯片技术在核酸测序、基因诊断、基因表达差异分析、基因突变检测、基因多态性分析、外源微生物感染鉴定以及临床药物筛选等方面得到广泛应用。

一、生物芯片的工作原理及分类

生物芯片技术是根据生物分子间特异性相互作用的原理,将生化分析过程集成于芯片表面,设计其中一方为探针,并固定于微小的载体表面,通过分子间的特异性反应,从而实现对DNA、RNA、多肽、蛋白质以及其他生物成分的高通量快速检测。根据不同的分类标准,生物芯片可以分为不同的类型(表9-2)。

表9-2 不同类型的生物芯片分类

分类依据	生物芯片的类型
基片上交联固定的识别分子种类不同	基因芯片、蛋白质芯片、肽芯片、细胞芯片、组织芯片及寡核苷酸芯片等
表面化学修饰物的不同	多聚赖氨酸修饰芯片、氨基修饰芯片、醛基修饰芯片
固相支持物的不同	无机芯片、有机芯片
结构特征分析过程不同	微阵列芯片(以亲和结合技术为核心)、微流控芯片(以微管网络为结构特征)
生物化学反应过程不同	样品制备芯片、生化反应芯片、检测芯片
用途不同	分析芯片、检测芯片、诊断芯片
功能不同	测序芯片、基因作图芯片、基因表达谱芯片、突变检测芯片、多态性分析芯片等

二、生物芯片的基本结构

生物芯片实质上是一种微型化的生化分析仪器,主要由芯片制备系统、样品制备系统、芯片点样系统、杂交反应系统、信号检测系统和数据分析等系统组成。

(一) 芯片制备系统

目前制备芯片采用表面化学方法或组合化学的方法来处理固相基质(玻璃片或硅

片),然后使用 DNA 片段或蛋白质分子按特定顺序排列在芯片片基上,芯片制备及其质量在生物芯片分析系统中起着决定性的作用。

(二) 样品制备系统

生物样品的制备和处理是基因芯片技术的第二个重要环节。样品的纯度和杂交特异性直接决定芯片的质量和可信度。因此,将样品进行特定的生物处理,获取其中的蛋白质或 DNA、RNA 等信息分子并加以标记(为了获得杂交信号),以提高检测的灵敏度。标记的方法有荧光标记法、生物素标记法、放射性核素标记法等。目前,采用的主要是荧光标记法,常使用的荧光物质有荧光素、罗丹明、HEX、TMR、FAM、Cy3、Cy5 等。

(三) 芯片点样系统

点样法是将预先通过液相化学合成大量的探针,或 PCR 技术扩增 cDNA 或基因组 DNA 经纯化和定量分析后,通过由阵列复制器或阵列点样机及电脑控制的机器人,准确、快速地将不同探针样品定量点样于带正电荷的尼龙膜或硅片等相应位置上,再由紫外线交联固定后即得到 DNA 微阵列或芯片。

芯片点样仪工作时环境必须保持洁净,避免点样时受到尘土等污染、相对湿度保持在45%~55%,以维持点样系统的最佳状态。为了保证样点得到有效的质量检测,一般在芯片点样仪内配置样点质量控制装置,可以定量地测定每个样点的大小和体积,从根本上减少漏点现象,并且可以重新补充漏掉的样品点。

(四) 杂交反应系统

杂交反应要根据探针的类型、长度和研究目的来选择合适的杂交条件,减少生物分子之间的错配比率,从而获得最能反映生物本质的信号,是芯片检测的关键。杂交反应是一个复杂的过程,受很多因素的影响,如探针密度和浓度、探针与芯片之间连接臂的长度及种类、杂交序列长度、GC 含量和核酸二级结构等。

(五) 信号检测系统

目前,最常用的芯片信号检测方法是将芯片置入芯片扫描仪中,通过采集各种反应点的荧光强度和荧光位置,经相关软件分析图像,即可获得有关生物信息。芯片扫描仪是芯片信号检测的扫读装置,是对生物芯片进行信号收集的关键。信号检测系统必须具有高度敏感性,并能有效地分辨噪声信号。

(六) 数据分析系统

数据分析系统包括芯片图像识别、数据提取、数据入库、标准化处理和生物学分析等环节。一个完整的生物芯片配套软件应包括生物芯片扫描仪的硬件控制软件、生物芯片的图像处理软件、数据提取或统计分析软件,芯片表达基因的国际互联网上检索和表达基因数据库分析及积累。对所读取的数据处理方面,应用最广泛地是聚类分析,此外还有主成分分析、时间序列分析等。

三、生物芯片的使用与维护

（一）生物芯片的使用

生物芯片的生产厂家有很多,各系统的规格型号各不相同,现介绍市场上比较普遍使用的生物芯片分析系统的工作流程(图9-3)。

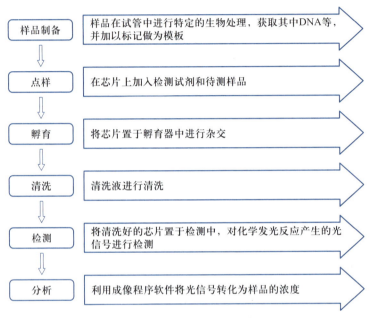

图9-3　生物芯片分析系统工作流程

微课:生物
芯片的使用

（二）生物芯片的维护

生物芯片各个分析系统必须要加强日常维护才能使仪器长久保持良好的工作状态,才能使检测结果准确可靠。① 正确操作:操作人员应熟悉各系统的性能特点,严格按照操作规程正确操作,应避免仪器在正常工作时出现断气、断电、断水等情况,确保系统的正常运行。② 工作环境:清洁卫生,防尘、防晒、防潮等,温度一般为5~35℃,温度控制精度为 ±0.1℃,相对湿度应低于80%,海拔高度应低于2 000 m。③ 工作电压:波动范围一般不得超过 ±10%。④ 运输过程中避免剧烈震动,环境条件不可有剧烈变化。⑤ 不可将生物芯片长时间滞留于检测器上。⑥ 定期检查和维护各个系统并认真做好仪器的工作记录。

四、生物芯片的主要临床应用

与传统方法相比,生物芯片在疾病检测诊断方面具有独特的优势,特别是对感染性疾病、遗传性疾病和恶性肿瘤等的临床诊断。它可以用一张芯片同时对多个患者进行多种疾病的检测。仅用极少量的样品,在极短时间内,即可为医务人员提供大量的疾病诊断信息。其在临床的应用主要有以下几个方面。

1. 遗传疾病的诊断　随着人类基因组计划的完成,许多遗传性疾病的相关基因已被定位,为从基因水平上认识遗传疾病并进行早期诊断奠定了基础,如"血友病""地中海贫血""4-α-羟苯丙酮酸羟化酶缺乏症""进行性假肥大性肌营养不良"及"帕金森病"等致病基因已经定位,因此可将对应于突变热点区的寡核苷酸探针合成或点加于 DNA 芯片上,通过 1 次杂交完成待检样品多种突变可能性的筛查,实现对多种遗传病的高效快速诊断。

2. 肿瘤疾病诊断　通过基因芯片对各种导致肿瘤产生的基因进行检测,能筛查健康人群中的潜在肿瘤发病基因,以达到早期诊断和预防的目的。例如,应用计算机运算法则和 DNA 芯片技术,尝试使用 DNA 芯片确定潜在癌抗原的可能性,研究者采用以计算法则为基础的矩阵来预测人类白细胞抗原(HLA)类配体,并用于人结肠癌的差异表达基因分析,最终识别出一组结肠癌独特的和具有潜在免疫原性的肽。

3. 传染性疾病诊断　目前,许多细菌、病毒等病原体的基因组测序已经完成,将许多代表各种微生物的特殊基因制成一张芯片,经反转录就可检测样品中有无病原体基因的表达及表达水平,由此判断患者是否感染、病原感染进程以及宿主反应。生物芯片检测基因表达差异,较小的细菌基因组可被制成包含该微生物的所有已知序列芯片用以确定被感染个体内所有改变的基因,快速确定毒力基因利用相同的方法,还可在急性感染期和潜伏期研究病毒基因表达。

同时,生物芯片还在疫苗研制、遗传药理学、毒理学和病毒感染的快速诊断、病毒耐药性突变检测、中药安全性的检测、中药材品质的检测、药物基因组学、耐药性分析、个体药物研究等领域有许多成功应用。生物芯片技术发展至今,已成为一种常规且有效的研究手段,我们期待生物芯片运用其独特的优势特点做出更大的贡献。

第三节　蛋白质测序仪

蛋白质和多肽是由二十多种氨基酸按照一定的顺序通过肽键连接成一长链,然后通过链内、链间的离子键、疏水作用等多种作用力进行折叠卷曲形成一定的构象并发挥其独特作用。氨基酸的排列顺序即蛋白质的一级结构,决定了蛋白质的高级结构及功能。肽链结构从左至右通常表示为氨基酸氨基端(N 末端)到羧基端(C 末端)。几乎所有的蛋白质合成都起始于 N 末端,对蛋白质 N 末端序列进行有效分析,有助于分析蛋白质的高级结构,揭示蛋白质的生物学功能。C 末端序列是蛋白质和多肽的重要结构与功能部位,其决定了蛋白质的生物学功能。因此,研究蛋白质的一级结构有助于揭示生物现象的本质,了解蛋白质高级结构与生物学功能之间的关系,探索生物分子进化与遗传变异等。同时随着现代医药工业的发展,出现了大量的蛋白质和多肽类药物分子,对这些蛋白质多肽类药物分子 N 末端序列的分析确认也是医药工业质量控制的重要环节。目前,蛋白质测序技术主要从 N 末端开始测序和从 C 末端开始测序两个方向突破。N 末端测序一般采用埃德曼(Edman)降解法和质谱法,C 末端测序有羧肽酶法、化学法及串联质谱法。蛋白质测序仪的研制成功推动了蛋白质测序的应用。蛋白质测序仪是检测蛋白质一级结构的自动化仪器(图 9-4),是获得蛋白质一级结构信息的重要手段,主要是利用自动化的 Edman 化学降解反应和游离氨基酸的分离与鉴定过程。随着计算机技术、色谱技术及机器制造工艺的不断发展,蛋白质测定周期不断缩短,样品用量不断减少。本节主要对蛋白质测序仪的工作原理,基本结构,使用、维护与常见故障处理,主要应用进行简单介绍。

图 9-4　蛋白质测序仪

一、蛋白质测序仪的工作原理

蛋白质测序仪主要检测的是蛋白质一级结构,即氨基酸序列,其基本原理沿用 Edman 降解法。Edman 化学降解法是测定蛋白质序列的经典方法,该方法由瑞士生物化学家佩尔·维克托于 1950 年创立,是制造氨基酸顺序分析仪的理论基础。1982 年,美国应用生物系统(ABI)公司将第一台商用自动多肽测序仪推向市场,并被实践证明是可靠和耐用的。Edman 化学降解法在测定过程中,在弱碱条件下,多肽链 N 末端氨基酸残基依次与异硫氰酸苯酯(phenyl isothiocyanate,PITC)作用,从蛋白质 N 末端依次切割下来,形成稳定的苯氨基硫甲酰肽(PTC- 多肽),这种物质在无水强酸(如三氟乙酸 TFA)的作用下,可使靠近 PTC 基的氨基酸环化,肽链断裂形成噻唑啉酮苯胺(ATZ)衍生物和一个失去末端氨基酸的剩余多肽。Edman 化学降解法进行蛋白质与多肽序列分析是一个循环式的化学反应过程,主要包括偶联、裂解、转化三个主要步骤(图 9-5)。

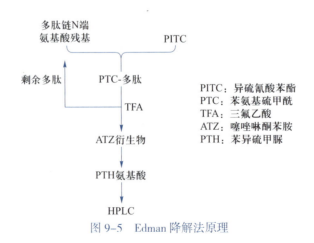

图 9-5　Edman 降解法原理

1. 偶联 在弱碱条件下,蛋白质和多肽的自由 α- 氨基经与异硫氰酸苯酯试剂偶联,生成 PTC- 多肽。与此同时,其紧挨的第二个残基的键合力大大地减弱,很容易断裂。这一反应在 45~48℃ 进行约 15 min,并用过量的试剂使有机反应完全。

2. 环化裂解 在无水三氟醋酸(TFA)的作用下,可使靠近 PTC 基的氨基酸环化,肽链断裂形成噻唑啉酮苯氨(ATZ)衍生物和一个失去末端氨基酸的剩余多肽。紧挨的第二个氨基酸残基暴露出自由的 α- 氨基,又可与 PITC 进行偶联反应。

3. 转化 ATZ- 氨基酸不稳定,经 25%TFA 处理转化为稳定的苯异硫甲脲氨基酸(PTH- 氨基酸)。

每个循环反应从蛋白质或多肽裂解一个氨基酸残基,同时暴露新的游离的氨基酸,开始进行下一个 Edman 化学降解反应,最后通过转移的 PTH- 氨基酸鉴定实现蛋白质序列的测定。

上述降解循环反应在蛋白质测序仪的不同部位进行。偶联和环化裂解过程发生在测序仪的反应器(筒)中,转化过程则在转化器中进行。转化后的 PTH 氨基酸经自动进样器注入高效液相色谱仪进行在线检测,根据 PTH 氨基酸的洗涤滞流时间确定每一种氨基酸类型。值得一提的是,环化和转化过程虽然均有 TFA 参与,但是这两步反应必须分开进行,因为环化反应是在无水 TFA 条件下进行,而转化反应是在 25%TFA 条件下进行。

在蛋白质测序中有时遇到测不出结果的情况,一种可能是蛋白质的 N 末端封闭,例如甲基化、乙酰化等;另一种可能则是样品本身不是蛋白质或绝大部分是非蛋白质物质,解决这个问题的途径便是做一个氨基酸组成分析以确定样品的成分。

除了经典的 Edman 化学降解法测定蛋白质的 N 末端之外,还有 C 末端测序法。目前,比较盛行的 C 末端测序法是串联质谱法:用胰酶等将蛋白质酶切后,直接用串联质谱法测定酶切后肽段的混合物,然后通过一级质谱选择 C 末端肽段离子进行二级质谱碎裂,得到 C 末端序列。串联质谱法测定蛋白质 C 末端序列的关键是对 C 端肽段的判断。

二、蛋白质测序仪的基本结构

自第一台蛋白质测序仪发明以来,经历了液相测序仪、固相测序仪、气相测序仪的发展历程。近年新兴的飞行时间质谱技术在蛋白质测序技术中已成为核心组成部分,可对微量蛋白质样品进行更快速、更准确地分析,实现了样品量少、自动化与高通量,已成为主要的蛋白质测序工具。但是质谱技术会受到一些微小异源化物质的干扰,但不会干扰 Edman 化学降解法的分析过程。蛋白质自动测序仪自上市以来,整体技术改进并不多,存在诸多劣势,如分析时间过长、测序长度过短(典型的范围为 20~50 个氨基酸序列)、价格高等。但它的优势是准确,是唯一可以辅助证实蛋白质结构的方法。虽然在一些条件下,通过基因测序可以推导出氨基酸序列,但并不能完全描述蛋白质的一级结构,所以蛋白质序列测定仍是黄金标准。

蛋白质自动测序仪结构复杂,基本分为三大系统:测序反应系统、氨基酸分析系统和数据处理系统。测序反应系统由反应器、转换器组成,进样器连接测序反应系统和氨基酸分析系统,如图 9-6 所示。

1. 反应器 反应器中进行的是 Edman 化学降解反应中的偶联反应和环化裂解反应。

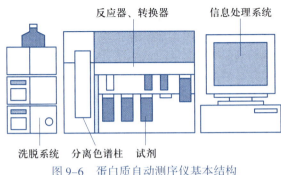

图 9-6 蛋白质自动测序仪基本结构

反应器由入口管旋紧接头、反应器固定旋钮、垫圈、上部腔体、玻璃纤维板、PTFE 滤膜、滤膜固定器、下部腔体、加热模块和出口管旋紧接头等构成。其中 PTFE 滤膜是蛋白质样品固定的载体，在不同的仪器型号中还可能是纤维板或 PVDF 膜。反应条件要求一定的温度、时间、液体流量等，由计算机系统自动调节控制这些因素。在反应器中，蛋白质或多肽经过偶联和环化裂解反应最终形成 ATZ 衍生物。

2. 转换器　在转换器中 ATZ 衍生物经有机溶剂抽提，再经过 25%TFA 溶液处理转换为稳定的 PTH 氨基酸。

3. 进样器　PTH 氨基酸由有机溶剂溶解后经进样器注入 HPLC。

4. 氨基酸分析系统　通常由高效液相色谱系统构成，主要核心结构为分离色谱柱。色谱柱分离是整个测序过程中最为关键的一步。不同的 PTH 氨基酸通过这一系统会产生自己的特征吸收峰，从而得到相应氨基酸的谱图，通过与标准氨基酸谱图对比，确定氨基酸的种类。影响色谱柱分离结果的因素有液体分配速度、温度、电压、电流等。

5. 信息处理系统　由计算机和相应软件系统构成，能够记录和显示数据，根据氨基酸的层析峰来判断为何种氨基酸。它提供测序需要运行的参数：时间、温度、电压及其他条件（标准氨基酸分析、清洗、干燥反应器等）。

以上为蛋白质自动测序仪的主要构成部件。此外，还有相关的蛋白质或多肽的纯化处理配件、输液泵、氨基酸洗脱系统和整个测序必备的试剂和溶液。

微课：蛋白质自动测序仪的基本结构

三、蛋白质自动测序仪的使用、维护与常见故障处理

（一）蛋白质自动测序仪的使用

蛋白质自动测序仪因不同生产厂家和不同型号，设计有所差异。因此，在使用前必须认真阅读仪器的操作手册、维护说明等，认真听取厂家技术人员的指导建议。蛋白质自动测序仪的常规操作流程如图 9-7 所示。

（二）蛋白质自动测序仪的维护

1. 分离色谱柱　分离色谱柱在首次使用或长时间未用的情况下，需用强溶剂在低流量下冲洗 30 min 以上。在经常使用的情况下，也需定期使用强溶剂冲洗分离柱。在使用

过程中,分离条件要合适,样品要纯净,管路使用完毕及时用水或合适的溶液冲洗干净,同时避免流动相组成及极性的剧烈变化,避免压力脉冲的剧烈变化。不使用时盖上盖子,避免固定相干枯。

2. 水的级别 仪器应配备纯净水,因为无机及有机污染物的存在会增加去离子的吸光率。盛水的溶剂瓶要经常更换,若连续几天不使用仪器,需将管路用甲醇清洗。

3. 脱气处理 脱气是指除去流动相中溶解或因混合而产生的气泡。泵中气泡使液流波动,改变保留时间和峰面积;柱中气泡使流动相绕流而使峰变形;检测器中出现气泡则使基线产生波动,对测定结果产生一定的影响。因此,脱气可防止由气泡产生而引起结果的偏差,也可防止由溶解气体量的变动引起的检测不稳定度。

4. 流动相 流动相的纯度影响仪器的性能,所以采用与检测器相匹配且黏度小的"HPLC"级溶剂,经过蒸馏和过滤去除纤维毛和未溶解的机械颗粒等,经过 0.2 μm 的过滤可除去有紫外吸收的杂质对试样有适宜的溶解度。避免使用会引起柱效损失或保留特性变化的溶剂。

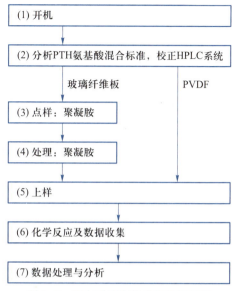

图 9-7 蛋白质测序仪常规操作流程

(三)蛋白质自动测序仪的常见故障处理

蛋白质自动测序仪的常见故障及其排除办法见表 9-3。

表 9-3 蛋白质测序仪的常见故障及其排除办法

故障现象	故障原因	排除办法
没有压力显示,没有流动相流动	电源问题,保险丝被烧坏,控制器设定失败,流动相不足,单向阀损坏、漏液	接通电源,更换保险丝,修理控制器,补充流动相,更换入口滤头,更换单向阀,装紧接头
管路中有气泡	吸滤头堵塞	排气处理
流动相压力波动大	压力传感器问题、漏液或其他原因	更换压力传感器、排除漏液部位
系统压力持续偏高	流速设定过高,柱前筛板堵塞,流动相使用不当或缓冲盐的结晶沉淀,进样阀损坏	调整流速设定,更换筛板,更换色谱柱,使用恰当的流动相,清洗或更换进样阀

四、蛋白质测序仪的主要应用

蛋白质测序仪获得的蛋白质序列信息,主要应用在以下几个方面。

1. 辅助 DNA 序列分析　为 DNA 序列分析找出引物、探针,分析蛋白质对应核酸序列的起始位置和终止位置。

2. 蛋白质的鉴定　研究蛋白质的结构与功能、蛋白之间的同源性、生物活性部位以及酶与底物的结合催化位点。

3. 辅助人工多肽合成　要合成特定功能的多肽,必须首先进行蛋白质测序,以确定氨基酸的序列。此外,在科研领域,合成的多肽类似物能够揭示蛋白质重要结构特征和提示蛋白质的功能特性。

第四节　全自动 DNA 测序仪

1953 年 Watson 和 Crick 提出了 DNA 双螺旋结构。1977 年,英国剑桥的 Sanger 和美国哈佛的 Maxam、Gilbert 团队几乎同时发明了 DNA 序列测定方法,他们也因此获得了 1979 年的诺贝尔化学奖。从人类基因组计划开始,人类逐渐从基因的水平了解自己。随着 DNA 测序技术的不断发展,形成了以生物学为基础,并不断融入化学、物理、计算机等多个学科技术的趋势。与此同时,测序技术也朝着低成本、高通量及多功能的方向发展。

全自动 DNA 测序仪是自动进行 DNA 片段分离、检测、数据采集分析的仪器

图 9-8　全自动 DNA 测序仪

(图 9-8)。其主要特点是:操作简单、安全、快速、准确,因此迅速得到了广泛应用。

随着计算机技术、仪器制造技术和分子生物学研究的迅速发展,测序技术及测序仪不断更新换代。本节主要介绍第一代测序技术及其相应全自动 DNA 测序仪,简要介绍第二代测序技术及相应全自动 DNA 测序仪。

一、全自动 DNA 测序仪的工作原理

目前,DNA 测序仪的工作原理主要基于 Sanger 发明的双脱氧链末端终止法或 Maxam-Gilbert 发明的化学降解法。这两种方法在原理上虽然不同,但都是根据在某一固定的位点开始核苷酸链的延伸,随机在某一个特定的碱基处终止,产生以 A、T、C、G 为末端的四组不同长度的一系列核苷酸链,在变性聚丙烯酰胺凝胶上电泳进行片段的分离和检测,从而获得 DNA 序列。

(一)双脱氧链末端终止法的测序原理

1977 年,Sanger 测序法发明了链终止测序法。该方法引入双脱氧核苷三磷酸

微课:全自动 DNA 测序仪的工作原理

(ddNTP)。其原理是双脱氧核苷酸没有 3′-OH，且 DNA 聚合酶对其没有排斥性。当添加放射性同位素标记的引物时，在聚合酶作用下 ddNTP 被合成到链上，但其后的核苷酸无法连接，合成反应也随之终止，后续再根据各个合成片段的大小不同进行聚丙烯酰胺凝胶电泳分离，放射自显影后，便可根据片段大小排序及相应泳道的末端核苷酸信息读出整个片段的序列信息。通过调节加入的 dNTP 和 ddNTP 的相对量即可获得较长或较短的末端终止片段。

（二）化学降解法的测序原理

Maxam 和 Gilbert 发明了化学降解法测定 DNA 序列的方法，其原理是对 DNA 链的 5′ 端进行 ^{32}P 放射性标记，再利用特殊试剂降解，可以对链上 1~2 个碱基进行专一性断裂（断裂分为 4 种，在联氨试剂的作用下嘧啶的位置发生断裂；在高盐浓度和联氨试剂作用下只在胞嘧啶处断裂；在甲酸试剂作用下嘌呤处断裂；在硫酸二甲酯作用下鸟嘌呤处断裂），然后通过聚丙烯酰胺凝胶电泳进行片段分离（凝胶电泳图不同于 Sanger 法的直接读取，该方法的 4 条泳道有 2 条分别是腺嘌呤、鸟嘌呤末端断裂的混合物和胞嘧啶、胸腺嘧啶末端断裂的混合物），再利用放射性自显影技术判断被标记的 DNA 断裂末端碱基种类，从而读出序列。

以上两种手工测序方法后期所需人力大，无法自动化，读取的片段序列长度也较短，且都需要核素标记，比较危险且不稳定，但因其准确性高一直沿用至今，是一种较为广泛的测序技术，它的出现也被认为是第一代测序技术真正诞生的标志。

（三）新生链荧光标记法原理

在 Sanger 法测序基础上，一种更先进的测序技术应运而生，即荧光自动测序技术。由于荧光标记可以用不同荧光标记 4 种 ddNTP，使得最后产物的电泳分离过程可以在一个泳道内实现，用激光对 ddNTP 上的荧光标记进行激发，然后检测不同波长的信号，通过计算机处理信号后即可获得碱基序列，很好地解决了原技术中不同泳道迁移率存在差异的问题，同时也提高了测序效率。

除此之外，随着测序技术的不断发展，二代测序技术应运而生，并得到广泛应用。主要有焦磷酸测序技术和 Illumina 测序技术。焦磷酸测序技术的基本原理是将每一个 dNTP 的聚合与一次荧光信号释放偶联起来，通过检测荧光信号释放的有无和强度，实时监测 DNA 序列。因此，不需要提前标记 DNA、不需要电泳，降低了成本，提高了效率。Illumina 测序技术是第二代 DNA 测序技术中又一重要的测序技术，符合高通量测序的要求，能够保证几十个小时内产生几百 G 甚至上千 T 的测序数据，特别之处是桥式 PCR 扩增技术的应用。

二、全自动 DNA 测序仪的基本结构

全自动 DNA 测序仪根据其测定原理的不同，结构存在一定的差异，但基本结构相似（图 9-9）。以一代测序技术的 DNA 测序仪为例，大都采用 Sanger 的双脱氧链末端终止法原理进行测序反应。全自动 DNA 测序仪主要由测序反应系统、电泳系统、荧光检测系统、

数据分析系统等系统组成。

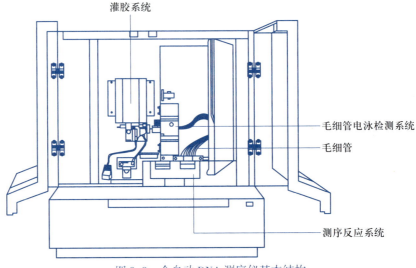

灌胶系统

毛细管电泳检测系统

毛细管

测序反应系统

图 9-9　全自动 DNA 测序仪基本结构

1. 测序反应系统根据加入的核算样品进行一定的化学反应,如荧光标记。

2. 电泳系统根据电泳方式的不同,可以分为毛细管电泳、平板凝胶电泳、微槽电泳。

3. 荧光检测系统由激光器和荧光信号检测器构成,激发器发射激发光用于激发样品荧光,其荧光检测装置能探测并收集荧光信号。

4. 数据分析系统包括计算机和各种应用软件,如数据收集软件、DNA 序列分析软件等。

三、全自动 DNA 测序仪的维护与常见故障处理

（一）全自动 DNA 测序仪的维护

1. 每日维护

（1）每次实验前要检查缓冲液槽,保证缓冲液槽内有足够的缓冲液和水,保证样品的正确牢固组装并且不能弯曲样品板。

（2）每 24 h 更换溶液槽中的缓冲液和水,确认槽的外围是干燥的。

（3）每日检查泵胶块、下胶块、连接管、胶管和各通道中的气泡。

（4）每日检查毛细管的取样末端以确认其未损坏。

（5）检查胶瓶中的胶量,检查各连接处是否松动。

（6）清洁仪器表面。

2. 每周维护

（1）每周（或需要时）换胶,并检查毛细管的储存条件。

（2）清洗水密封环,保证其清洁。

3. 每月维护

（1）每月（或需要时）冲洗毛细管端口。

（2）清洁漏液托盘，更换毛细管。

（二）全自动 DNA 测序仪常见故障处理

1. 仪器无信号　最常见原因可能是样品预处理存在问题或样品板中有气泡，针对样品预处理存在的问题，需要更换样品；针对样品中气泡的问题，可以通过离心去除。

2. 光谱校正失败　最常见原因有毛细管阻塞、毛细管未充满胶、光谱校正样品过期等。针对毛细管的问题，可以重新灌胶或更换毛细管；针对光谱校正样品的问题，可以更换新批号的样品。

3. 电泳仪无电流显示　最常见的原因是电泳缓冲液不足或配制错误，而未能浸没毛细管的两端（或一端）或者未能完全浸没凝胶。另外，也可能是电极弯曲而无法浸入电泳缓冲液中、毛细管内或凝胶内有气泡等。

4. 电极弯曲　常见原因是安装、调整或清洗电极后未进行电极定标操作就直接执行电泳命令，电极不能准确地插入各管中而被样品盘打弯，应及时更换电极。

5. 出现很多杂峰　常见原因有胶污染、胶中出现气泡、胶过期等，解决方法为更换新胶或重新灌胶。

6. 其他故障处理　毛细管空间定位失败，应清洗毛细管，检测窗口的凹槽，晾干后更换毛细管并重新进行定位。若仪器没有正常开启则检查仪器，重新进行开机操作或开门状态下进行向导操作。

四、全自动 DNA 测序仪的主要应用

随着人类基因组计划的完成和测序技术的不断发展，各种测序技术在生物学和医学等各个领域的应用越来越普遍，很多生物学基因相关的问题都可以通过测序，尤其是近年来新兴的高通量 DNA 测序技术来解决。在医学方面，测序技术也可以帮助人们寻找与疾病相关的基因突变信息，从而深入基因的水平了解疾病甚至诊断疾病，尤其在人类遗传病、传染病、癌症的基因诊断等方面得到广泛应用，指导临床靶向用药等。在农业改良育种方面，还可以通过测序筛选优良品种、提高农产品产量等。在刑侦方面，可以通过测序直接辨别嫌疑人身份，或者应用于法医的亲子鉴定和个体识别。在制药领域，可以应用于生物工程药物的筛选。从长远来看，无论科研领域还是我们的日常生活，DNA 测序技术的应用将会越来越广泛。

思　考　题

1. PCR 扩增仪的温度控制包括哪些方面？

2. 简述 PCR 扩增仪的使用方法。

3. 简述生物芯片的工作原理。

4. 简述生物芯片的基本组成。

5. 生物芯片各个分析系统的日常维护有哪些？

6. 生物芯片的临床应用主要有哪些？

7. 简述蛋白质测序仪的工作原理与结构。

8. 简述蛋白质测序仪的主要应用。

9. 简述 Sanger 法测序的工作原理。

10. 简述全自动 DNA 测序仪的基本结构。

第九章
练一练

（王翠翠　程　苗）

第十章 临床实验室自动化系统

随着医疗水平的不断提高和医疗需求的持续增长,各种现代化高科技技术不断融入临床实验室的日常工作中。临床检验诊断已逐步向自动化、智能化、信息网络化迈进,其中作为自动化代表的实验室自动化系统正在大量快速地进入临床实验室,给实验室带来了工作流程及管理模式的改变。检验医学的各不同亚学科进而互相交叉与融合,如生物化学检验和免疫学检验的区分日趋模糊,对每一个临床实验室工作人员的综合素质都提出了更高要求。

第十章
思维导图

第一节 实验室自动化系统概况

实验室自动化系统(laboratory automation system,LAS)是指为实现临床实验室内某个或多个检测系统,如临床化学、血液学、免疫学等系统的整合,而将不同的分析仪器与分析前、分析后的实验室设备系统,通过自动化和信息网络进行连接。LAS包括分析前样品处理、分析中自动检测和分析后样品保存、检验报告的发布等,体现了整个检验流程自动化和智能化的特点。

一、实验室自动化的发展历史

实验室自动化的发展与科学技术的发展密不可分,是一个循序渐进的发展过程,主要经历了以下几个阶段。

第一阶段:系统自动化,即分析的自动化。1957年,美国Skeggs博士首先提出了气泡隔离连续流动分析原理,发明了世界上第一台临床化学分析自动化仪器,从此,临床化学自动化分析仪发展迅速,成为临床实验室自动化分析的开端。

视频：实验室自动化系统类型

微课：实验室自动化系统的概念和基本结构

第二阶段：模块自动化，是在系统自动化的基础上增加部分硬件，能够完成样品自动离心、开盖、分选等功能，使自动化过程进一步完善，大大地提高了实验室的工作效率。

第三阶段：全实验室自动化。1996 年，国际临床化学协会提出了全实验室自动化的概念。2007 年，国际临床化学和实验室医学联合会（IFCC）将全实验室自动化系统（TLA）列为会议专题，标志 TLA 受到普遍重视。

目前习惯上将临床实验室自动化系统分为两个层次，一是模块化实验室自动化系统（MLA），二是全实验室自动化系统（TLA）。

模块化实验室自动化系统通常可以根据用户实验室特定需求，灵活选择模块构建的一套工作单元组合，故又称为灵活的实验室自动化（flexible laboratory automation，FLA）。

全实验室自动化系统是通过自动化连接模式和信息网络连接，使相同或不同的分析仪器与实验室分析前及分析后系统连接为一个系统，从而形成实验室从样品检测到信息处理全过程的自动化。

二、实验室自动化系统的临床应用优势

目前，我国临床实验室的样品分析全过程中还存在操作不规范问题，具体表现在：① 大量使用手工操作方式，样品分析的各环节中人工干预多，检验结果存在误差。② 检验分析流程的自动化、标准化和信息化程度低，由此导致单位时间内检测的样品数量少，检测效率低下。③ 样品的检测周期（TAT）过长和不恒定，即相同检测项目，其 TAT 可为 30 min 也可以是数小时。这种情况使临床增加了不必要的急诊检测，且可能给诊治带来延误，同时检验结果的误差会干扰临床诊断和有效治疗。此外，现有的工作模式和流程使实验室工作人员接触样品中有害因子的机会频繁，导致其面临生物危害的风险。

实验室自动化系统的应用使实验室工作呈现自动化、标准化、系统化、一体化和网络化特点，并给临床实验室带来了诸多优势，比如可以提高临床实验室管理水平，简化样品的检验步骤，降低实验室生物安全风险，完善检验流程与管理，节约人力资源等，充分解决了目前临床实验室分析全过程中操作不规范的问题。

第二节　实验室自动化系统的分类与基本构成

一、实验室自动化系统的分类

经过多年迅速的发展和实践，LAS 已发展成两个层次，一是模块化实验室自动化系统，二是全实验室自动化系统。

1. 模块化实验室自动化系统　是实验室根据用户所需处理能力进行选择的一套模块工作单元组合。模块工作单元（modular workcell）由两台或两台以上具有相同分析原理的自动分析仪和一台控制器所组成。整个工作流程由中央计算机智能多线程控制，合理分配，实现高速、高效地测定。模块化实验室自动化系统包括分析前自动化系统、合并自动化分析仪或整合自动化分析仪、分析后自动化系统（可以对异常的样品自动进行复

检）。如第二代临床实验室自动化系统（CLAS 2），由样品前处理系统（sample pre-analytical modular system，PAM）和生化分析仪组成。PAM 包括投入缓冲模块、离心模块、开栓模块、在线分注模块、输出缓冲模块。在模块工作站基础上发展产生，通常由同一厂商提供，由两台以上具有不同分析原理的相关自动化分析仪和一台控制器组成了模块群，是 TLA 的基础。

2. 全实验室自动化系统 是将众多模块分析系统通过轨道连接起来，进一步整合而构成流水线，实现对样品处理、传送、分析、数据处理和分析的全过程。样品在 TLA 可完成临床化学、免疫学、血液学等亚专业的任一项目检测。TLA 包括：自动化样品处理、样品自动传送和分选至相应的分析工作站、自动分析、利用规范的操作系统软件对分析结果进行审核、储存已分析的样品并能随时对储存样品重新进行测试。

二、实验室自动化系统的基本构成

实验室自动化系统的基本构成包括：样品传送系统（conveyor system）或传送带（conveyor belt）、样品处理系统（sample handing system）、自动化分析系统（automated analyzer system）、分析后输出系统和分析测试过程控制系统（process control system）。

（一）样品传送系统

负责将样品从一个模块传递到另一个模块。样品自动传送装置可以将各类样品传运到自动化流水线上相应的工作站，自动完成各种检测分析。目前传输系统传送样品的方式主要有智能化传输带和智能自动机械臂，区别在于对试管架设计不同以及运送试管的方式不同。

1. 智能化传输带 依靠智能化传输带和机械轨道实现全实验室自动化各部分的连接，真正实现"无人化检验操作"。样品转运有成架转运和单管转运两种模式。成架转运通常以 4~10 个样品管为一组（在一个样品架上）而提高转运速度。其特点是技术稳定、速度快、价格低，因此一直应用于绝大多数实验室的自动化系统中。但它不能处理不同规格的样品容器（从微量血液样品的容器一直到大的尿液样品容器）。为了满足传送带规格的要求，必须要将不同样品分装到标准的容器中。它也不能适应实验室布局的改变，当临床实验室因开展新的项目而引入新的分析仪器时，传送带系统不能适应实验室布局改变的要求。

2. 智能自动机械臂 被编程控制的可移动机械手，是对智能化传输带技术的补充。安装在固定底座上的机械手，其活动范围仅限于一个往返区间或以机座为圆心的半圆区域内。安装在移动机座上的机械手，可为多台分析仪器提供样品，大大地扩展其活动范围。机械手的动作有很好的可重复性，在优化条件下其定位重复性的 SD 值小于 1 mm。此外，机械手可容易地截取不同尺寸、形状的样品容器，轻易地适应多种规格、不同形状的样品容器。当实验室的布局发生改变时，可通过编程转移到新的位置，有很好的灵活性。但可移动机械手只能以整批方式传送样品，若两批传送之间的间隔过长，会影响整个实验室的检测速度。

（二）样品处理系统

样品处理系统的功能包括：样品投入和分类、样品离心、样品管去盖、样品再分注及标记等。使样品处理完全摆脱手工作业，实现无差错和全自动化。系统可对样品进行多种方式标识，如二维条码、条形码、ID 芯片等，最常用的识别方式是条形码识别。

1. 样品的投入和分类　完整的样品投入包括：常规样品从样品投入模块进入；急诊样品从样品投入模块上的急诊专用口进入；再测 / 重复 / 往复样品从收纳缓冲模块的优先入口进入等。样品有成架进入和单管进入两种模式。样品传送顺序依次是急诊、再测、常规。如果是成架进入，则通过样品架 ID 号范围来控制其"运行类型"（例如尿化学，微量样品架应跳过离心、开盖、分注等过程）。分类是样品登记过程中的第一步，也是对随后的处理过程重要的一步，其作用是将样品按检验目的进行分类。符合流水线要求的样品将进入流水线，否则按要求传送至特定位置另行处理。分类的自动化既可以用抓放式机械手实现，也可以通过在不同样品传送轨道间转换的方式实现。全自动样品处理系统可识别原始管上的条形码和样品管帽的颜色，并通过 LIS 和 HIS 获取样品相关信息。

2. 样品离心　离心单元在全自动样品前处理系统中通常是作为独立可选单元存在的，它可以将不连续的批处理以离心方式整合到自动分析系统中。通常，离心单元的样品处理速度为 200~400 个 /h，一般配置 1~2 台，增加离心单元数可以提高样品的处理速度，但也会增加系统成本。当系统停止运行时，离心单元也能单独使用。

3. 样本管去盖　样本管去盖过程的自动化，减少了实验室工作人员与样本的直接接触机会，避免生物源污染危险，也提高了工作效率。全自动样本前处理系统对单一的样品管开盖只是一个简单的步骤，但如果处理各种各样的盖帽方式就需要一个非常复杂的机械装置，因此，在选择开盖机时必须先要统一实验室所用试管的标准，尽可能地减少试管种类。

4. 样本再分注及标记　加样有原始样品加样和分注后加样两种方式。前者是在原始样品管中直接吸取标本进行检测；后者则是在原始样品被检测前，由样品分注系统将样品通过分注（分杯），分成若干个子样品，将子样品投入各分析仪器上做检测，确保原始样品不受污染。对于分注的二次样品管，系统自动地为其加贴与原始样品管相同的条形码标识。分注时仪器采用一次性采样吸头，既避免发生样品间的交叉污染，又可以不受干扰地保存样品。

动画：检测样品容量及离心效果

（三）自动化分析系统

自动化分析系统由各种检测仪器和连接轨道组成。通过不同型号仪器和轨道的组合，可以完成各种不同的检验项目，包括生化、免疫、凝血以及血细胞检验等。目前，还没有能够连接所有品牌自动化仪器的轨道系统，各流水线厂家连接的都是自己品牌的分析仪器。

（四）分析后输出系统

分析后输出系统包括出口模块和样品储存接收缓冲区。出口模块用于接收需人工复检及离心完毕的非在线检测样品,各样品自动投入预先设定的各自区域等待人工处理。样品储存接收缓冲区可进行在线自动复检,确认需复检的项目后,即向该模块发出复检指令,将需要复检的样品送入复查回路,并送至分析系统进行复检。样品储存接收缓冲区的基本功能是管理和储存样品,通过计算机读取样品信息、给到达的样品排序及进行索引管理等。

(五) 分析测试过程控制系统

分析测试过程控制系统是实验室全自动化的大脑和指挥中心,是实验室日常工作、管理决策等信息收集处理、存储、传播和应用的系统。该系统依靠 LIS 完成从 HIS 下载患者资料、检验请求信息、上传样品在各模块的状态、样品架号位置、分析结果、数据通信情况等任务。管理系统生产含有患者信息的条形码,由条码贴管设备打印条形码并贴在样品容器上。分析设备通过识别条形码信息进行分送样品、传输患者信息及检验项目、与检验设备进行双向通信、监控样品在各节点的实时状态、结果审核、检验结果查询、打印报告、样品保存等操作,以达到检验全过程信息的自动化管理。

微课:临床实验室自动化系统的操作与维护

第三节 实验室信息系统在实验室自动化中的作用

在实验室自动化的实施和应用中,信息化是决定实验室自动化系统应用的前提和关键因素。信息系统对实验室自动化系统的支持作用是必须优先考虑和重点解决的问题,其必不可少的先决条件是采用条形码技术标识样品和完善的实验室信息系统(laboratory information system,LIS)。

一、条形码技术

条形码技术是实验室信息系统的核心。条形码在实验室信息系统中用于样品的标识。LIS 通过数据库建立条形码与样品信息的对应关系,设备读取的条形码数据通过在 LIS 的数据库中提取相应的信息而达到识别样品的目的,样品的识别贯穿于分析检测的全过程。信息系统通过条形码生成和条形码打印来建立条形码与样品信息的对应关系。

动画:扫描条形码

1. 条形码技术原理　条形码(bar code)又称条码。中华人民共和国国家标准 GB/T 12905—2000 对条形码的定义为:条形码是由一组规则排列的条、空及其对应字符组成的标记,用以表示一定的信息。条形码根据编码技术规范不同分成不同的编码系统,如 Code 39 码、Code128 码、UPC、EAN、交叉 25 码等。临床实验室的检测设备常用的条形码编码系统以 Code39 码和 Code128 码为主,其中 Code128 码是 CLSI 文件 AUTO2-A2 所推荐的临床实验室样品容器标识的条形码编码种类。

2. 临床实验室条形码生成过程　医生在 HIS 医生工作站中录入患者电子医嘱,护士工作站显示患者检验医嘱并确认,系统根据编码规则自动生成唯一的条形码,然后打印(可用各式打印机打印)条形码标签,粘贴到相应容器上再采集样品。打印条形码的不干胶选用厚度薄、黏性好、防静电处理的材料。工作人员根据条形码上信息(患者基本资料、送检科室、接收科室、检验项目、样品采集量和容器、打印时间),分别粘贴不同容器,按照要求采集样品,或指导患者自己留取样品。这种实时打印生成条形码的流程,如果贴标签不规范和/或贴错标签,将造成仪器条形码读不出和条形码人为差错。智能采血管理模块能够较好地避免和减少这些人为差错。

3. 预制条形码标识技术 样品容器制造商预先已把条形码印制在容器上,实验室采集样品时,将实验室信息系统中的样品信息与试管条形码进行匹配对应,条形码和样品信息形成关联。这种模式的优点在于:所需设备简单,实验室不需要相应耗材,仅需条形码扫描器即可;条形码质量好,仪器识别率高。缺点在于:试管标签上仅有条形码,无患者样品信息,无法满足样品核对要求;通常需要人工标注,尤其是在病房采集样品,成批运送时更需要有预防差错产生的措施,故操作比较烦琐。

当样品进入实验室自动化系统和自动分析仪器后,样品条形码被识别,实验室自动化系统通过双向通信功能。按照通信协议(如数据交换标准 HL7、ASTM 等或设备自身标准),LIS 将根据条形码从数据库获得样品对应的患者信息、检验项目类型等信息并传递给自动化系统。分析结束后,LIS 下载自动化分析仪的状态、样品分析结果等情况。条形码的应用改变了传统手工检测工作模式,原有的手工模式下的标本编号、项目录入、标本的按序摆位等工作都可省略,因为 LIS、LAS 根据条形码自动识别标本并完成信息的上传、下载,准确率和效率都非常高,减轻了工作的劳动强度,减少了人为差错,最大限度地发挥 LAS 系统的功能。

二、实验室信息系统

实验室信息系统(laboratory information system,LIS)又称为实验室信息管理系统(laboratory information management system LIMS),是对患者样品识别、检验申请、结果报告、质量控制以及样品分析等各方面数据进行综合管理的信息系统。LIS 主要由软件系统和支持其运行的计算机硬件系统构成,具有检验申请、样品核收、样品检验、报告审核、报告发布、报告查询、报告打印、质控管理、统计分析等功能,是现代临床实验室不可或缺的信息基础设施,也是实验室自动化系统最重要的组成部分之一。LIS 能对临床检验工作的标准化、智能化、自动化和规范化进行监督,减少医疗差错,降低医疗风险,还能提高检验工作的质量和效率。

1. 实验室信息系统的发展方向

(1) 检验无纸化:从检验申请,样品管理到检验结果的传输可实现完全无纸化,彻底解决纸质申请单和报告单在传递过程中丢失和产生人为误差的问题。

(2) 信息实时化:可通过与通信公司建立信息平台,将检验结果以信息的形式发到患者的手机上。

(3) 网络共享化:LIS 与 HIS、医保等系统统一标准,实现多系统的无缝连接和信息共享。在一定区域内,不同医院可以共享检验结果。

医院选择实验室信息系统时应考虑以下几条基本原则:① 实用性:指系统能适用医院的具体情况,解决工作中的实际问题。② 开放性:指规划过程中要考虑到实验室系统的开发技术、开放结构、开放系统模块和开放用户接口,以利于系统的维护、升级及与其他系统连接。③ 扩展性:指系统数据库、处理能力和接口等方面具有扩展空间,在不破坏原有结构、保护原有资料的情况下可以满足扩展新功能、新需求的能力。④ 可靠性:指对网络设计、选型、安装和软件的调试等环节进行的统一规划和分析,确保系统运行具备一定的智能性和稳定可靠性。⑤ 安全性:指信息系统中具有安全管理体系和安全控制手段,避免病毒感染、黑客入侵等造成的系统崩溃,并能防范些意外情况发生(停电、火灾等)时信息的丢失。

2. 实验室信息系统的基本功能　2002 年,原卫生部颁发了《医院信息系统基本功能规则》,对我国实验室信息系统功能做出了基本规定。要求实验室信息系统必须具备以下基本功能:① 预约管理;② 检验单信息;③ 登录功能;④ 提示查对;⑤ 检验业务执行;⑥ 报告处理功能;⑦ 检验管理功能;⑧ 检验质量控制功能;⑨ 统计功能。

医院的实验室信息化系统,主要功能是根据实验检测结果结合患者资料生成检验报告单,及时为临床医生及患者提供检验结果。在实际应用中,为满足工作的需求,实验室信息系统还应具备一些特殊的功能。一是 LIS 与 HIS 联网的功能,从而能够实现从 HIS 中查询患者的详细信息和治疗情况。二是收费功能,通过患者唯一住院号或门诊号调取医生所开检验项目并收费,避免了漏收费、错误收费现象,还可以对科室收入情况进行统计。三是自动审核功能,通过遵循设定好的若干规则,判断哪些结果是符合逻辑的,完成检验结果的初步自动审核。四是科室事务管理功能,实验室信息系统还具备电子考勤、排班、设备管理、试剂管理、安全管理等功能。

3. 实验室信息系统在 LAS 中的应用

(1) LIS 辅助检验报告审核功能:是对检验数据进行综合分析处理的基本程序。各实验室可根据自己的实际情况,设定各种审核条件,由计算机自动完成审核。这样既能保证审核的速度,又保证了检验结果的质量,也减轻了检验人员的工作压力。在 LIS 系统中,审核无异议的结果经确认后即可打印检验报告单,并将结果发送到医生工作站,实现检测结果的共享,以便临床医生及时获知患者的结果。检验人员在进行结果审核时还可得到系统内部辅助诊断软件(computer aided diagnosis,CAD)的帮助,为临床医生提供更丰富的诊断信息。另外,还能将每个患者的各项检验结果收集、索引并存入数据卡,由患者保存或存入联网的医疗机构的特定数据库内,便于系统随访和患者了解自己的健康状况。利用此系统还可发现检验项目的漏检、检验结果是否相互矛盾以及异常检验结果等问题,必要时及时与临床医生或护士取得联系,了解样品留取情况或要求重新采集样品等。例如,样品常规检测或生化检测多项结果过低,常提示样品过度稀释或样品有纤维蛋白凝块;从输液同侧留取样品也会造成这种现象。对于一些相互矛盾的结果,如乙肝五项检测结果中异常组合模式的提示,可及时提醒实验室对样品进行重新测定。

(2) LIS 的危急值管理功能:当出现“危急值”时,系统会进行提醒,检验者进行复查 – 仪器设备排查 – 质控排查 – 样品排查后,立即与临床科室沟通,主动提醒医生,迅速给予救治,避免出现严重后果。

(3) 基于规则的追加检测:是指 LIS 在样品测定结果满足某个预置的条件时自动增加

其他相关的检测项目或者复检项目,由 LAS 自动完成。例如,对于血红蛋白结果低于设定范围的样品,系统自动加入预设的叶酸和维生素 B_{12} 的测定。无需人工介入,样品就可重新被传送到另一台分析仪器进行测定。智能化的追加检测的意义在于可根据实际情况灵活地决定检测项目,从而降低患者的费用和实验室的支出。这种规则一般由实验室制定,目前应用较为普遍的复检规则是针对血液常规检测,由国际血液学复检专家组推荐的四十一条复检规则。

三、实验室中间件

伴随着 LAS 的发展,一种特殊的实验室信息系统越来越多地用于临床 LIS 中,这种系统就是实验室中间件。

1. 中间件的概念 中间件(middleware)是一个软件专用名词,指一种独立的系统软件或服务程序,用来连接两个独立的应用程序或独立系统,使之相互之间能交换信息。在 IT 行业中,中间件的应用非常普遍。随着 LAS 的兴起,中间件逐步进入实验室,这种专用于实验室的中间件,常用于连接 LIS 和实验室仪器自动化系统。相对于 LIS,这种中间件更具智能化,功能更专一,性能更好。

20 世纪 80 年代早期,一家美国厂商在实验室引入第一个接口装置,中间件由此进入实验室。到 20 世纪 90 年代,实验室中间件在欧美国家得以发展,目前几乎所有主要体外诊断产品厂商均有中间件产品。中间件被广泛采用的原因大致有以下几点:由于自动化分析仪器和 LAS 的快速发展,产生了更多连接不同系统的需求;LIS 作为实验室基本的信息基础设施,更换的成本和实施风险均非常高,很难轻易更换,采用中间件能够提高效率,降低成本;中间件常具备 LIS 无法提供的新功能。

2. 实验室中间件的特点 实验室中间件通常是厂商针对特定的实验室和设备特定的目的定制的专用信息系统。中间件在本质上与实验室信息系统没有不同,相较于实验室信息系统,由于中间件的针对性更强,所以能够提高检验数据处理的效率,满足持续增长的工作量的需要;能有效地简化检验流程、降低差错、提高检验的准确性和可靠性;中间件的功能更专业,性能更强,还可自定义,实现实验室信息化需求的费效比更好,因而能有效降低使用成本。

3. 实验室中间件的功能 实验室中间件具有智能规则功能,可提高样品处理效率,将实验室检验者的要求集中交给智能规则处理,大大地降低了人工干预程度。应用实验室中间件,用户可自定义自动审核规则,将人工审核样品的比率减少了 70% 以上。通过自动添加反射测试和历史结果自动审核,减少了手工重新编程。实验室中间件能自动查找需手工或紧急处理的样品,其提示功能可将重要的样品信息有针对性地实时提示检验人员,如急诊样品、危急值样品、历史审核不符的样品等,大大地提高了特殊样品处理效率。实验室中间件还具有友好的"人机互动"界面,让操作过程变得简单易用,样品信息的输入和显示大部分在同一个界面完成,实现"一屏式"管理。实验室中间件可实时更新样品的位置和状态信息,反映样品在实验室流程中的轨迹。

第四节　实现全实验室自动化的意义

临床实验室全自动化系统实现了临床实验室现代化的新飞跃，已成为21世纪临床实验室诊断技术自动化、智能化、信息网络化的标志。

1. 提升快速回报结果的能力　单纯引进分析设备，会出现一个分析速度加快而报告时间滞后的情况，只有实现TLA，达到样品的采集、处理、分析、报告等所有环节的协调一致，才能保证最终为临床提供最为及时和可靠报告。

2. 将检验报告的误差降到最少　质量是临床检验工作中的根本。在要求临床检验工作量和质量同时提高的情况下，对误差的来源必须给以重视并加以分析。中外专家分析，临床检验的误差近70%来源于样品的准备和处理，真正来源于分析过程的不到30%，因此降低报告的误差也是PAM的重要作用。作为全过程质量控制（total quality assurance，TQA）重要环节的样品前处理，PAM就是依据降低误差、提高质量的理念设计开发的。

3. 全面提升临床检验的管理质量　TLA是现代化管理与计算机技术紧密结合的产物，用自动化的科学管理模式代替手工的管理模式，极大地提升医院检验设备的价值和效益。

4. 提高实验室的生物安全性　样品从送样、离心、分杯、检测、复查及保存等均在流线上通过自动化完成，有效地避免了样品污染操作者。

5. 工作流程的再造与管理　调整工作流程及检验工作的管理模式，便于自动化流水线的日常操作、检验、仪器维护与检验结果的质量管理。

6. 节约人力资源和卫生资源　LAS系统的应用可有效实现临床实验室资源重组和利用，在某种程度上减少检验仪器的重复购置，节约成本。

现代TLA在原有的高效、快速、全系统自动化基础上，更加贴近临床和检验应用的实际，对临床检验、临床医疗和医院管理等方面都将产生极大的推进作用：检验科逐步实现各部门一体化、工作人员技术多面化；所需人力资源和花费减少，效率提高；所用的样品量减少，有利于患者；自动化程度高，操作误差小；更快地处理样品，回报结果的能力增强；促进实验室操作的规范化；安全性和整个过程的控制更好；可全面提升临床检验的管理。

思 考 题

1. 简述实验室自动化系统的基本构成。
2. 简述实验室自动化系统的优点。
3. 简述实现全实验室自动化的意义。
4. 叙述条形码技术的原理。
5. 简述实验室信息系统的基本功能。

第十章
练一练

（杨进波）

参考文献

［1］须建,彭裕红.临床检验仪器［M］.2 版.北京:人民卫生出版社,2015.

［2］樊绮诗,钱士匀.临床检验仪器与技术［M］.北京:人民卫生出版社,2015.

［3］曾照芳,贺志安.临床检验仪器学［M］.2 版.北京:人民卫生出版社,2012.

［4］曾照芳,余蓉.医学检验仪器学［M］.武汉:华中科技大学出版社,2013.

［5］贺志安.检验仪器分析［M］.北京:人民卫生出版社,2013.

［6］魏培海,曹国庆.仪器分析［M］.4 版.北京:高等教育出版社,2022.

［7］蒋长顺.医用检验仪器应用与维护［M］.2 版.北京:人民卫生出版社,2018.

［8］漆小萍,邱广斌,崔景晖.医学检验仪器［M］.北京:科学出版社,2018.

［9］吴佳学,彭裕红.临床检验仪器学［M］.3 版.北京:人民卫生出版社,2019.

［10］吕建新,王晓春.临床分子生物学检验技术［M］.北京:人民卫生出版社,2015.

［11］垄道元,张纪云.临床检验基础［M］.4 版.北京:人民卫生出版社,2015.

［12］钟禹霖.免疫学检验技术［M］.3 版.北京:人民卫生出版社,2016.

［13］杨红英,郑文芝.临床医学检验基础［M］.2 版.北京:人民卫生出版社,2014.

［14］吕建新,尹一兵.分子诊断学［M］.2 版.北京:中国医药科技出版社,2010.

［15］邹雄,李莉.临床检验仪器［M］.2 版.北京:中国医药科技出版社,2015.

郑重声明

高等教育出版社依法对本书享有专有出版权。任何未经许可的复制、销售行为均违反《中华人民共和国著作权法》，其行为人将承担相应的民事责任和行政责任；构成犯罪的，将被依法追究刑事责任。为了维护市场秩序，保护读者的合法权益，避免读者误用盗版书造成不良后果，我社将配合行政执法部门和司法机关对违法犯罪的单位和个人进行严厉打击。社会各界人士如发现上述侵权行为，希望及时举报，我社将奖励举报有功人员。

反盗版举报电话　(010)58581999　58582371
反盗版举报邮箱　dd@hep.com.cn
通信地址　北京市西城区德外大街4号　高等教育出版社法律事务部
邮政编码　100120

读者意见反馈

为收集对教材的意见建议，进一步完善教材编写并做好服务工作，读者可将对本教材的意见建议通过如下渠道反馈至我社。

咨询电话　400-810-0598
反馈邮箱　gjdzfwb@pub.hep.cn
通信地址　北京市朝阳区惠新东街4号富盛大厦1座
　　　　　高等教育出版社总编辑办公室
邮政编码　100029